# Kotlin

Kotlin Hands-On

# ハンズオン

**掌田津耶乃** [著]
Tuyano SYODA

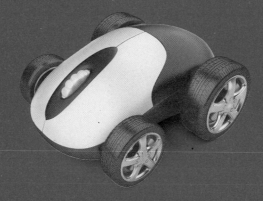

秀和システム

# はじめに

## ✚Java から Kotlin へ！

「Java」は、スマホからエンタープライズ開発まで、おそらくもっとも幅広い分野で使われているプログラミング言語でしょう。既に登場から四半世紀を過ぎ、半年ごとのアップデートによりオブジェクト指向言語としての機能も充実してきました。以前と比べて随分と便利で使いやすくなった！　と、いっていい……んでしょうか。本当に？

機能充実してきたはずなのに、最近のJavaはどうも使う気がしない、という人はいませんか。強化されたのはいいけれど、その分、複雑で面倒くさいものになってしまったと感じる人も。機能強化は望んだけれど、こんなはずじゃなかった。こういうものを望んでいたわけじゃない。そう感じている人は大勢いるはずです。

Javaの、正当なる進化を。「こうあって欲しい、こうあってくれたなら」と誰もが思った、理想のJavaを。そんな夢のようなものが実際にあったとしたら、どうします？

あるんです。それが、「Kotlin」です。

Kotlinという言語、おそらく多くの人に誤解されています。これは「Androidの開発用に作られたJavaライクな言語」ではありません。もちろん、Android開発でも使われていますが、それ以外の分野でも普通に利用できるものなのです。

そこで本書は、Kotlinという言語の基礎からさまざまな用途での利用について説明をします。PCのコマンドプログラム、GUIプログラム、Androidアプリ、そしてサーバー開発。これらすべてについて基礎部分に絞って説明し、実際に簡単なサンプルを作成していきます。Kotlinという言語が、さまざまな分野で実際に使えることを体験できるはずです。

Kotlinは、ソースコードをJavaのバイトコードにコンパイルします。Kotlinで作ったプログラムは、すべて「Javaで作ったプログラム」として通用します。そしてJavaで作ったプログラムやライブラリは、すべてKotlinで使えます。Kotlinは、完全にJavaを置き換える言語なのです。だって、これは「理想のJava」なんですから。

Javaを学んだ人、学んでいる人、学ぼうと思っている人。ぜひ、Kotlinで「新たなJavaの可能性」を感じてみて下さい。それはJavaの学習にもきっといい影響を与えるはずですよ。

2021.5　掌田津耶乃

# Contents 目 次

**Chapter 5　Kotlinによる Android の開発**　　　　　　　　　　　239

# Chapter 1

# Kotlin をはじめよう

まずは、Kotlin を利用できるように
するための環境を整えましょう。
Kotlin の開発元である JetBrains が
提供する「IntelliJ IDEA」をインストールし、
プロジェクトを作成して実行するまでの
作業を行なってみましょう。

# Section 1-1 Kotlinを準備しよう

## Kotlinとは？

Kotlin。この言語は、ほんの数年前に突如として注目を集めることになりました。それは、GoogleがAndoroidの開発にKotlinを正式採用したためです。単に採用するだけでなく、現在ではAndoroidの開発にJavaよりもKotlinを推奨するまでになっています。こうしたGoogleの力の入れ具合から、**「Kotlinって一体何だ？」**と興味を持ち始めた人はきっと多いでしょう。

Kotlinは、2011年にチェコのJetBrains社によって開発されたプログラミング言語です。非常に新しい言語であるため、まだどういうものか知られていない面があります。が、**「Androidの開発言語」**という地位を早い段階で得ることができたことから、知名度がそれほど高くない頃から、実は思った以上に広く利用されてきているのではないでしょうか。Kotlinの名前をほとんど聞いたこともない人が、Andoroid開発を始めるにあたって**「Kotlin」**を使い始めるケースも多いのですから。

しかし、逆に**「Kotlin = Android」**というイメージが浸透しているため、**「Kotlinは Andoroid開発のための専用言語だ」**と思われてしまっているところもあります。実際には、もっとさまざまな分野で利用できる汎用性の高い言語なのですが、そうした**「Android開発以外」**の部分についてはほとんど知られずにいるのではないでしょうか。

Kotlinを学ぶにあたって、まずは**「そもそもKotlinってどういうものなのか」**というところから考えていくことにしましょう。

## Kotlinの特徴

では、Kotlinというプログラミング言語がどういうものなのか、その主な特徴をかんたんにまとめていくことにしましょう。

### ◎Java仮想マシン上で動く

Kotlinは、**「JVM言語」**と呼ばれるものの一つです。これは、Java仮想マシン（JVM）上で動くプログラミング言語のことです。JVM上で動くということは、多くのプログラミング言語のように、

ネイティブコードでプログラムの本体が作成されているのとはだいぶ性格が異なります。

　もちろん、Kotlin自体にはコマンドラインによるツールが用意されており、普通にコマンドで実行やビルドが行なえるようになっています。しかしあくまで**「JVMを起動し、そこで実行する」**という形になっている点が大きく違います。

●図1-1：Kotlinは、Java仮想マシン内で動く。JavaのライブラリとしてAPIなどが用意されており、ビルドされたプログラムはJavaクラスファイルと同様に仮想マシン内で実行される。

## ◉Javaとの互換性

　JVM言語であることから想像がつくと思いますが、Kotlinは基本的にバイナリプログラムを生成することはしません。ビルドして生成されるのは、Javaのクラスファイルです。つまり、Kotlinは**「Javaのプログラム（クラスファイル）を作る言語」**なのだ、と考えていいでしょう。

　Kotlinの生成するクラスファイルはJavaと互換性があり、そのままJavaプログラムとしてJVMで実行できます。またクラスファイルが互換であるということは、つまり**「Javaのクラスファイルがそのまま使える」**ということでもあります。膨大な数のJavaライブラリやフレームワークが、基本的にそのままKotlinで利用できるのです。

　（※ただし、ネイティブコードを生成できないわけではありません。そのためのコンパイラも用意されています。ただ、用途としては、Javaのプログラムとしてコンパイルし利用することが非常に多い、ということです）

## ◉Javaをベースとした文法

　Javaとの互換性という点は、言語の文法についてもいえるでしょう。Kotlinの基本文法は、Javaのそれをベースに設計されています。もちろん、まったく同じではなく、細かな点でいろいろと変わってはいますが、Javaがわかっていれば比較的かんたんに習得できるでしょう。

　Kotlinの文法は、**「Javaをより使いやすくする」**ことを念頭において作られています。いわば、Kotlinは**「Javaの理想的な将来」**をイメージした言語だ、といえるでしょう。

## ◉ 簡潔に書ける

プログラミング言語としてのKotlin最大の特徴は、「**コーディングの簡潔さ**」でしょう。Kotlinは、Javaの言語仕様をベースにしつつ、記述をより簡潔に行なえるようにするためのさまざまな変更を加えました。Kotlinでコードを書くと、Javaよりもはるかにシンプルに記述できることがわかるでしょう。

## ◉ 安全性

Javaなどのオブジェクトを多用する言語では、変数にオブジェクトが参照されていない（nullである）ことに起因する問題がよく起こります。Kotlinではこうしたことを踏まえ、nullセーフティな作りになっています。

また何かの問題が発生した際、Javaではその解決に長いコードを記述しなければならないことがよくあります。このため、さまざまな修正をしていくにつれ、プログラムが不安定になっていく、と感じことは多いでしょう。Kotlinではよりシンプルなコードで問題解決できるため、こうした不安定さはそれほど感じないでしょう。

# JavaとKotlinの違い

Kotlinの特徴から、この言語は「**Javaをいかに使いやすくコーディングしやすいものに進化させるか**」を考えて作られていることがよくわかります。

Kotlinという言語について考えると、多くの人が「**なぜ、Android開発はJavaからKotlinへと移行しつつあるのか**」という疑問を持っていることに気がつきます。その理由も、だいたい想像がついたのではないでしょうか。

Kotlinは、「**理想のJava**」なのです。Javaをよりシンプルに、そして強力に、さらに安全にしていくとどうなるか？ その一つの答えがKotlinだといっていいでしょう。では、JavaとKotlinは具体的にどのような点が違うのでしょうか。

## ◉ 型推論の採用

JavaではJava 10より型推論が導入されましたが、Kotlinでは標準で型推論が用意されており、こちらを使った変数宣言を行なうほうが圧倒的に多いでしょう。Javaで型推論を多用すると、場合によってはnullによる例外などを引き起こす危険もありますが、Kotlinはnull safetyであるためこうした問題にも対応できます。

また、Javaには定数がなく、static finalなどで代用をしていると思いますが、Kotlinは標準で定数を備えています。これもより堅牢なプログラムの作成に寄与してくれるでしょう。

## ◉ 簡潔なクラス

Kotlinでクラスを定義すると、Javaよりもはるかにシンプルにかつわかりやすく安全に書けることに驚きます。クラス宣言に直接引数を指定するプライマリコンストラクタ。メソッドの名前付き引数や初期値の指定。フィールドを廃止しすべてプロパティにするなど、単に簡潔なだけでなく、わかりやすく安全に利用できることを考えているのがわかります。

## ◉ 強力なオブジェクト

Kotlinを使って「**Javaとは違うな**」と強く感じるのは、Javaにはないオブジェクトがいろいろと用意されている点でしょう。例えばクラス内のstaticデータをまとめた「**コンパニオンオブジェクト**」や、データだけをまとめる「**データクラス**」などは、一度使うとJavaには戻れなくなるでしょう。またすでにあるクラスを強化する拡張関数や拡張プロパティ。こうした強力なオブジェクトがKotlinには揃っています。

## ◉ null safetyとオプショナル

もっともKotlinの良さを実感するのが、nullに関する扱いです。Kotlinでは変数にnullを代入できません。また「**nullである可能性のある変数**」「**nullでは絶対にない変数**」などを指定してコードを書くことで、nullをうまく処理できます。

JavaにもOptionalというnull対策のクラスがありますが、Kotlinのnull対策に比べるとあまり使いやすいとはいえず、null対応のためにコードが肥大化してしまいます。null対策に関してはKotlinのほうがはるかにわかりやすく扱いやすいでしょう。

# Kotlinで開発可能な世界

Kotlinという言語がどういうものか、少しずつイメージが湧いてきたことと思います。そして、「**割といい言語のようなのに、どうしてAndroid専用なんだろう?**」と思った人もいるかも知れませんね。

これは「**間違い**」です。Kotlinは、Androidの専用言語ではありません。Androidの開発言語に採用されたため、「**Kotlin = Android**」のイメージが強く浸透してしまいましたが、Kotlinそのものはもっと幅広く利用できる言語なのです。主な利用についてかんたんにまとめましょう。

## ◉ Android開発は当然！

　まず、Androidの開発ですね。これはいうまでもないでしょう。Androidの開発を行なうための開発ツールが標準でKotlinに対応していますから、Kotlinを学ぶための最初の一歩として、Android開発は非常によい選択です。

　ただし、Androidは独自のAPIを持っており、ここで得た知識の多くはAndroid以外ではほぼ利用できないでしょう。

## ◉ PCのアプリ開発

　Kotlinは、Javaと互換性があります。JavaでPCのデスクトップアプリなどを作ることもできますから、Kotlinでも当然こうしたアプリを作ることができます。例えばJavaFXをベースとしたKotlinのライブラリを使うことでGUIアプリも開発できます。

　また、Kotlinにはネイティブコンパイラも用意されており、コンソールプログラムなど作りネイティブコードにビルドすることも可能です。一般的なPC開発に問題なく使えるのです。

## ◉ Webのクライアント＆サーバー開発

　Kotlinには、JavaScriptへ変換する機能があり、Kotlinを使ってWebのクライアント開発を行なうことができます。ちょっと不思議ですが、Reactなどを利用した開発もKotlinでできるのですよ。

　また、サーバーサイドの開発ももちろん可能です。KotlinにはKtorというフレームワークが用意されており、これによりサーバープログラムを作成できます。

## ◉ マルチプラットフォーム開発

　現状ではまだ開発途上ですが、マルチプラットフォームにコンパイル可能なKotlinの開発が現在進められています。これにより、AndroidだけでなくiPhoneの開発もKotlinで行なえるようになる予定です。またパソコンならば、Windows、macOS、Linuxといったプラットフォームに対応したアプリ開発が行なえるようになります。

# Kotlinと開発環境

　では、Kotlinを利用して開発を行なうにはどうすればいいのでしょうか。一般的なプログラミング言語ならば、まず**「その言語のプログラムをインストールしよう」**となるでしょう。

　が、Kotlinは違います。Kotlinの開発を行なうために必要なものは、大きく2つあります。それは**「JDK」**と**「開発環境」**です。

# JDKについて

　KotlinはJVM言語ですから、Java仮想マシンがなければ動きません。Kotlinでの開発を行なうことを考えると、JRE（Java Runtime Environment）ではなく、JDK（Java Development Kit）を用意する必要があります。

　JDKは現在、いくつかの種類に分かれています。Oracleが提供するものと、オープンソースとして提供するOpen JDKなどです。ここではOpen JDKのサイトを紹介しておきましょう。

http://openjdk.java.net

◉図1-2：Open JDKのWebサイト。

　JDKがインストールされていない場合は、ここからJDKをダウンロードしインストールしてください。Kotlinを利用する上で必要なJDKは、ver. 6以降になります。

　Kotlinの開発に興味があるという方ならば、すでにJDKはインストール済みという人も多いでしょう。最新のものでなくともまったく問題ありませんので、すでにJDKが入っている場合はそれで問題ありません。

# IntelliJ IDEA について

Kotlinにも、もちろんコマンドラインで実行できるSDKが用意されていますが、普通はこれを使いません。ではどうするのか？ それは、Kotlinの開発元が提供する開発環境を利用するのです。それが「**IntelliJ IDEA**」（以後、IntelliJと略）です。

## ◉ IntelliJ をダウンロードする

「**IntelliJ IDEA**」は、Kotlinの開発元であるJetBrains社が開発する統合開発環境です。Kotlinは、このIntelliJと一体になっており、IntelliJをインストールし、そのプロジェクトとしてKotlinの各種プログラムを作成するようになっているのです。IntelliJが用意されていれば、別途Kotlin本体をインストールする必要はありません。いわば、IntelliJは「**Kotlinの標準開発環境**」といっていいでしょう。

では、以下のWebページにアクセスしてください。これがIntelliJの公式サイトになります。

**https://www.jetbrains.com/ja-jp/idea/**

◉図1-3：IntelliJ の Web サイト。

このページにある「**ダウンロード**」ボタンをクリックすると、ダウンロードページに移動します。ここからIntelliJをダウンロードできます。

このページには「**Windows**」「**Mac**」「**Linux**」とリンクがあり、それぞれのプラットフォーム向けのIntelliJがダウンロードできます。

なお、ダウンロード可能なエディションとして「**Ultimate**」と「**コミュニティ**」が用意されています。Ultimateはエンタープライズ向けで、有償です。コミュニティは個人ユースを考えたも

ので無償配布されています。ここでは「**コミュニティ**」をダウンロードしましょう。

◉図1-4：ダウンロードページ。コミュニティ版をダウンロードする。

# ◉Windows版のインストール

Windowsの場合、専用のインストーラとZipファイルの2つのファイルが公開されています。デフォルトではインストーラがダウンロードされます。では以下の手順にしたがってインストールを行なってください。

## ✚1. Welcome to IntelliJ IDEA Community Edition Setup

起動すると最初に「**Welcome 〜**」と表示された画面が現れます。これは、そのまま「**Next >**」ボタンで次に進みます。

◉図1-5：Welcome画面。

## ✚ 2. Choose Install Location

　インストールする場所を指定します。デフォルトでは「**Program Files**」フォルダ内に
「**JetBrains**」フォルダを、さらにその中に「**IntelliJ IDEA Community Edition xxx**」
（xxxはバージョン名）とフォルダを作成して追加します。別の場所にインストールしたい場合
は「**Browse...**」ボタンをクリックしてインストール場所を指定します。

◉図1-6：インストール場所の指定。

## ✚ 3. Install Options

　インストール時に実行するオプションを指定します。デスクトップへのショートカット作成、
環境変数PATHへの追加、コンテキストメニューの更新、主なプログラミング言語の拡張子へ
の割り当て、32bitランタイムのインストールなどが用意されています。特に理由がなければすべ
てOFFでOKです。

◉図1-7：インストールオプションの設定。

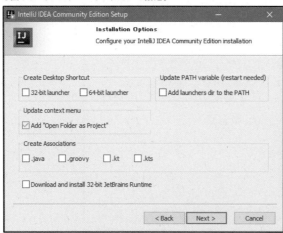

## ✚4. Choose Start Menu Folder

スタートメニューに追加するフォルダ名を指定します。すでにあるフォルダ内に追加したい場合は下のリストから選択します。特に理由がなければデフォルトのままにしておきます。ここで「**Install**」ボタンをクリックすると、インストールを開始します。

◉図1-8：スタートメニューのフォルダ指定。「Install」ボタンをクリックするとインストール開始する。

## ✚5. Completing IntelliJ IDEA Community Edition Setup

インストールが完了すると、この画面になります。そのまま「**Finish**」ボタンで終了してください。なお、「**Run IntelliJ IDEA Community Edition**」チェックボックスをONにしておくと、終了後すぐにIntelliJが起動します。

◉図1-9：インストール完了画面。チェックボックスをONにしておくとアプリを起動する。

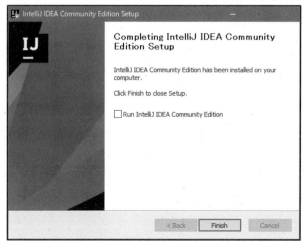

## ◎ macOS版のインストール

　　macOSの場合、インストール作業は不要です。ダウンロードされるイメージファイルをダブルクリックしてボリュームをマウントすると、その中にIntelliJのアプリが入っているので、それを適当なところにコピーするだけです。

◉図1-10：イメージファイルをマウントし、中にあるアプリのアイコンをコピーするだけだ。

# IntelliJとプロジェクト

## IntelliJを起動する

では、インストールしたIntelliJを起動しましょう。初めてIntelliJを起動するときは、最初に「**Import IntelliJ IDEA Settings**」という小さなウィンドウが現れます。これは、設定情報を引き継ぐためのものです。「**Do not import settings**」を選んでOKすればいいでしょう。

◉図1-11：設定を引き継ぐかを指定する。

起動すると、「**IntelliJ IDEA**」と表示された小さなウィンドウが現れます。これがIntelliJのメイン画面というわけではありません。これは「**ウェルカム**」ウィンドウで、起動すると最初に表示されるものです。

◉図1-12：ウェルカムウィンドウ。

このウィンドウでは、プロジェクトの新規作成やすでにあるプロジェクトの管理、設定画面を呼び出しての環境設定などが行なえるようになっています。

新しいプロジェクトは、「**New Project**」というアイコンをクリックして作成できます。またすでにプロジェクトを作成したり編集したりしたことがあると、ウィンドウには利用したプロジェクトがリスト表示されるようになります。ここからプロジェクトを選択するだけでそれを編集できるようになります。

（※初めてウィンドウが表示されたとき、「**プラグインの更新がある**」といったリンクが表示されることがあります。これは、クリックして必ずアップデートしておきましょう。特に、Kotlinプラグインのアップデートは必須です。これを怠ると、一部のプロジェクト作成に支障が出ることがあります）

●図1-13：プロジェクトを利用するとリスト表示され、いつでも開けるようになる。

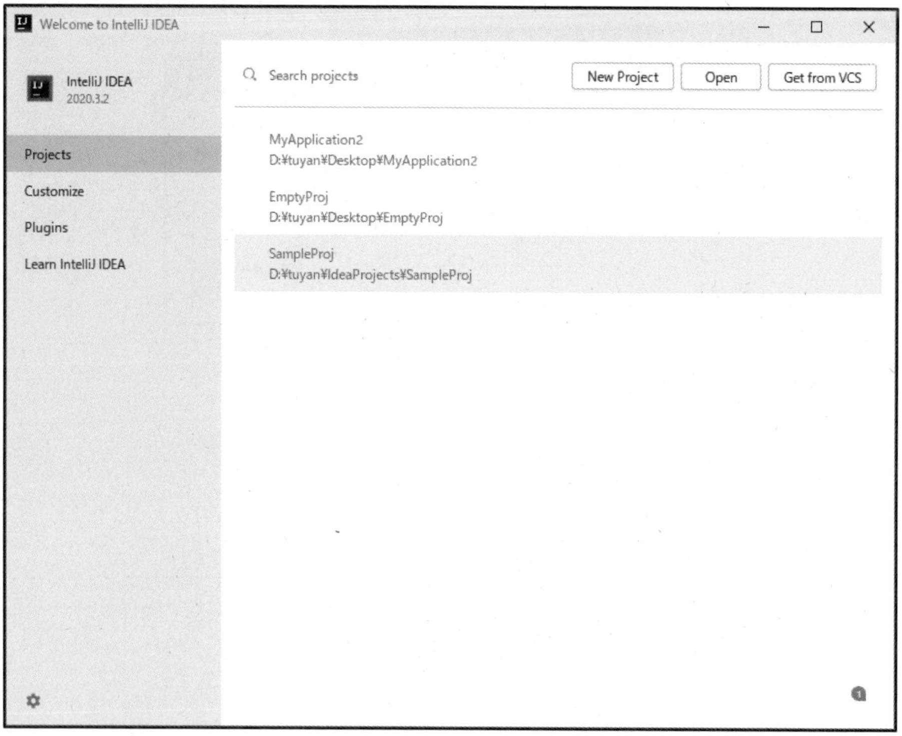

## ◎ プロジェクトとは?

IntelliJでは、プログラムの開発は、「**プロジェクト**」を作成することから始まります。プロジェクトというのは、開発に必要なファイルやライブラリなどを一元管理するためのものです。

プログラムの開発には、非常に多くのファイルが必要になります。プログラムのソースコード

だけでなく、イメージなどのリソースファイル、実行やビルドなどに関する設定を記述したファイル、KotlinやJavaなどで利用するライブラリ類など、多くのファイルを正確に配置していかなければいけません。これらをすべて個人で管理するのはかなり大変でしょう。

　そこで多くの開発ツールでは、開発に必要なものをすべてひとまとめにして管理できるような仕組みを考えたのです。それが**「プロジェクト」**です。IntelliJも、このプロジェクトを使って開発を管理します。

# プロジェクトを新規作成する

　では、実際にプロジェクトを作成してみましょう。ウィンドウにある**「New Project」**というリンクをクリックしてください。画面に**「New Project」**というダイアログウィンドウが新たに表示されます。

　これは、作成するプロジェクトの設定を行なうものです。左側に**「Java」「Maven」**
**「Gradle」**といった項目が一覧リストとして表示され、そこにある項目を選択するとその詳細設定が右側に表示されるようになっています。

　IntelliJでは、さまざまな種類のプログラムを作ることができます。この左側のリストから**「何のプロジェクトを作るか」**を選び、右側でその設定を行ないます。

　Kotlinのプログラムを作成する場合は、左側のリストから**「Kotlin」**を選択します。これで右側にKotlinのプロジェクトに関する設定が表示されます。

●図1-14：Kotlinの開発は、左のリストから「Kotlin」を選ぶ。

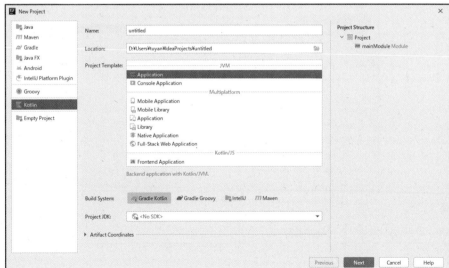

## ◉ Kotlinプロジェクトについて

左のリストから「**Kotlin**」を選ぶと、その右側に細かな設定情報の項目が現れます。ここでプロジェクトの設定を行ないます。ここは以下のように設定をしていきましょう。

| Name | プロジェクト名です。ここでは「**SampleProj**」としておきます。 |
|---|---|
| Location | プロジェクトの保存場所です。デフォルトではホームディレクトリに「**Idea Projects**」とフォルダを作成し、その中に保存をします。 |
| Project Template | プロジェクトのテンプレートです。ここで、作成したいプログラムの種類にあったテンプレートを選びます。ここでは「**Native Application**」を選択しておきます。 |
| Build System | ビルドに使うシステムを選択します。デフォルトでは「**Gradle Kotlin**」になっています。 |
| Project JDK | プロジェクトで利用するJDKを選択します。これはプロジェクトで固有のJDKを設定したい場合に選びます。デフォルトのままでも構いません。 |

⊕図1-15：SampleProjプロジェクトの設定を行なう。

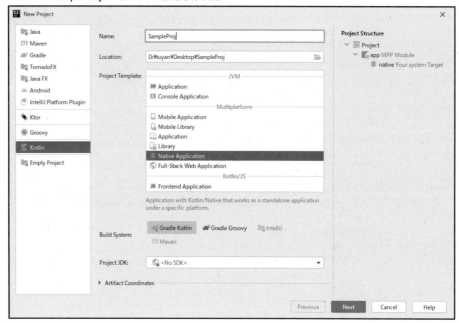

## ◉ プロジェクトの詳細

一通り設定して次に進むと、さらにプロジェクトの設定を行なう表示が現れます。ここでは、左側に作成するプロジェクトとモジュールが階層的に表示されます。これは、すでに必要なものは用意されているので、特に操作することはありません。

このまま「**Finish**」ボタンを押せばプロジェクトが生成されます。

●図1-16：プロジェクトの詳細。「Finish」ボタンでプロジェクトを生成する。

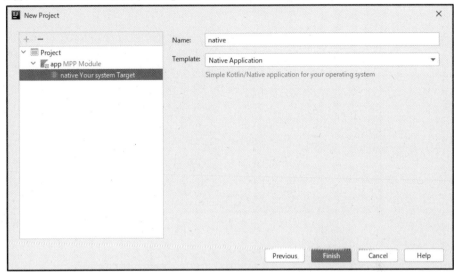

# IntelliJのウィンドウについて

　しばらくするとプロジェクトが作成され、新たに大きなウィンドウが開かれます。これが、IntelliJのメインウィンドウです。ここで、開いたプロジェクトによるプログラムの作成が行なわれます。

　このウィンドウは、いくつかの小さなエリアが組み合わせられたような形になっています。ウィンドウ内にあるそれぞれの小さなエリアを、IntelliJでは「**ツールウィンドウ**」と呼んでいます。つまり、大きなメインウィンドウの中に、小さな各種のツールウィンドウが組み合わせられているわけです。

　ツールウィンドウは多数用意されていますが、すべてを最初から理解しておく必要はありません。最低限のものだけわかっていればKotlinの開発は行なえるようになります。以下に、よく利用するツールウィンドウについてかんたんに説明しておきましょう。

◉図1-17：開かれたメインウィンドウ。ここでプロジェクトを編集する。

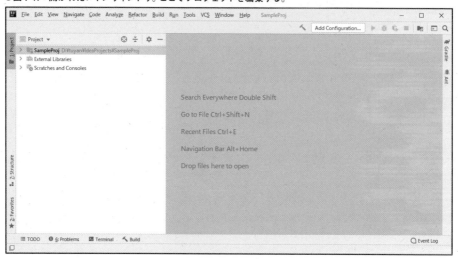

# ◉ プロジェクト（Project）ツールウィンドウ

ツールウィンドウのうち、デフォルトでプロジェクトを開いたときから表示されているのが、ウィンドウ左側にある**「プロジェクト（Project）ツールウィンドウ」**です。

これは、開いたプロジェクト内にあるファイルやフォルダを管理するものです。フォルダはダブルクリックすることでその内部を展開表示することができます。そしてファイル類はダブルクリックすることで編集エディタを起動し編集できます。こうして必要なファイルを開いて編集することでプログラムの開発を行ないます。

◉図1-18：プロジェクトツールウィンドウ。開いたプロジェクトの内容が表示される。

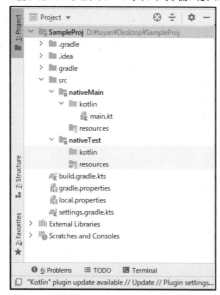

## ● 構造（Structure）ツールウィンドウ

メインウィンドウの周辺部には、縦にラベルのようなものが表示されています。これは、ツールウィンドウのON/OFFリンクです。ここから使いたいツールウィンドウをクリックすると、その場で開いて使えるようになります。

左端の下のほうには「**Structure**」というラベルが見えます。これをクリックすると、「**構造（Structure）ツールウィンドウ**」というものがプロジェクトツールウィンドウの下部に現れます。

これは、現在選択されているファイルに記述されているソースコードの構造を解析し階層的に表示するツールです。開いているファイルがKotlinでもJavaでもHTMLでも、IntelliJで対応しているものならばすべてその場で解析しその構造を表示します。また、表示されている項目をクリックすることで、開かれているエディタをスクロールし表示位置を変更できます。

●図1-19：構造ツールウィンドウ。開いているファイルの構造を表示する。

## ● ターミナル（Terminal）ツールウィンドウ

左下のあたりには「**Terminal**」というラベルが見えます。これをクリックすると、「**ターミナル（Terminal）ツールウィンドウ**」がメインウィンドウ下部に現れます。

このツールウィンドウは、WindowsのコマンドプロンプトやmacOSのターミナルアプリと同様のもので、ここからコマンドを実行することができます。IntelliJではほとんどの操作はメニューやアイコンなどから行なえますのであまり利用することはないでしょうが、「**IntelliJ内からコマンドの実行も行なえる**」ということは知っておくとよいでしょう。

●図1-20：ターミナルツールウィンドウ。ここからコマンドを実行できる。

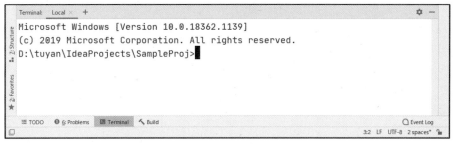

29

# プロジェクトのディレクトリ構成

　　今回、サンプルとして作成したのは、コンソールアプリケーションのプロジェクトです。これは、コマンドとして実行されるプログラムのプロジェクトであり、必要なファイル類がもっとも少ない、もっともシンプルな構成のプロジェクトといっていいでしょう。

　　IntelliJのKotlinプロジェクトは、いずれもだいたい同じようなディレクトリ構成をしています。ですから、もっともシンプルなコンソールアプリのプロジェクトでだいたいの構成を理解しておけば、どんな種類のプロジェクトであってもだいたいその内容がどんなものか把握できるようになるでしょう。

　　では、作成したプロジェクト内のファイル／フォルダ類を以下に整理しておきましょう。

## ╋フォルダ類

| | |
|---|---|
| .gradle | Gradle というビルドツールが作成するファイル類が保管されます。 |
| .idea | IntelliJ が作成するファイル類が保管されます。 |
| gradle | Gradle ビルドツールのライブラリやプロパティなどが保管されます。 |
| src | 作成するアプリケーションのソースコードやリソース類です。 |

## ╋ファイル類

| | |
|---|---|
| build.gradle.kts | Gradle で実行される処理の内容が記述されます。 |
| gradle.properties | Gradle で利用する設定情報が記述されます。 |
| gradlew | Gradle の実行コマンドです。 |
| gradlew.bat | Gradle の実行バッチファイルです。 |
| local.properties | その他の設定情報が記述されます（利用時に生成されます）。 |
| settings.gradle.kts | プロジェクトの設定情報が記述されます。 |

## ╋その他

| | |
|---|---|
| External Libraries | 使用するライブラリ関連をまとめたものです。 |
| Scratches and Consoles | 一時ファイルなどを管理するところです。 |

◉図1-21：プロジェクトに作成されるファイルやフォルダ類。

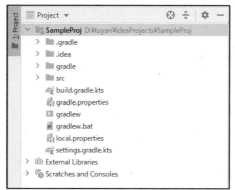

# ◉「src」フォルダについて

　これらのファイル・フォルダ類の中で、もっとも重要なのが**「src」**フォルダでしょう。これは、プロジェクトで作成するプログラムのソースコードや使用するリソースファイルなどがまとめられているところです。プログラムの作成は、この**「src」**フォルダの中にどのようなファイルを作っていくか、がすべてだと考えていいでしょう。

　では、これも中にあるものをかんたんに説明しておきましょう。まず、**「src」**フォルダ内にどのようなフォルダとファイルが保存されているか、ざっと頭に入れておいてください。

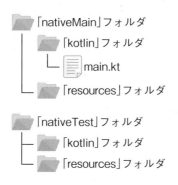

◎図1-22：「src」フォルダ内を展開したところ。

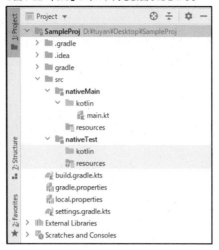

## ➕「nativeMain」フォルダ

　作成するプログラムに関するファイルは、すべてこの「**nativeMain**」フォルダの中に保管されます。プログラムの開発時は、基本的にこの「**nativeMain**」フォルダの中だけを見ていればいいでしょう。

　なお、「**nativeMain**」というフォルダ名は、作成したのがネイティブアプリケーション用のプロジェクトであるため、このような名前になっています。一般的なアプリケーション（Javaのクラスファイルとして作成するもの）ならば、これは「**main**」という名前になります。

## ➕「nativeTest」フォルダ

　これは、ユニットテストで使用するファイル類を保管しておくためのものです。テストで使用するファイル以外のものはここに置きません。

## ➕「nativeMain」「nativeTest」フォルダの内部

　これらのフォルダの中には、以下の2つのフォルダが用意されています。これら以外はないわけではなく、「**最低限必要となるもの**」と考えておくとよいでしょう。プロジェクトの種類によっては、この他にも必要に応じてフォルダが追加されることもあります。

| | |
|---|---|
| 「kotlin」フォルダ | Kotlinのソースコードファイルが用意されます。 |
| 「resources」フォルダ | プログラムが使うリソースファイル類（イメージファイルなど）を配置します。 |

　「nativeMain」と「nativeTest」フォルダ、そしてそれらの中には「kotlin」と「resources」フォルダ。これが、「src」フォルダの基本的な構成になります。

　また、「kotlin」フォルダは、当然ですが「Kotlin」でプログラムを作成する場合に作られます。例えば、Javaのプログラムのプロジェクトならば、「kotlin」代りに「java」というフォルダが用意されることになるでしょう。要するに、**「使用する言語のフォルダとリソース類のフォルダ」** が用意される、と考えておくとよいでしょう。

# main.ktとエディタについて

　では、「nativeMain」フォルダ内にある「kotlin」フォルダをダブルクリックして展開してみてください。その中に「main.kt」というファイルが用意されていることがわかります。これが、Kotlinで作成するプログラムです。Kotlinのソースコードは、このように「.kt」という拡張子のテキストファイルとして用意されます。

　このファイルをダブルクリックすると、ファイルが開かれ、Projectツールウィンドウの右側の空白エリアにテキストエディタの表示が現れます。これは、IntelliJの内蔵エディタによるもので、ソースコードの種類（拡張子）に応じて自動的に対応する言語のエディタ環境が用意されます。

　開かれたエディタは上部にファイル名のタブが表示されており、複数のファイルを開いてもこのタブをクリックして切り替えることができます。これにより、同時に複数ファイルを並行して編集できます。

　エディタには編集を支援する各種の機能が組み込まれており、快適な編集作業が行なえます。組み込まれている主な機能をざっと整理しておきましょう。

## ╋ソースコードの色分け表示

　言語のキーワードや変数、値など、役割ごとにテキストが色分け表示され、ひと目でそれがどういう役割のものかがわかります。

## ╋オートインデント

　ソースコードを改行すると、その構造をチェックし、構文の状態に応じて最適な開始位置にテキストの開始位置を送ります。文の位置を見るだけでそれがどの構文に含まれているものかがわかります。

## ╋補完機能

　Kotlinは言語が予約するキーワードの他、変数、関数、プロパティ、メソッドといったものを組み合わせてソースコードを記述するが、入力中のテキストを解析し、利用可能なものをポッ

Chapter
1
2
3
4
5
6
7

プアップ表示する。例えば、「**p**」とタイプすると、pで始まる関数などが一覧表示され、そこから選ぶと自動入力されます。

## ✚文法チェックと解決のヒント

開いているソースコードは常に内容がチェックされ、文法上の問題（シンタックスエラー）があるとその部分を赤字表示します。のみならず、その場にヒントのアイコンを表示し、考えられる解決法をプルダウン表示し自動的に解決できるようにしています。

## ✚コードの折りたたみ

ソースコードを解析し、構文ごとに左側に「ー」「＋」といったアイコンが表示され、これをクリックすることで構文内を折りたたんだり、展開表示したりできます。

**◑図1-23：IntelliJのエディタ。入力を支援する機能がいろいろ用意されている。**

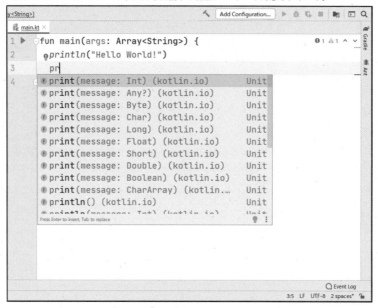

# プログラムを実行する

では、プログラムを実行してみましょう。main.ktを開くと、エディタの左側に実行のアイコン（三角形の緑色アイコン）が表示されます。このアイコンをクリックすると、プログラムの実行に関する項目がポップアップして現れます。ここから「**Run 'runDebugExebutableNative'**」という項目を選んでください。プログラムがその場でビルドされ、実行されます。

実行すると、メインウィンドウ下部に「**Runツールウィンドウ**」というツールウィンドウが現れます。これはTerminalツールウィンドウと同じようにテキストを出力するものです。プログラムの実行結果が出力されます。

ここでは、このツールウィンドウ内に「**Hello, Kotlin/Native!**」とテキストが表示されます。これが、作成されたプログラムの実行結果です。

⊕**図1-24**：実行アイコンをクリックするとメニューがポップアップして現れる。

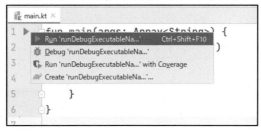

⊕**図1-25**：「**Run 'runDebugExebutableNative'**」を選ぶと、**Run**ツールウィンドウが開かれ、実行結果が表示される。

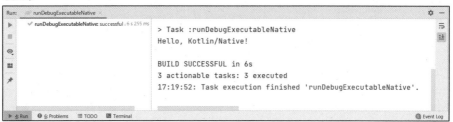

## ビルドで生成されるもの

では、ビルドにより生成されたプログラムはどこに配置されているのでしょうか。これは、プロジェクト内に作られる「**build**」フォルダの中に保存されています。このフォルダの中には「**classes**」と「**bin**」というフォルダが作成され、「**bin**」フォルダの中の「**native**」フォルダ内にある「**debugExecutable**」フォルダの中に、ビルドされたアプリケーションの実行ファイルが保存されています。

IntelliJでは、このようにネイティブなプログラムをビルドし生成することがかんたんにできてしまいます。またネイティブアプリケーションではなく普通のアプリケーションを作成したならば、Javaクラスファイルから実行可能なJarファイルを生成することもできます。

ただ一般的には、KotlinはJavaクラスファイルを生成すると考えてよいでしょう。今回はネイティブアプリケーションのプロジェクトを作成しましたが、その他のプロジェクトでは基本的にJavaのクラスファイルを生成します。したがって、作ったプログラムはJVMで動きます。Kotlinは「**Javaに置き換わる言語**」として十分な能力を持っている、と考えてよいでしょう。

○図1-26：「build」内にあるフォルダを開いていくと、「debugExecutable」フォルダというところにビルドされたネイティブアプリケーションのファイルが保存されている。

## コンソールアプリケーションを作る

　　ネイティブアプリケーションは、このようにかんたんに作成できました。が、おそらくKotlinでは**「Javaアプリケーションの開発」**に利用されることのほうが多いでしょう。そこで、今度はネイティブではないコンソールアプリケーションのプロジェクトを作ってみましょう。

　　**「File」**メニューの**「New」**メニューから**「Project...」**メニューを選びます。プロジェクトをすでに閉じている場合は、Welcomeウィンドウの**「New Project」**リンクをクリックしてください。どちらでも構いません。

　　そしてプロジェクトの作成を行なうウィンドウが現れたら、左側のリストから**「Kotlin」**を選択します。Kotlinの一般的なプロジェクトはここにまとめられています。そして右側に表示される項目を以下のように設定しましょう。

| | |
|---|---|
| Name | プロジェクト名です。ここでは先ほどと同じく**「SampleProj」**としておきます。なお、前のプロジェクトは他に移動するなりしておきましょう。 |
| Location | プロジェクトの保存場所です。デフォルトではホームディレクトリに**「Idea Projects」**とフォルダを作成し、その中に保存をします。 |
| Project Template | プロジェクトのテンプレートです。ここで、作成したいプログラムの種類にあったテンプレートを選びます。ここでは**「Native Application」**を選択しておきます。 |
| Build System | ビルドに使うシステムを選択します。デフォルトでは**「Gradle Kotlin」**になっています。 |
| Project JDK | プロジェクトで利用するJDKを選択します。これはプロジェクトで固有のJDKを設定したい場合に選びます。デフォルトのままでも構いません。 |

●図1-27：プロジェクトの設定を行なう。

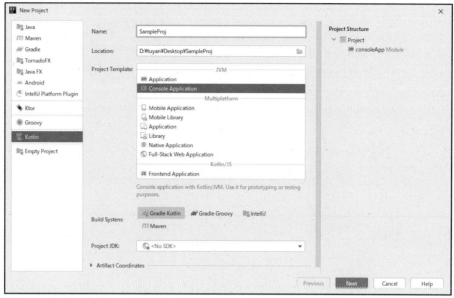

　次に進むと、プロジェクトのテンプレートの種類やテストのフレームワーク、JVMのバージョンなどを選択する表示に変わります。これは、基本的にデフォルトのままで問題ないでしょう。JVMのバージョンについては、インストールして利用しているJDKのバージョンによって変わりますので、それぞれが使っているものをそのまま選択しておけばいいでしょう。

　これで「**Finish**」ボタンを押せばプロジェクトが作成されます。

●図1-28：「Finish」ボタンでプロジェクトを生成する。

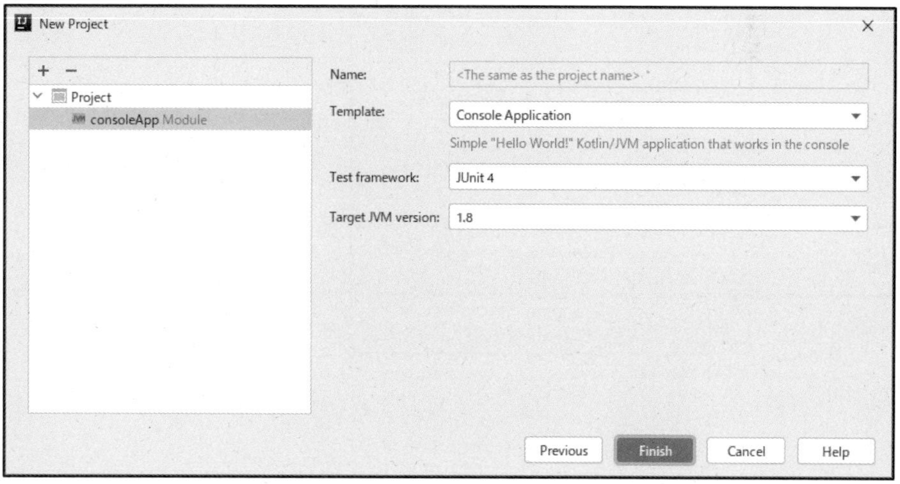

# ◉ プロジェクトの内容

　生成されたプロジェクトがどうなっているか、内容を確認してみましょう。すると、先ほどのネイティブアプリケーションのプロジェクトとほぼ同じものであることがわかります。プロジェクト内に作成されているファイル類はほぼ同じものです。そして「**src**」フォルダ内にプログラムのソースコード類がまとめられている点も同じです。ただし、「**src**」フォルダ内にあるフォルダ類は以下のような構成になっています。

「main」フォルダ
 └ 「kotlin」フォルダ
 　 └ main.kt
 └ 「resources」フォルダ

「test」フォルダ
 └ 「kotlin」フォルダ
 └ 「resources」フォルダ

　「**nativeMain**」ではなく、「**main**」フォルダに名前が変わっていますね。一般的なアプリケーションのプロジェクトの場合、「**main**」フォルダが基本です。ネイティブアプリケーションを作る場合のみ、「**nativeMain**」という名前がデフォルトになっている、と考えるとよいでしょう。

◉図1-29：作成されたプロジェクト。「src」フォルダ内には「main」と「nativeTest」フォルダが用意される。

## ◉ mainの実行

では、プログラムを実行してみましょう。「**main.kt**」ファイルを開き、テキストエディタに表示される実行アイコン（緑色の三角形アイコン）をクリックして「**Run 'MainKt'**」というメニューを選択すると、プログラムが実行され「**Hello World!**」と表示されます。

◉図1-30：「Run 'MainKt'」メニューを選ぶとプログラムが実行され、「Hello World!」と表示される。

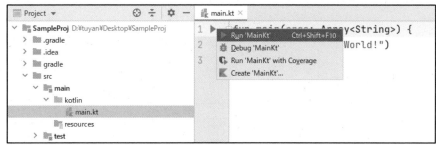

# 2つのプロジェクトの違い

以上、ここでは2つの「**SampleProj**」プロジェクトを作成しながら、IntelliJの開発の基本的な手順を理解していきました。2つのプロジェクトは、どちらもPCで実行するコンソールアプリケーションを作るものです。が、両者は「**ネイティブアプリケーション**」と「**（Javaのクラスファイルである）一般的なKotlinのアプリケーション**」という違いがあります。

見たところでは、「**src**」フォルダ内にあるフォルダ名が「**nativeMain**」と「**main**」という違いがあるぐらいで、他はほとんど同じように見えます。それなのに、作成されるプログラムはネイティブアプリケーションとJavaのクラスファイルによるアプリケーションという大きな違いがあります。これは一体、なぜでしょう。何が違うのでしょうか？

## ◉ ビルドツールがすべてを決める

こうした違いは、「ビルドツール」の働きの違いによるものといえます。ビルドツールというのは、プロジェクトのビルドや実行などを行なうためのツールで、IntelliJにはGradleやMavenといったビルドツールが内部に組み込まれています。

これらビルドツールは、あらかじめ用意されていたビルド用のスクリプトを使って必要な処理を行ない、プロジェクトをビルドします。この実行する処理の違いにより、生成されるアプリケーションの内容などが違っていたのです。用意されているビルドツール用のスクリプトファイルの内容が、プロジェクトのビルドや実行の方式を決めるのです。

これは、IntelliJに限らず、最近の開発ツールのほぼすべてで取られている手法です。ビルドツールを使うことで、プロジェクトの互換性も高まり、またビルドや実行時の細かな制御が行なえるようになります。プロジェクトに必要なソフトウェア（パッケージと呼ばれます）の用意や、プロジェクトのさまざまな場所に配置されたファイルの管理なども、ビルドツールのために書かれたスクリプトによって行なわれているのです。

# build.gradle.ktを覗く

ここで作成された2つのプロジェクトは、いずれも「Gradle」というビルドツールを利用しています。これは、GroovyというJVM言語を使って処理を行なうビルドツールです。Kotlinではこれをさらに改良し、「Gradle Kotlin DSL」というソフトウェアを開発しました。これは、GradleをKotlinで扱えるようにするもので、ビルド用のスクリプトもすべてKotlinで書くようになっています。

試しに、どのような内容が書かれているのか見てみましょう。ビルド用のスクリプトは、プロジェクト内に「build.gradle.kt」という名前のファイルとして用意されています。2つのプロジェクトのビルドファイルがどうなっているか見てみましょう。

◉リスト1-1——Javaクラスファイルによるアプリケーション用

```
import org.jetbrains.kotlin.gradle.tasks.KotlinCompile

plugins {
    kotlin("jvm") version "1.4.10"
    application
}
group = "me.tuyan"
version = "1.0-SNAPSHOT"

repositories {
```

```
        mavenCentral()
}
dependencies {
    testImplementation(kotlin("test-junit"))
}
tasks.withType<KotlinCompile>() {
    kotlinOptions.jvmTarget = "1.8"
}
application {
    mainClassName = "MainKt"
}
```

●リスト1-2――ネイティブアプリケーション用

```
plugins {
    kotlin("multiplatform") version "1.4.10"
}
group = "me.tuyan"
version = "1.0-SNAPSHOT"

repositories {
    mavenCentral()
}
kotlin {
    val hostOs = System.getProperty("os.name")
    val isMingwX64 = hostOs.startsWith("Windows")
    val nativeTarget = when {
        hostOs == "Mac OS X" -> macosX64("native")
        hostOs == "Linux" -> linuxX64("native")
        isMingwX64 -> mingwX64("native")
        else -> throw GradleException("Host OS is not supported in Kotlin/Native.")
    }

    nativeTarget.apply {
        binaries {
            executable {
                entryPoint = "main"
            }
        }
    }
    sourceSets {
        val nativeMain by getting
```

```
        val nativeTest by getting
    }
}
```

これらの内容は、別に今理解する必要はありません。ただ、**「プロジェクトによって、その内容が大きく違っている」**ということがわかればいいのです。

## ◉ スクリプトファイルの内容

ここでは、よく見ると○○ |……|というように、名前の後に‖という記号でさまざまな処理を記述しているのがわかるでしょう。整理すると、以下のようなものがスクリプトファイルに書かれています。

```
plugins {
    プラグインの組み込み
}

repositories {
    リポジトリ (パッケージが登録されているところ)
}
dependencies {
    利用しているパッケージ
}
application {
    アプリケーションの情報
}

kotlin {
    Kotlinの情報
}
```

こんな具合に、プロジェクトが必要とするものなどが記述されています。まだKotlinの使い方もよくわかりませんから、具体的にどういうことを行なっているのかはわからないでしょう。しかし、スクリプトファイルの中にさまざまな情報が整理されて記述されており、それらを実行することでビルドやプログラムの実行が行なわれていたのだ、ということはおぼろげながら理解できたのではないでしょうか。

本書はビルドツールに関する解説書ではないので、ビルド関連の説明はこのぐらいにしておきます。興味のある人はGradleについて別途学習してください。ここでは、**「build.gradle.**

kt」というファイルがプロジェクトのビルドや実行の処理について記述しているものだ、ということがわかっていればそれで十分です。

　（※なお、build.gradle.ktの編集は、もっとずっと先（4-4「コルーチンの利用」）になったところで登場する予定です）

# Chapter 2

# Kotlin の基本文法を
# 覚えよう

まずは、Kotlin の基本的な文法について
一通り理解していきましょう。
値・変数・制御構文、コレクション、関数
といったものについて
ここでまとめて説明をしていきます。

# Section 2-1 値・変数・制御構文

## Kotlin プレイグラウンドについて

では、実際にかんたんなソースコードを書いて動かしながら、Kotlinというプログラミング言語について学んでいくことにしましょう。

前章で、IntelliJのプロジェクトを作成して動かしました。これを利用してもいいのですが、初歩的な文法を覚えるためにIntelliJを起動してビルドや実行をするのはちょっと大げさすぎる感じがしますね。もっと手軽にKotlinを試す環境がほしいところです。

こうした場合には、「**Kotlinプレイグラウンド**」というものを利用するのがよいでしょう。これは、Kotlinのソースコードをその場で実行できるWebアプリケーションです。以下のアドレスで公開されています。

**https://play.kotlinlang.org**

●図 2-1 : Kotlin プレイグラウンドのサイト。

アクセスすると、黒い背景に、Kotlinの短いソースコードが表示されて画面が現れます。このソースコードのあるところが、Kotlinの簡易エディタになっています。ここをクリックし、ソースコードを記述すればいいのです。

## ◉ プログラムの実行

エディタ部分の右側には、いくつかの丸いボタンが見えます。これらは、上から順に以下のような役割を果たします。

| 「Run」 | プログラムの実行 |
|---|---|
| 「Settings」 | 設定画面を呼び出す |
| 「Share」 | プログラムを共有する |
| 「Help」 | ヘルプの呼び出し |

書かれているプログラムを実行するには、見える実行ボタン（青い背景に白い二角形のアイコン）をクリックするだけです。実際にこれをクリックしてみましょう。エディタの下部に新たにエリアが現れ、**「Hello World!」**とテキストが表示されます。これが、プログラムの実行結果というわけです。

**◉図2-2：「Run」ボタンを押すとプログラムを実行し、結果を表示する。**

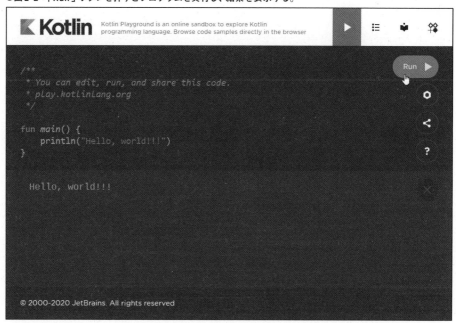

47

# ソースコードの基本形を理解する

では、Kotlinの文法に入る前に、Kotlinプレイグラウンドにデフォルトで書かれているソースコードがどういうものか、かんたんに説明しておきましょう。

○ リスト2-1

```
/**
 * You can edit, run, and share this code.
 * play.kotlinlang.org
 */

fun main() {
    println("Hello, world!!!")
}
```

まず、上半分の/**から*/までの部分は、「**コメント**」です。コメントというのは、ソースコード内に用意しておける、実行されないテキストです。メモ書きや注釈などを書いておきたい場合に使われるものです。

これは、以下のいずれかの形で記述します。

```
//
```

文の冒頭に半角スラッシュ2つをつけると、その文の終わりまでをすべてコメントと判断します。

```
/* ～ */
```

テキストの最初に/*を、最後に*/をつけると、その間に書かれたすべてのテキストをコメントとみなします。

長いコメントを書く場合は、/* */を利用します。ちょっとした注釈程度なら//を使うほうが便利でしょう。

## ◎ 関数定義について

その下にある、以下の部分が実際に実行された処理部分、つまり実際に実行されたプログラムになります。

```
fun main() {
    println("Hello, world!!!")
}
```

これは「**mainという関数**」を定義するものです。関数がどうとかいったことは今は知る必要はありません。Kotlinでは、プログラムは「**main関数というものとして用意する**」ようになっています。

Kotlinではプログラムを実行すると、そこにあるmain関数を実行するようになっているのです。ですから、「**プログラムはmain関数に書いておく**」ということだけ頭に入れておけばいいでしょう。「**なぜ**」とか「**どうやって**」といったことは今知る必要はありません。とりあえず、「**以下の通りに書けばプログラムは作れる**」ということだけ頭に入れておいてください。

```
fun main() {
    ……ここに実行したい処理を書く……
}
```

このfun main() |と|の間に、いろいろと書けば、それが実行できるようになるわけですね。これを踏まえて、少しずつKotlinについて学んでいくことにしましょう。

なお、ここでは値や変数、構文といった基礎部分から説明をしていきます。それらの大半は、Javaの経験があれば説明の必要もない基礎知識です。すでにJavaなどを利用している人は、これら基礎部分は飛ばしてしまって構いませんよ。

## 値について

最初に理解しなければいけないのは「**値**」についてです。プログラミング言語では、値にはその内容に応じて「**型（タイプ）**」が用意されています。例えば整数、実数、テキストというような「値の種類」のことですね。

Kotlinでは、「**整数**」「**実数**」「**テキスト**」「**文字**」「**真偽値**」といった基本の型が用意されています。これらの基本の型について整理しておきましょう。

### ◉ 整数について

整数の型は、全部で4つ用意されています。これらは、データサイズの違いであり、それはつまり「**扱える値の範囲**」の違いということですね。各型のサイズと値の範囲を以下に整理しておきましょう。

| Byte型 | 8bitサイズの値です。(-128 ～ 127) |
|---|---|
| Short型 | 16bitサイズの値です。(-32768 ～ 32767) |
| Int型 | 32bitサイズの値です。(-2,147,483,648 ～ 2,147,483,647) |
| Long型 | 64bitサイズの値です<br>(-9,223,372,036,854,775,808 ～ 9,223,372,036,854,775,807) |

　整数の値は、数字をそのまま書くだけです。例えば「**123**」というように書けば整数の値（Int型）になります。また、「**123L**」というように最後にLをつけると、Long型の値として扱われます。

　通常、ただ数字を書けばそれは10進数の値と判断されますが、この他に16進数と2進数の値も書くことができます。

| 0x数字 | 16進数の値（例 0x0F2A） |
|---|---|
| 0b数字 | 2進数の値（例 0b00101101） |

　この他、やや特殊な用途として「**負の数がない整数**」の型というのもあります。これは、整数型の前にUをつけたものです。例えば、UByteとすれば、負の数のない、ゼロ以上のByte型になります。マイナスの値がないため、プラスの上限は通常の2倍まで利用できます（UByteならば、0〜255）。しかしマイナスが使えないので、一般的な数値データとして使うことはあまりありません。特殊な用途のためのものと考えるとよいでしょう。

## ◉ 実数（浮動小数）について

　実数の値は、プログラミング言語では「**浮動小数**」と呼ばれる値として用意されます。これは「**整数部分と指数部分を組み合わせた値**」です。例えば123.456ならば「**1.23456**」×10の「**2**」乗というように整理し、数字の部分と指数の部分を組み合わせて表現するのですね。

　この方式により、非常に桁数が大きい整数や小数も扱うことができます。ただし、「**数字の部分はこれだけ**」というデータ幅が決まっているため、一定の桁数までしか正確に表現できません。保持できる桁数は「**有効桁数**」と呼ばれます。

　この実数の型は2種類が用意されています。

| Float型 | 32bitサイズの値です。有効桁数は6 ～ 7桁ほど。 |
|---|---|
| Double型 | 64bitサイズの値です。有効桁数は15 ～ 16桁ほど。 |

　実数の値は、小数点を付けて記述します。例えば「**1.23**」「**100.0**」といった具合です。こ

れらは自動的にDouble型の値として扱われます。「**1.23F**」というように最後にFをつけると
Float型の値となります。

## ◉ テキスト（文字列）について

テキストは、「**String**」型として用意されています。この値は、テキストの前後をダブル
クォート（"）記号で挟むようにして記述をします。

例　"abc"　　　"あいう"

テキストの値部分は基本的に改行することはできません。複数行に渡るテキストを値として
扱いたいときは、トリプルクォート（"""）で前後をはさみます。

```
"""Hello.
This is sample.
bye!"""
```

このような具合ですね。この2通りの書き方が、テキストの値の基本と考えていいでしょう。

## ◉ エスケープ文字について

これらの値ではダブルクォートを使って指定をしますが、ではダブルクォートをテキストの中
に書きたい場合はどうするのでしょうか。これは「**エスケープ文字**」と呼ばれるものを使いま
す。半角バックスラッシュに記号を付けたもので、以下のようなものが用意されています。

| | |
|---|---|
| ¥n | 改行コード |
| ¥r | 復帰コード |
| ¥t | タブコード |
| ¥b | バックスペース |
| ¥' | シングルクォート |
| ¥" | ダブルクォート |
| ¥¥ | バックスラッシュ |
| ¥$ | $文字 |

テキストの値の中にこれらの文字を含めたい場合は、このエスケープ文字を利用します。例え
ば、"Hello,¥nWorld"とすれば、HelloとWorldの間で改行したテキストを作ることができます。

## ◉ 文字について

　　　Stringは、いくつもの文字をひとまとめにしたテキスト（文字列）を扱うものでした。が、これとは別に**「1文字だけの文字の値」**も用意されています。それが**「Char」**です。

　　　Charは**「文字」**の値です。これは文字の前後をシングルクォートで挟んで記述します。

例　'A'　　　　'あ'　　　　'x'

　　　Charは**「文字」**の値ですから、テキストのように複数の文字をまとめて扱うことはできません。あくまで**「1文字の値」**だけを扱います。

## ◉ 真偽値について

　　　物事の判断をするのに用いられる特別な値です。真偽値は**「Boolean」**という型として用意されています。使える値は、**「true」「false」**の2つのみです。**「正しいか、正しくないか」**を表すのに使うものなので、値は2つあればそれで十分なのです。

# 値を表示してみよう

　　　では、基本型の値をそれぞれプログラムで表示させてみましょう。Kotlinプレイグラウンドのソースコードを以下のように書き換えてください。

**◉リスト2-2**

```
fun main() {
    println(123)
    println(45.678)
    println("Hello, world!!!")
    println('A')
    println(true)
}
```

⊕図2-3：各型の値が表示される。

これを実行すると、整数・実数・テキスト・文字・真偽値の値がそれぞれ出力されます。fun main() {と}の間に書かれている文を見てください。それぞれ、こんな形になっているのがわかりますね。

```
println( 値 )
```

この「**println**」というのは、値を出力する関数です。関数については改めて説明をしますので、今は「**printlnの後の()の中に値を書いておけば、それが表示される**」ということだけ覚えておいてください。今はそれで十分です。

## ◉値は「リテラル」

この()部分にはさまざまな型の値が書かれています。このように、ソースコード内に直接記述される値のことを「**リテラル**」といいます。123は「**Int型のリテラル**」ということですね。まずは、ここに挙げた基本型のリテラルの書き方をしっかりと頭に入れておきましょう。

# 変数と定数

値は、リテラルのまま使うことはそれほど多くありません。それ以上に圧倒的に多いのが**「変数」**の利用です。変数は、値を保管しておく**「入れ物」**となるものです。これは以下のような形で作成します。

```
var 変数 : 型
var 変数 : 型 = 値
var 変数 = 値
```

変数は、**「var」**というキーワードの後に名前をつけて宣言をします。通常は、その後に**「:型」**という形で、保管する値の型を指定します。変数には、それぞれ**「型」**があります。指定した型の値しか保管できないようになっているのです。

変数は、varを使って宣言をすることで作成され、使えるようになります。このとき、イコール記号を使って値を代入しておくこともできます。あるいは、変数を作成した後で、イコールを使って値を代入してもよいでしょう。値の代入は以下のように行ないます。

```
変数 = 値
```

これで、右辺の値が左辺の変数に設定されます。変数はいつでも必要に応じて値を代入し、保管する値を変更することができます。

## ◉ 定数について

変数とは異なり、**「値の変更ができない」**ものが**「定数」**です。これは**「val」**というキーワードを使って作成します。

```
val 定数 : 型 = 値
val 定数 = 値
```

定数は、宣言した際に値を代入し、以後、その値を変更することはできません。最初に代入された値が常に保持され続けます。

## ◉ 変数・定数の名前

変数や定数の名前は、全半角の文字(記号以外のアルファベットなどのこと)と数字、そしてアンダーバー(_)記号の組み合わせで指定します。文字数などは特に制限はありません。

注意点としては、1文字目には数字は使えません。また、実は全角の日本語（ひらがな・カタカナ・漢字）も使えるのですが、日本語では同じ単語でもカナや漢字など幾通りも書き方があったりするので間違いを誘発しやすくあまりすすめられません。基本は**「半角アルファベット・数字・アンダースコアのみ」**と考えましょう。

## ◉ 大文字と小文字は別の文字！

これは変数名などに限ったことではなく、Kotlin全般でいえることですが、Kotlinでは**「大文字と小文字」**は別の文字として扱われます。ですから、例えば変数xと変数Xは別のものになるのです。これはよく注意してください。

---

**Column** コラム 型の指定は不要？

変数・定数の宣言を見ると、「〇〇：型」というように変数名の後に型の指定があるものと、ないものがあるのに気づきます。**「あれ？ 型がない変数もあるのか？」**と思った人もいるでしょう。

結論からいえば、そんな変数はありません。すべての変数定数には、きっちりと型がしていされます。では、型の指定がないのはなぜか？ それは**「代入される値から型が推測できる」**からです。これは**「型推論」**と呼ばれます。

例えば、**「val x = 123」**という文があったとしましょう。xに123を代入します。123は整数（Int型）ですから、定数xは自動的にInt型に設定されるわけです。

こんな具合に、代入する値から型が推測できる場合は、型の指定は省略できるようになっているのですね。

---

# 値の演算について

値と変数が使えるようになったら、これらを利用して計算をさせることを考えましょう。まずは数値の演算からです。四則演算の記号はKotlinにも標準で以下のものが用意されています。

| + | − | * | / | % |
|---|---|---|---|---|

+-*/は、いわゆる加減乗除の計算記号ですからわかりますね。最後の%は、剰余を計算するものです。例えば、**「10 % 3」**とすれば1が得られます。この他、計算の優先度を指定する()も使うことができます。

これらの記号を使って式を記述し、それを例えば変数に代入するなどして計算結果を利用していきます。

# ◉ 計算をしてみよう

では、実際にかんたんな計算を行なってみましょう。Kotlinプレイグラウンドのソースコードを書き換えて実行してください。

**●リスト2-3**

```
fun main() {
    val x = 10
    val y = 20
    val z = (x + y) * x / y
    println("result: " + z)
}
```

**●図2-4：実行すると計算結果を表示する。**

これを実行すると、「**result: 15**」と実行結果が表示されます。定数xとyを用意し、これを使って定数zに値を設定しています。

ここでは、z = (x + y) * x / yというようにして計算を行なっています。xとyにはそれぞれ10と20が代入されていますから、これは「**z = (10 + 20) * 10 / 20**」という式と同じものだということになりますね。

# ◉ テキストの演算

ここでは計算した結果を表示するのに、println("result: " + z)と実行をしています。よく見ると、"result: " + zというように、テキストの値を演算しているのがわかるでしょう。

テキスト（String型）の値は、「**+**」記号を使って2つの値を一つのテキストにまとめることができます。非常に面白いのは、このとき右辺と左辺の値は、両方ともテキストである必要がない

という点です。どちらか一方だけでもテキストならば、Kotlinは**「テキストの演算」**とみなして2つの値を一つのテキストにつなげます。

ここでは"result: " + zとすることで、result:の後に計算結果を表示させていたのですね。こんな具合に、数値などの値に説明のテキストをつなげて表示することはよくあります。テキストの演算は、思った以上によく利用されるのです。

## ◉ 代入演算子について

数値の四則演算は、複雑な計算ばかりするわけではありません。**「変数にある数字を演算する」**という使い方をすることがよくあります。例えば**「xの値を5増やす」**とか**「yの値を2倍にする」**といった具合ですね。

こういう変数の値を書き換える演算には**「代入演算子」**というものが用意されています。これは、演算と変数への代入がセットになったもので、四則演算の記号と代入のイコールを続けて記述して使います。例えば、こんな具合です。

```
var x = 10
x += 20
```

これでxの値は**「30」**になります。**「x += 20」**は、**「x = x + 20」**と同じことをやっていたのです。こんな具合に、変数の値を加減乗除したいときに代入演算子はとても重宝します。

## ◉ インクリメント／デクリメント

この代入演算の中でも**「変数の値を1増やす、1減らす」**といった操作は特に多用されます。こうした値の操作に特化した演算子が**「インクリメント」「デクリメント」**と呼ばれるものです。

```
++変数        変数++
--変数        変数--
```

このように変数の前か後ろに**「++」「--」**といった記号をつけることで、変数の値を1増やしたり1減らしたりできます。

記号が前にあるか後ろにあるかの違いは、**「値を取り出す前・後のどちらで演算するか」**の違いです。例えば**「++x」**とすると、xの値を1増やした値が得られますが、**「x++」**ではxの値を取り出した後で1増やします（つまり、x++が書かれている式の中ではxの値はまだ増えていません）。

# 値のキャスト

計算ができるようになったところで、ちょっと考えてほしいことがあります。例えば、以下のようなプログラムを考えてみましょう。

◆リスト2-4

```kotlin
fun main() {
    val x = 10 / 3
    println("result: " + x)
}
```

◆図2-5：実行すると「result: 3」と表示される。

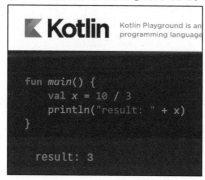

これを実行すると、「**result: 3**」と表示されます。10 / 3の結果が「**3**」になることがわかりますね。

「**3.3333……かと思った**」という人はいませんか？ 確かに10を3では割り切れないので、3.3333……と小数の値になりそうな気もしますね。では、なぜ「**3**」なのでしょうか。

それは、「**演算結果は、演算に使った値と同じ型になる**」からです。ここでは、「**10 / 3**」と、Int型の値で計算をしました。したがって、その結果もInt型になるのです。

## ◉ 小数の結果がほしい

では、「**3.3333……という結果がほしい**」というときはどうすればいいのでしょうか。それは、計算の部分をこうすればいいのです。

◆リスト2-5

```kotlin
fun main() {
    val x = 10.0 / 3.0
```

```
    println("result: " + x)
}
```

⊕図2-6：実行すると、result: 3.3333333333333335と表示される。

　これで小数（Double）の計算結果が得られます。なお、ここでは両方をDouble型の値にしていますが、どちらか片方をDoubleにするだけでもOKです。Double型とInt型で計算をすれば、結果はDouble型になります。型の異なる値で計算をすると、**「より広い範囲の値を扱える型」** で結果が得られます。

　なお、実行すると **「result: 3.3333333333333335」** というように、なぜか最後の桁が5になって表示されますが、これは浮動小数の有効桁数によるものです。浮動小数は、有効多数を超える部分は値の正確さが保証されません。Doubleの場合、15桁ほどですので、最後の5は誤差が含まれているわけですね。

## ◉ 実数の結果を整数で受け取る

　では、**「演算に使った値とは異なる型で結果を得たい」** 場合はどうすればいいのでしょうか。例えば、Double値の計算結果をInt値として得たい場合は？ これは、例えばこうなります。

⊕リスト2-6

```
fun main() {
    val x = (10.0 / 3.0).toInt()
    println("result: " + x)
}
```

　これで、result: 3と結果が表示されます。ここでは、10.0 / 3.0の計算式を()でくくり、その後に **「toInt()」** というものを付けていますね。これは、値の **「キャスト（型変換）」** を行なうためのものです。

```
（……値や式……）.to型名（）
```

　　こんな具合に、計算全体を()でまとめ、その後に**「to〇〇()」**とキャストしたい型名を指定した呼び出せば、その型の値に変換してくれます。Int型として取り出したいなら**「toInt」**とすればいいですし、Doubleにしたいなら**「toDouble」**でOKです。

　　このキャストという操作は、Kotlinでは結構利用しますので、その意味と**「to〇〇」**メソッドの使い方をよく理解しておきましょう。

# Section 2-2 制御構文

## 分岐の基本「if」

値・変数・演算といった個々の値の操作が一通りわかったら、次に覚えるべきは**「構文」**でしょう。中でも、**「制御構文」**と呼ばれる、全体の処理の流れを制御するための構文は非常に重要です。

制御構文は**「分岐」**と**「繰り返し」**に分かれます。**「分岐」**のための構文の基本といえるのが**「if」**です。これは条件をチェックし、その値に応じて実行する処理を変えるものです。

### ✚ifの基本形

```
if ( 条件 )  ……trueのときの処理……
else ……falseのときの処理……
```

ifは、その後にある()に条件となるものを用意します。これは式でも変数でも何でも構いません。**「真偽値 (trueかfalseか)」**として値が得られるものであれば何でも指定できます。

そして、その条件がtrueであれば、その後にある処理を実行します。falseの場合は、elseの後にある処理を実行します。このelse ┊……┊の部分はオプションであり、不要ならば省略できます。その場合、条件がfalseのときは何も行ないません。

実行する処理として用意できるのは、基本的に一文のみです。複数の文を実行する場合は、┊記号を用意し、その中に処理を用意します。ほとんどの場合、この┊を付けた書き方をすることになるでしょう。

```
if ( 条件 ) {
    ……trueのときの処理……
} else {
    ……falseのときの処理……
}
```

一文だけしかない場合でも、┊をつけてもまったく問題ありません。ですから、基本形は┊を付けた形で考えたほうがいいでしょう。

## ◉ ifで偶数奇数をチェックする

では、ifの利用例を挙げておきましょう。以下のようにプログラムを書いて実行してみてください。

● リスト2-7

```
fun main() {
    val x = 123 // ☆
    if (x % 2 == 0) {
        println("「" + x + "」は、偶数です。")
    } else {
     println("「" + x + "」は、奇数だ！")
    }
}
```

◉ 図2-7：実行すると、「『123』は、奇数だ！」と表示される。

これは、変数xの値が偶数か奇数かをチェックするものです。実行すると、「『123』は、奇数だ！」と表示されます。☆の定数xの値をいろいろと書き換えて動作を確かめてみてください。

## ◉ 比較演算子について

ここでは、ifの条件に「x % 2 == 0」という式を用意しています。これは「x % 2」と「0」が等しいか比べるものです。等しければtrue、そうでなければfalseが返されます。

こういう「2つの値を比較する演算」のために用意されているのが、比較演算子です。これには以下のようなものが用意されています（A, Bという2つの値を比較する形で掲載します）。

| A == B | AとBは等しい |
|---|---|
| A != B | AとBは等しくない |
| A < B | AはBより小さい |
| A <= B | AはBと等しいかBより小さい |
| A > B | AはBより大きい |
| A >= B | AはBと等しいかBより大きい |

　ifの条件は真偽値であればどんなものでも指定できますが、多くの場合、この比較演算子を使った式になるでしょう。条件の基本となる式としてここで覚えておきましょう。

# 多数の分岐を行なう「when」

　ifは真偽値による**「二者択一」**を行なうものでした。Kotlinには、この他に多数の分岐を行なう**「when」**という構文も用意されています。これは以下のような形をしています。

### ╋whenの基本形

```
when( 条件 ) {
    値1 -> ……処理……
    値2 -> ……処理……
    ……必要なだけ用意……
    else -> ……どれにも当てはまらない場合の処理……
}
```

　whenの後の()に、条件となるものを用意します。これは、真偽値に限らず整数でもテキストでも何でも構いません。そしてその後の‖内に、この条件に合致する値を**「○○ -> 処理」**という形で書いていきます。->の後には基本的に一文しか書けませんが、‖をつけることで複数文を記述できます。

　whenに進むと、Kotlinはまず条件の値をチェックし、‖内からその値を探します。そして同じ値があったならば、その->以降を実行します。値が見つからなかった場合は、最後のelseに進み、->以降を実行します。このelse -> は、必要なければ省略できます。その場合は、値がないと何も実行せずに次に進みます。

## ◉ 季節を調べる

では、これも利用例を挙げておきましょう。次の数字 (1〜12) に応じた季節を表示するプログラムを考えてみます。

◉リスト2-8

```kotlin
fun main() {
    val month = 11 // ☆
    print("”" + month + "月” は、")
    when (month) {
        1,2,12-> println("冬です。")
        3,4,5-> println("春です。")
        6,7,8-> println("夏です。")
        9,10,11-> println("秋です。")
        else -> println("ワカンナイ……")
    }
}
```

◉図2-8：実行すると、「”11月" は、秋です。」と表示される。

これを実行すると、「”11月" は、秋です。」と表示されます。☆の定数monthの値をいろいろと書き換えて動作を確認してみましょう。

ここでは、when (month)というようにして定数monthの値を条件に指定しています。そして、その値ごとに分岐を用意します。例えば、秋の分岐はこのようになっていますね。

```
9,10,11-> println("秋です。")
```

　チェックする値は、「**9,10,11**」となってますね。whenでは、このように複数の値を指定できます。これで、monthの値が9, 10, 11のいずれかであればこの->の文を実行するようになります。

# 条件をもとに繰り返す「while」

　続いて、「**繰り返し**」の構文です。繰り返し構文の基本は「**while**」でしょう。これは条件をチェックし、その値によって繰り返しを行なうものです。

## ✚while の基本形 (1)

```
while ( 条件 )
    ……繰り返す処理……
```

　このwhileは、()の条件をチェックし、結果がtrueならばその後にある処理を実行し、再びwhileに戻ります。falseだった場合は構文から抜けて次に進みます。当然、処理は実行されません。条件には、ifと同様に真偽値として得られるものを指定します。
　繰り返し実行する処理は、一文のみです。複数の文を実行したい場合は、‖を付けてその中に記述します。

## ◉ 最後に条件をチェックする

　このwhileには、もう一つの書き方があります。それは、条件のチェックを処理の後に行なう方式です。

## ✚while の基本形 (2)

```
do {
    ……繰り返す処理……
} while ( 条件 )
```

　これは、doに進むとまず‖部分の処理を実行し、その後でwhileの()にある条件をチェックします。そしてtrueならばまたdoに戻ります。基本的に「**条件がtrueならば繰り返しの最初に戻る**」という点は同じですが、決定的な違いが一つだけあります。それは、「**条件が最初からfalseだった場合**」です。
　最初からfalseだった場合、(1)のwhileでは何も実行せずに次に進みますが、(2)のwhileだと

最低1度は処理を実行します。

このdoを使った書き方は、かなり特殊な使い方といっていいでしょう。whileの基本は(1)の書き方です。(2)は**「そういう使い方もできる」**程度に考えておけばいいでしょう。

## ◉ 合計を計算する

では、実際にwhileを利用してみましょう。ごくかんたんな**「1から指定の値までの合計を計算する」**というプログラムを作成してみます。

◉リスト2-9

```kotlin
fun main() {
    val number = 100 // ☆
    var total = 0
    var count = 0
    while(number > count++) {
        total += count
    }
    println("total: " + total)
}
```

◉図2-9：1からnumberまでの合計を計算して表示する。

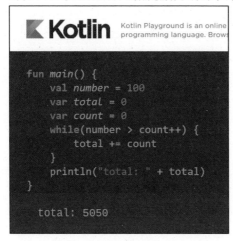

実行すると、**「total: 5050」**と結果が表示されます。☆マークの定数numberの値をいろいろと変更して結果を確認しましょう。

ここでは、while(number > count++) というようにwhile文を用意しています。これで、numberの値よりcountの値が大きくなるまで、その後の||を実行するようになります。繰り返す

ごとにcountの値は1ずつ増えていき、それが100を超えると終了します。

> **Column** number > count++でnumberまで合計できるの?
>
> whileの条件を見て、「number > count++だと、numberとcountが同じ数字になる前に繰り返しを抜けてしまう。number >= count++でないといけないのでは?」と思った人、いますか?
>
> 実際にやってみると、>で問題なく合計できるのですね。
>
> これは「++は、変数の後ろにつけると、値を取り出してから1増やす」からです。whileに入る前、countの値が99だったとしましょう。すると、number > count++はnumber(100)よりcountが小さいのでtrueになります。そして、この式が実行された後で、countの値は100になるのです。これにより、その後の{}にあるtotal += countでは、countは100としてtotalに加算され、無事numberと同じ値まで合計ができる、というわけです。

## 多数の値を順に処理する「for」

サンプルで作成したwhileの処理は、結構面倒くさい感じがしましたね。単純に「**1から100まで合計する**」というだけでも、数字を加算していく変数(total)と、1から100まで順に数字を増やしていく変数(count)が必要になります。そしてcountでは、繰り返すごとに値を1増やす処理をしないといけません。単純なようで、結構わかりにくいのです。

もっと単純に、「**1から100まで順に数字を取り出して繰り返す**」というやり方ができれば、そのほうが圧倒的にわかりやすくなります。それを行なうのが「**for**」という構文です。

### ✚forの基本形

```
for ( 変数 in 多数の値 )
    ……実行する処理……
```

これは、forの後にある()部分で、多数の値から一つずつ順番に値を変数に取り出していき、それを使って処理を実行します。この「**多数の値**」というのがちょっとわかりにくいかも知れませんね。

### ◉forで合計を計算する

では、これも利用してみましょう。先ほどwhileで作成した「**1からnumberまでの合計を計算する**」というプログラムをforで書き直してみます。

◉リスト2-10

```kotlin
fun main() {
    val number = 123 // ☆
    var total = 0
    for(count in 1..number) {
        total += count
    }
    println("total: " + total)
}
```

◉図2-10：実行すると、「total: 7626」と表示される。

　実行すると、☆の定数numberまでの合計を計算して表示します。numberの値をいろいろと変更して動作を確かめましょう。

## ◉範囲を示す「レンジ」

　ここでは、for(count in 1..number)というようにしてfor構文が用意されています。()部分を見ると、変数には「count」が用意され、「多数の値」のところには「1..number」というものが用意されています。

　この「1..number」というのは、「レンジ (Range)」と呼ばれる値です。これは、数字の範囲を表すもので、「最小..最大」という形で記述します。例えば、「1..100」とすれば「1から100まで」を表すわけですね。

　このレンジの値をinに指定することで、指定された範囲の値を順番に取り出して繰り返していくことができるようになります。例えば、for (count in 1..100)とすれば、1から順に値を変数countに代入していき、100まで代入して処理を実行したら繰り返しを抜けるようになります。

この「**forとレンジの組み合わせ**」は、for構文利用のもっとも基本となるものです。ここで基本的な使い方を覚えておきましょう。

# break と continue

繰り返しを使うとき、「**途中で繰り返しを抜けないといけない**」ということもあるでしょう。このようなときに使われるのが「**break**」と「**continue**」です。

breakは、その場で処理を中断し、繰り返し構文を抜けて次に進むものです。continueは、その場で次の繰り返しへと進むものです。これらの使い方はかんたんで、単に「**break**」「**continue**」と書くだけです。

では、利用例を挙げておきましょう。繰り返しで合計を計算するプログラムを少し書き換えてみます。

○リスト2-11

```
fun main() {
    val number = 100
    var total = 0
    var count = 0
    while(true) {
        total += ++count
        if (count == number)
            break
        else
            continue
        print("not print this message...")
    }
    println("total: " + total)
}
```

whileで作成したサンプルとまったく同じように、1から100までの合計が計算され表示されます。が、ここでの繰り返しを見ると、while(true)となっていますね。これは、条件がtrueである、つまり「**常に繰り返し続ける**」というものになります。

実際の繰り返しの終了は、繰り返し内にあるifで行なっています。

```
if (count == number)
    break
else
    continue
```

count == numberで2つの値が等しいかどうかをチェックしています。そして等しかった場合は「**break**」で繰り返しを中断し次へと進みます。そうでない場合はcontinueで次の繰り返しへと進みます。

このifの後に、print("not print this message...")という文が用意されていますね。これは、繰り返しで実行する処理として用意されていますが、実際に実行されることはありません。常にifでbreakかcontinueのいずれかが実行されるので、その後にあるprintlnが実行されることはないのです。continueとbreakの働きが少しはわかったでしょうか。

# Section 2-3 コレクション

## 配列について

for構文のところで、**「多数の値」**というものが登場しましたね。Kotlinでは、たくさんの値をまとめて扱うための機能がいろいろと用意されています。このような機能は、一つだけでなくいくつも用意されています。

これらは**「コレクション」**と呼ばれます。コレクションは、たくさんの値をまとめて管理するための仕組みで、そのためにいくつかの専用の値が用意されています。

まずは**「配列」**から説明しましょう。配列は、多数の値を扱う際のもっとも基本的な値です。これは、以下のように値を記述します。

### ✛ 配列の作成

```
arrayOf( 値1, 値2, …… )
```

これで、多数の値をまとめた配列が作成されます。これを変数などに代入し、必要に応じて値を取り出したりしていきます。

## ◉ 値の操作

配列は、多数の値を保管する場所が用意されており、そこに1つ1つ値が保管されます。保管されている場所には**「インデックス」**と呼ばれる通し番号が付けられています。これはゼロから順に割り振られます。

配列の値を操作する際は、このインデックスを使って**「保管されているどの値を利用するか」**を指定する必要があります。

### ✛ 値の操作

```
変数 = 配列 [ 番号 ]
配列 [ 番号 ] = 値
```

　　　配列が代入されている変数名の後に[]を付け、ここに取り出す値のインデックス番号を指定
します（この[]の部分は**「添字」**と呼びます）。こうすることで、配列内の特定の値にアクセスで
きるようになります。後は、そこから値を取り出したり、そこにある値に別の値を代入したりして
利用できます。

## ◉ 配列の値を利用しよう

　　　では、実際に配列を利用した例を挙げておきましょう。配列に点数データをまとめ、その合
計と平均を計算してみます。

**◉リスト2-12**

```
fun main() {
    val arr = arrayOf(98, 76, 54, 79, 68) // ☆
    val total = arr[0] + arr[1] + arr[2] + arr[3] + arr[4]
    val ave = total / 5
    println("total: " + total + ", averrage: " + ave)
}
```

**◉図2-11：実行すると、「total: 375, averrage: 75」と表示される。**

　　　実行すると、配列arrに用意された値を合計し、さらに平均を計算して結果を表示します。
☆マークのarrayOfの()に用意してある値をいろいろと書き換えて動作を確認してみましょう。
ただし、必ず値は5つ用意するようにしてください。
　　　ここでは、以下のように配列を利用しています。

## ✚配列の作成

```
val arr = arrayOf(98, 76, 54, 79, 68)
```

## ✚合計の計算

```
val total = arr[0] + arr[1] + arr[2] + arr[3] + arr[4]
```

arrayOfは、このように保管する値を必要なだけカンマで区切って並べていきます。これで配列が作成されます。

保管された値は、ゼロから順番にインデックスが割り当てられます。arr[0]には最初の98が、arr[4]には最後の68が保管されているわけですね。これらを取り出して合算して合計を、そして5で割って平均を得ています。

**「配列の作成」「特定の値の利用」** さえわかれば、配列の利用は比較的かんたんにできるようになるでしょう。

# forによる繰り返し処理

先の例では、配列の合計はarr[0] + arr[1] +……というように1つ1つの値を取り出して計算していました。けれど、これが例えば数万ものデータが配列に保管されていたらどうでしょうか。これらをすべて手入力で合計していくのは至難の業ですね。

こうした場合、繰り返しを使って配列の値を順に取り出し処理していくことになります。このようなときに用いられるのが、for構文です。

forは、(変数 in 多数の値)というように指定をしましたね。この **「多数の値」** には、レンジを使うと説明しました。が、レンジ以外にもこうした値はあります。その一つが、配列です。inの後に配列を指定することで、配列から順に値を取り出して繰り返し処理できるようになります。

では、実際にやってみましょう。

🔵リスト2-13

```
fun main() {
    val arr = arrayOf(98, 76, 54, 79, 68) // ☆
    var total = 0
    for (item in arr) {
        total += item
    }
    val ave = total / arr.size
    println("合計は、" + total + "、平均は、" + ave + "です。")
}
```

●図2-12：実行すると、「合計は、375、平均は、75です。」と表示される。

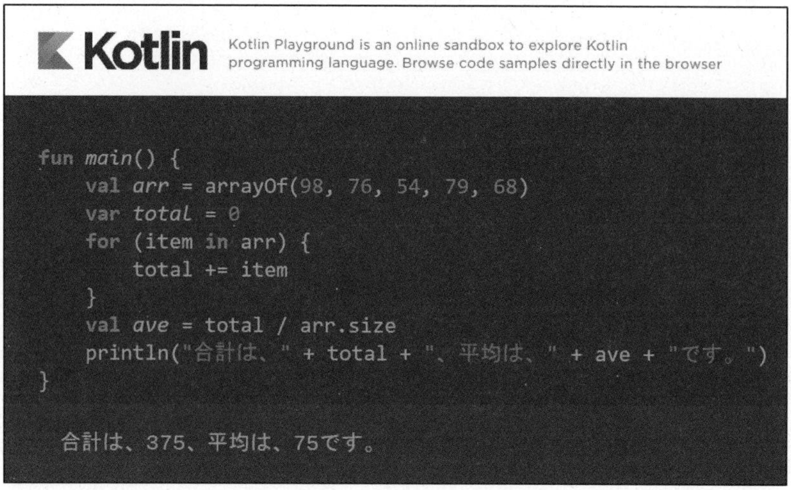

```
fun main() {
    val arr = arrayOf(98, 76, 54, 79, 68)
    var total = 0
    for (item in arr) {
        total += item
    }
    val ave = total / arr.size
    println("合計は、" + total + "、平均は、" + ave + "です。")
}

    合計は、375、平均は、75です。
```

先ほどの配列の合計と平均を計算するサンプルをforで書き直したものです。実行すると、先ほどと同様に合計と平均が計算されます。ここでは、データを配列として作成した後、以下のようにして合計を計算しています。

```
for (item in arr) {
    total += item
}
```

これで、配列arrから順に値を取り出してitemに代入し、繰り返し処理を実行していきます。そして最後に、配列の要素数で合計を割って平均を出します。

```
val ave = total / arr.size
```

arr.sizeというのが、その配列に保管されている値の数を示すものです。このsizeは「プロパティ」というものですが、これについては後ほど改めて説明します。今は「配列の変数の後に.sizeとつければ要素数が得られる」とだけ理解してください。

## 配列の問題点

配列は、多数のデータをまとめて扱えて大変便利なのですが、欠点もあります。それは、「型の異なる値を保管できない」という点でしょう。

そうなのです。配列は、基本的に「すべて同じ型の値」でなければいけません。型の異なる

ものをまとめることはできないのです。

例えば、先ほどの例ではこんな具合に配列を用意していましたね。

```
val arr = arrayOf(98, 76, 54, 79, 68)
```

これは、型まで正しく指定して記述すると、以下のようになります。

```
val arr:IntArray = intArrayOf(98, 76, 54, 79, 68)
```

整数の値を保管する配列は、「**IntArray**」という型が指定されます。その配列は、「**intArrayOf**」というように、最初に「**int**」を付けて記述をします。

同様に、「**booleanArray**」と「**booleanArrayOf**」、「**doubleArray**」と「**doubleArrayOf**」といったものもあります（stringArrayというのはありません）。このようにして、特定の型の値をまとめた配列を明示的に作成し利用できるようにしているのですね。

逆にいえば、「**いろんな型の値を一つにまとめたい**」と思ったら、それは配列ではできません。別のものを使わなければいけないのです。

## ◉ 値の追加や削除が面倒

また、配列は基本的に「**最初に用意した要素しか使えない**」ようになっています。例えば、こんな処理を行なったとしましょう。

```
var arr = arrayOf(1,2,3)
arr[3] = 4
```

これはエラーになります。arrには、インデックス0～2の要素しかありません。このため、arr[3]に値を入れようとすると「**そんなものはない**」といわれてしまうのです。

配列に新しい要素を追加するのは、（不可能ではありませんが）基本的にできません。配列の要素は最初に作られたときのまま固定されていると考えたほうがいいでしょう。

## リストについて

では、異なる値をひとまとめにしたり、要素を追加や削除を自由に行なったりしたいときはどうすればいいのか。これには「**リスト**」を利用するのがよいでしょう。

リストは、配列と同様に多数の値を一つにまとめ、インデックスで整理します。このリストには2つの種類があります。「**List**と「**MutableList**」です。

Listは、定数に相当するもので、最初に作成した状態のままで中身を変更したりできません。これに対し、MutableListは、内容を自由に操作することができます。

これらは以下のように利用します。

## ✚Listの作成

```
listOf( 値1, 値2, ……)
```

## ✚MutableListの作成

```
mutableListOf( 値1, 値2, ……)
```

## ✚値の取得

```
変数 = 配列 [ 番号 ]
配列 [ 番号 ] = 値
```

リストの作成は、listOfやmutableListOfといったものを使って行ないます。リスト内にある値は、[番号] という形でインデックスの番号を指定して取り出します。このあたりは、配列の作成と非常に似ていますね。

では、先ほどの配列の例をリストで書き直してみましょう。

◑リスト2-14

```
fun main() {
    val arr = listOf(98, 76, 54, 79, 68) // ☆
    var total = 0
    for (item in arr) {
        total += item
    }
    val ave = total / arr.size
    println("合計は、" + total + "、平均は、" + ave + "です。")
}
```

やっていることは配列の例とまったく同じです。ただ、arrayOfをlistObに変更しただけですね。このように、配列で行なえることはほぼそのままリストでも行なえます。

## リストの追加と削除

MutableListへの値の追加や削除には、「**メソッド**」というものが用意されています。これは、先に配列のsizeで使った「**プロパティ**」とはちょっと違うものです。配列が入っている変数の後にドット (.) をつけ、メソッドというものを追記すれば使えるようになります。

### ✚要素の追加

```
リスト.add( 値 )
リスト.add( 位置 , 値 )
リスト.addAll( リスト )
リスト.addAll( 位置 , リスト )
```

### ✚要素の削除

```
リスト.remove( 値 )
リスト.removeAt( 位置 )
リスト.removeFirst()
リスト.removeLast()
```

この他にもいろいろとあるのですが、要素の追加と削除の基本はこれらでしょう。「**add**」は、値を追加するものです。引数に値だけを指定すると、最後に追加します。位置（インデックス）と値を指定すると、そのインデックスの要素の前に値を追加します。「**addAll**」では、リストに別のリストの内容をまとめて追加できます。

「**remove**」は、引数に指定した値の要素を削除します。また「**removeAt**」は、インデックス番号を指定して特定の要素を削除します。

これらのメソッドも、本格的に利用するのはもう少し先でしょう。これも今は「**こういうものを使うとリストの要素を追加削除できる**」ということだけ覚えておけば十分です。

## ◉ リストを操作する

では、これも利用例を挙げておきましょう。MutableListを作成し、その値をいろいろと操作してみます。

**◉リスト2-15**

```
fun main() {
    var arr = mutableListOf(10, 20, 30, 40) // ☆
    arr.add(100)
```

```
    arr.add(1,1000)
    arr.remove(40)
    arr.removeAt(2)
    println(arr)
}
```

◉図2-13：実行結果は、[10, 1000, 30, 100]になる。

これを実行すると、リストの内容をいろいろと操作して[10, 1000, 30, 100]という内容を表示します。最初に作成したときは、[10, 20, 30, 40]といった値が保管されていました。それから以下のように操作をしていきます。

## ✚100を追加

```
arr.add(100)         →         [10, 20, 30, 40, 100]
```

## ✚インデックス1に1000を設定

```
arr.add(1,1000)      →         [10, 1000, 20, 30, 40, 100]
```

## ✚40を削除

```
arr.remove(40)       →         [10, 1000, 20, 30, 100]
```

## ✚インデックス2を削除

```
arr.removeAt(2)      →         [10, 1000, 30, 100]
```

このようにリストの内容が変化していくわけですね。addとremove/removeAtを使ってどのように値が変化するか確認しましょう。

## キーで値を管理する「マップ」

配列とリストは、機能などは違いますが基本的な使い方はだいたい同じです。最初に要素をまとめて指定して値を作成し、後は[]でインデックスを指定して操作をする。こうした基本部分は同じですね。

が、数字ではなく、もっと別のもので値を管理したい場合もあります。例えば、メールアドレスで個人の情報を管理したい、なんてこともあるでしょう。このようなときに用いられるのが**「マップ」**です。

マップは、保管する値は**「キー」**というラベルを付けて保管します。そして、このキーを指定して、値を取り出したり変更したりするのです。このマップも、リストと同様、値の変更ができない定数扱いの**「Map」**と、変更できる**「MutableMap」**が用意されています。

### ＋マップの作成

```
mapOf( キー1 to 値1, キー2 to 値2, ……)
mutableMapOf( キー1 to 値1, キー2 to 値2, ……)
```

### ＋値の利用

```
変数 = マップ [ キー ]
マップ [ キー ] = 値
```

マップは、作成の際、**「キー to 値」**というような形で保管する値とそれに指定するキーを用意していきます。そして値を取り出すときは、[]の添字部分にキーを指定します。リストのように、インデックスの番号を指定して値を取り出すことはできません。

### ◉ マップの特徴

このマップは、リスト以上に新しい値の追加がかんたんなんです。[]でキーを指定して値を設定するとき、まだマップにそのキーがあればそこに値を代入するし、なければ新たに追加するのです。

インデックスがないため、リストのように**「作成した順番に値を取り出す」**ということができません。キーという数字以外のもので値を管理するため、**「値の順番」**というものがきちんと決まっていないのです。このあたりがリストと大きく異なる部分でしょう。

# マップを利用する

では、実際にマップを利用した例を挙げましょう。かんたんなマップを作り、forでその内容を表示してみます。

**●リスト2-16**

```
fun main() {
    var arr = mutableMapOf(
        "one" to "Windows",
        "two" to "macOS",
        "three" to "Linux"
    )
    arr["four"] = "Android"
    for ((k,v) in arr) {
        println("key:" + k + " の値は、"" + v + ""。")
    }
}
```

**●図2-14：実行結果。4つのキーに値が保管されているのがわかる。**

実行すると、マップの中身が「**key:one の値は、"Windows"。**」というように順に書き出されていきます。ここでは、arrにmutableMapOfでマップを代入し、それからarr["four"]で4つ目の値を設定しています。その後で、forを使って中身を出力していきます。

## ◉ マップでのforの利用

ここでは、forの部分がリストなどとはちょっと違っていますね。このような形でforが使われています。

```
for ((k,v) in arr) {
    println("key:" + k + " の値は、"" + v + ""。")
}
```

変数の部分に、(k,v)というものが用意されています。これは、kとvという2つの変数をひとまとめにしたものです。こうすることで、inのarrからキーと値を取り出し、kとvにそれぞれ代入するようになるのです。

## ◉ forでPairを取り出す

マップでのfor利用は、これとは別のやり方もできます。forの部分を以下のように書き換えるのです。

**◉ リスト2-17**

```
for (item in arr) {
    println("key:" + item.key + " の値は、"" + item.value + ""。")
}
```

これでも先ほどと同じような表示がされます。ここでは、for (item in arr)というようにしてarrから値をitemに取り出していますね。そしてこのitemでは、item.keyやitem.valueというようにしてキーや値を取り出しています。

このitemは、「**Pair**」というキーと値をセットで管理する特殊な値です。これは「**クラス**」というものです。クラスについては後で改めて触れるので、ここでは「**forはこういう使い方もできる**」という参考程度に考えてください。後でクラスについてしっかり理解できてから、改めて読み返すとよいでしょう。

# 集合を扱う「セット」

この他、やや特殊な用途のものとして「**セット**」があります。セットは、集合を扱う値です。集合ですから、同じ値は複数存在できません。また値に順番などもありません。

これも値の変更ができない定数としての「**Set**」と、変更可能な「**MutableSet**」が用意されています。また集合どうしの演算のための機能も用意されています。

## ➕ セットの作成

```
setOf( 値1, 値2, ……)
mutableSetOf( 値1, 値2, …… )
```

## ➕ 値の追加

```
変数 = セット.plus( 値 )
```

## ✚値の削除

```
変数 = セット.minus( 値 )
```

## ✚AとBの和

```
変数 = セットA.union( セットB )
```

## ✚AとBの積

```
変数 = セットA.intersect( セットB )
```

## ✚AとBの差

```
変数 = セットA.sutract( セットB )
```

　　セットの中にある値は、forなどで全部処理したり、「この値は入っているか？」を調べたりすることはできます。セットは集合なので、その中の特定の要素を（インデックスやキーなどで）指定して操作したりすることはできません。

　　その他、「集合に値を追加する」「集合から値を取り除く」「集合どうしを演算する」といった集合特有の操作などは行なえます。

## ◉ セットを利用する

　　では、実際にセットを利用する例を挙げておきましょう。

⊕ リスト2-18

```
fun main() {
    val fruit = setOf("apple","orange","banana")
    var color = setOf("red","orange","blue")
    color = color.plus("yellow")
    color = color.minus("blue")
    println(fruit.union(color))
    println(fruit.intersect(color))
    println(fruit.subtract(color))
    println(color.subtract(fruit))
}
```

◆図2-15：2つのセットを用意し、その和、積、差をそれぞれ表示する。

実行すると、fruiteとcolorという2つのセットを作成し、これらを使った演算結果を出力します。出力内容は以下のようになっています。

## ✚fruite集合

```
[apple, orange, banana]
```

## ✚color集合

```
[red, orange, yellow]
```

## ✚2つの和（fruit ∪ color）

```
[apple, orange, banana, red, yellow]
```

## ✚2つの積（fruit ∩ color）

```
[orange]
```

## ✚fruiteの差集合（fruit \ color）

```
[apple, banana]
```

## ✚colorの差集合（color \ fruite）

```
[red, yellow]
```

集合の基本的な操作が行なえることがわかるでしょう。といっても、実際のプログラミングにおいて集合が必要となることはそれほどないかも知れません。

コレクションでは、まずは基本の「リスト」をしっかり覚え、次に「マップ」を覚える。これだけわかれば十分です。セットは「そういうものもある」程度に知識として頭に入れておけばいいでしょう。

# ジェネリック（総称型）について

コレクション関係は、さまざまな値を保管することができます。けれど実際には、これらも配列と同様に決まった型の値だけを保管することが多くなるでしょう。「どんな型でも入れられる」というのは一見すると便利なようですが、「何が入っているかわからない」と考えるとバグが紛れ込みやすくなります。

そこで、コレクション関係の値を用意する際、「この型の値だけ入れられる」ということを設定できるような仕組みを用意しました。それが「ジェネリック」と呼ばれるものです。日本語では「総称型」と呼ばれます。

これは、値を作成する際に<>記号を使って型を指定します。例えば、こんな具合です。

```
変数 = listOf<型>()
変数 = mapOf<型, 型>()
変数 = setOf<型>()
```

このように<型>とつけることで、そのコレクション内に指定の型の値しか保管できなくなります。なお、マップについては2つの値が<>に指定されていますが、これはキーと値のそれぞれの型を示します。

例えば、listOf<String>(……)とすると、このリストにはString型の値だけが保管されるようになります。配列やリストなどは、さまざまな種類の値を保管できます。こういう「どんな型の値が使われるかわからない」というところで、特定の型だけを許可するのに少々型は使われるのです。

この総称型は、コレクションで使うことが多いですが、それ以外の場面でも使うことがあります。<型>という形の記述を見たら、「これは総称型の指定だな」と考えるようにしてください。

総称型の具体的な利用は、この先、実際に使うシーンになったところでその都度触れることにしましょう。

# Section 2-4 関数の利用

## 関数の定義

ある程度複雑なプログラムを書くようになると、制御構文だけでは整理がつかなくなってきます。例えば、ある処理をプログラムのあちこちで実行する必要があるとき、それぞれに同じ処理をいくつも書いていくのはあまりに無駄です。

このようなとき、処理の一部を切り離して、いつでも呼び出せるような仕組みがほしくなってきます。それを行なうのが、「**関数**」です。

関数は、「**名前**」「**引数**」「**戻り値**」といったもので定義されます。その基本的な形は以下のようになります。

```
fun 名前 ( 引数 ) : 戻り値 {
    ……実行する処理……
}
```

### ◉ 名前

関数にはそれぞれ名前がつけられます（名前をつけない関数もありますが、基本は名前をつけて使います）。これは変数などと同様に、半角の英数字+アンダースコア（_）で名付けるものと考えていいでしょう。日本語などの全角文字も使えるのですが、プログラムがわかりにくくなるのでおすすめしません。

### ◉ 引数

名前の後にある()部分に用意される変数です。これは、関数を呼び出す際に、必要となる値を渡すためのものです。

関数によっては、処理を実行する上で値が必要となるものもあります。例えば**「消費税を計算する関数」**を作ろうと思ったら、金額の情報を関数に渡す必要があるでしょう。このようなときに使われるのが引数です。

引数は必要に応じていくつでも用意できます。複数の引数を用意する場合は、それぞれをカ

ンマで区切って記述します。それぞれの引数は、「**変数：型**」というように、値を代入する変数と代入される型をセットで用意します。

## ◉ 戻り値

処理の実行後、関数を呼び出した側に何らかの値を返す必要がある場合に使われます。これは、処理の最後に「**return 値**」というように記述することで、その値が返されるようになります。

この戻り値には、「**：型**」というように返す値の型を指定します。例えば「**：Int**」とすれば、Int値をreturnで返すようになります。また「**何も値を返さない**」という場合は省略できます。

戻り値がある関数は、その返す型の値として扱えます。例えばInt値を返す関数ならば、それは「**Int型の値**」とみなして式や変数などで利用できるようになります。

◉図2-16：関数の仕組み。引数の値を渡して呼び出し、returnされた値が戻り値として返される。

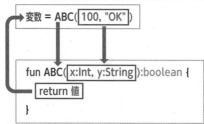

## ◉ 実は、mainも関数だった！

この関数、実はすでにみなさん使っています。それは「**main**」です。これまで、プログラムのソースコードはすべてこんな形で記述していましたね。

```
fun main() {
    ……実行する処理……
}
```

これは、「**main**」という引数なし、戻り値なしの関数だったのです。このmain関数は、特別な役割を持っています。Kotlinでは、プログラムを実行すると、その中にあるmain関数を探して実行します。つまり、「**プログラムで、最初に呼び出される関数**」がmain関数なのです。それで、今までmainの‖に処理を書いてきたのですね！

## ◉ 関数を利用してみる

では、実際にかんたんな関数を作って利用してみましょう。ソースコードを以下のように書き換えてください。

**◉リスト2-19**

```kotlin
fun main() {
    hello("Taro")
    hello("Hanako")
}

fun hello(name:String) {
    println("Hello, " + name + "!!")
}
```

**◉図2-17：実行すると、「Hello, Taro!!」「Hello, Hanako!!」と表示される。**

実行すると、「**Hello, Taro!!**」「**Hello, Hanako!!**」といったテキストが表示されます。ここでは、以下のような関数を定義しています。

```kotlin
fun hello(name:String) {……}
```

こんな具合になっていますね。関数名は「**hello**」、引数には「**name:String**」、そして戻り値は「**なし**」という形で定義されています。

そして、これを呼び出しているのがmain関数の部分です。

```kotlin
hello("Taro")
hello("Hanako")
```

helloの後の()に、テキストの値が用意されています。これで、hello関数のname引数に用意した値が渡されるようになります。

関数の利点は、「**一度定義してしまえば、何度でも、どこからでも呼び出して実行できる**」という点にあります。ここでは2回続けてhelloを呼び出していますが、必要ならば10回でも100回でも呼び出すことができます。

## ◉ 戻り値のある関数

関数では、戻り値によって使い方がだいぶ変わってきます。戻り値がない関数は、ただ呼び出すだけですが、戻り値のある関数は式の中などで利用することができます。

これも実際にやってみましょう。ソースコードを以下のように書き換えてください。

**◉リスト2-20**

```kotlin
fun main() {
    val list = arrayOf(1000, 2500, 4780)
    val totalA = list[0] + list[1] + list[2]
    val totalB = tax(list[0]) + tax(list[1]) + tax(list[2])
    println("total: " + totalA + ", with tax: " + totalB)
}


fun tax(price:Int):Int {
    return (price * 1.1).toInt()
}
```

**◉図2-18：実行すると金額の合計と税込価格の合計を表示する。**

ここでは、3つの金額をひとまとめにしたリストを用意し、その値を合計して表示しています。税込価格の計算は、taxという関数として用意していますね。

```kotlin
fun tax(price:Int):Int {
    return (price * 1.1).toInt()
}
```

引数にInt型の値を一つ渡し、計算結果をやはりInt型の値として返します。では、これを使って、金額の合計と税込価格の合計を計算している部分を見てみましょう。

```
val totalA = list[0] + list[1] + list[2]
val totalB = tax(list[0]) + tax(list[1]) + tax(list[2])
```

　tax(○○)というものが、まるで値のように式の中で使われているのがわかります。これが、tax関数を呼び出している部分です。こんな具合に、関数は**「戻り値で返す型の値」**として式の中で利用できるのです。

## 関数は「値」

　関数というのは、このように**「処理をひとまとめにして利用できるようにしたもの」**です。実行する処理のちょっと変わった形態のもの、という感じで捉えている人も多いでしょう。

　が、この関数は、**「処理のかたまり」**というだけでなく、別の顔も持っています。それは、**「値」**としての顔です。

　そう、関数は**「値」**として扱うこともできるのです。値ですから、例えば変数や定数に入れたりすることもできます。ちょっと、先ほどの例を書き直してみましょう。

⊕リスト2-21

```
fun main() {
    val list = arrayOf(1000, 2500, 4780)
    val totalA = list[0] + list[1] + list[2]
    val totalB = tax(list[0]) + tax(list[1]) + tax(list[2])
    println("total: " + totalA + ", with tax: " + totalB)
    println(tax)
}

val tax = fun(price:Int):Int {
    return (price * 1.1).toInt()
}
```

⊕図2-19：実行すると、合計の表示の後に「Function……」という文が表示される。

```
Kotlin    Kotlin Playground is an online sandbox to explore Kotlin
          programming language. Browse code samples directly in the browser

total: 8280, with tax: 9108
Function1<java.lang.Integer, java.lang.Integer>
```

89

動作自体は変わりありません。リストの値をもとに、合計とtax関数による税込価格の合計を計算して表示するものですね。main関数では、先ほどと同じようにtax(list[0])というようにしてtax関数を呼び出し利用しているのがわかります。

では、肝心のtax関数は？　これは、以下のような形になっているのがわかります。

```
val tax = fun(price:Int):Int {……}
```

これまでの関数とはちょっと書き方が違っていますね。fun(price:Int):Intというように、関数名がなくなっています。そして、この関数の定義がtaxという定数の代入される形で書かれているのです。

これはつまり、**「定数taxに、その後の関数を代入する」**ということになります。そして、この定数taxに格納されている関数を、tax(○○)という形で呼び出して実行していたのです。

このように、関数は**「変数・定数に代入して使う」**ことができます。この場合、関数の宣言部分には関数名は書きません。そして、代入された定数変数に()で引数を付けて呼び出すことで、その中にある関数を呼び出せるようになっているのです。

逆にいえば、これまでの**「fun tax(price:Int)」**といった書き方は、実は**「定数taxに定義した関数を代入する」**ということを行なうものだった、と考えてもいいかも知れません。

## ◉定数taxの中身

では、定数taxには一体、どんな値が保管されているのでしょうか。これは、main関数内でprintln(tax)としてtaxを出力した内容を見ると想像がつきます。

```
Function1<java.lang.Integer, java.lang.Integer>
```

このような値が出力されていたことでしょう。Function1というのが、定数taxに保管されているクラスの名前です（クラスというのは、複雑な構造の値の一つで、もう少し後で説明します）。そして、その後に<>という記号でIntegerが2つ記述されていますが、これは関数にあった引数や戻り値を示しているらしい、ということはなんとなく想像がつくでしょう。

これだけでは、具体的にどういう値なのかよくわからないでしょうが、少なくとも**「引数や戻り値などまで指定した関数の型のようなものがあって、その型の値として保管されているらしい」**ということは想像できるのではないでしょうか。

# 名前付き引数とデフォルト値

関数を作成するとき、考えなければいけないのが「引数」です。引数が一つだけのシンプルなものならば特に問題はないでしょう。が、複数の引数がある場合、どういう順番に値を用意するか考えないと、使い方を間違えることになりかねません。また、「この引数はオプションで、省略してもよい」というときだってあります。こうした場合はどうすればいいのでしょうか。

こうした疑問を解決してくれるのが「名前付き引数」です。これは、引数にあらかじめデフォルトの名前を指定しておくもので、以下のように記述します。

```
(変数: 型 = 値, 変数: 型 = 値, ……)
```

変数と型の後に、イコールを使ってデフォルトの値を指定します。こうすることで、その引数は省略できるようになります。省略した場合は、イコールで用意しておいたデフォルト値が値として渡されるのです。

また、デフォルト値を指定すると、「値を用意しない引数」が出てくることになります。そうすると、関数を呼び出すときも「どの値がどの引数に渡されるのか」が判然としなくなってくるでしょう。そうした場合には、呼び出す際の引数指定を「変数 = 値」という形でどの値をどの引数に渡すのか指定して書くこともできるようになります。

## ◉ 税率の引数を追加する

では、実際にデフォルト値と「名前で指定する引数」を使ってみましょう。ソースコードを以下のように変更します。

●リスト2-22

```
fun main() {
    val price = 12500 // ☆
    val priceA = tax(price)
    val priceB = tax(price, 15)
    val priceC = tax(rate=20, price=price)
    println("price:" + price + ", 10%:" + priceA
        + ", 15%:" + priceB + ", 20%:" + priceC)
}

fun tax(price:Int, rate: Int = 10):Int {
    return (price * ((100.0 + rate) / 100.0)).toInt()
}
```

●図2-20：「price:12500, 10%:13750, 15%:14374, 20%:15000」と表示される。

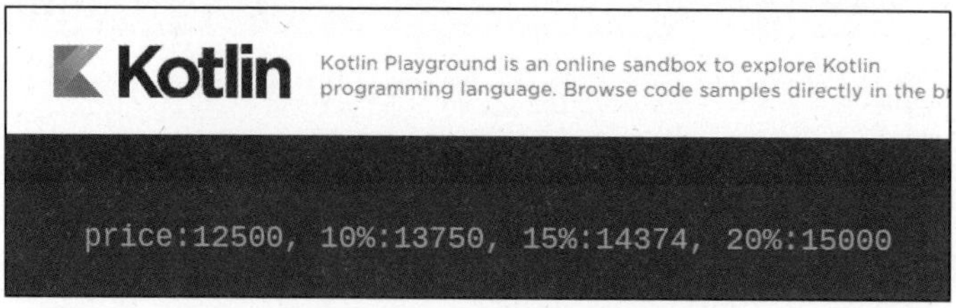

```
price:12500, 10%:13750, 15%:14374, 20%:15000
```

実行すると、税率10%、15%、20%の金額が表示されます。☆の金額をいろいろと変更して試してみるとよいでしょう。

ここでは、tax関数を以下のような形で定義しています。

```
fun tax(price:Int, rate: Int = 10):Int {……}
```

priceとrateの2つの引数を用意し、rateにはデフォルトで「**10**」が渡されるようにしています。そして、このtax関数を呼び出している部分は以下のようになっています。

```
val priceA = tax(price)
val priceB = tax(price, 15)
val priceC = tax(rate=20, price=price)
```

rateを省略する場合は、tax(price)というようにpriceの値だけ指定して呼び出せばいいでしょう。そしてrateを指定する場合も、関数定義と同じ順番に引数を用意するならばtax(price, 15)というように値だけを指定します。

そして引数の名前を指定する場合は、tax(rate=20, price=price)というように記述します。この場合は、引数の順番はどうなっていても問題なく呼び出せます。引数が多くなり、またデフォルト値で省略できるものも増えてくると、「**名前を指定して引数を用意する**」という書き方はそれぞれの値が何を示すかよくわかり、引数の指定間違いを予防できます。

## ローカル関数

関数は、さまざまなところに定義することができます。関数の中に関数定義を用意することもできます。

このような関数は、それが定義された関数内でのみ利用でき、その外部から呼び出すことができません。こうした関数を「**ローカル関数**」と呼びます。

ローカル関数の利用例を見てみましょう。

●リスト2-23

```kotlin
fun main() {
    val price = 12500
    tax(price)
    tax(price, 15)
    tax(rate=20, price=price)
}

fun tax(price:Int, rate: Int = 10) {
    val p = (price * ((100.0 + rate) / 100.0)).toInt()
    fun printTax() {
        println("*" + rate + "%: " + p)
    }
    printTax()
}
```

◉図2-21：実行すると、税率10%、15%、20%の各金額を表示する。

ここでは、tax関数の定義を少し書き換えています。まず金額と税率をもとに税込金額pを計算しています。その後に、printTaxという関数を定義し、それを呼び出しています。これにより、tax関数を呼び出すと自動的に結果が出力されるようになります。

このprintTaxは、tax関数の中でのみ利用できます。また実際にprintTax関数を呼び出せるのは、この関数定義の後になります。定義の前にprintTaxを呼び出すと、**「まだ定義されていない」**とエラーになるので注意が必要です。

# ラムダ式について

**「関数は値だ」**といいましたが、Kotlinでは、例えば**「関数の引数に関数を指定する」**というように、本当に関数を値として利用するケースがよくあります。このような場面では、シンプルに関数をその場で値として定義して利用する必要が生じます。

こんなときに多用されるのが**「ラムダ式」**と呼ばれるものです。これは関数を以下のような形で定義します。

```
{ 引数1, 引数2, …… -> 実行する式 }
```

||の中に、引数と式を->という記号でつなげて記述します。これで、用意された引数を使用した式の実行結果を返す関数が作成されます。->の右側にある実行部分では、returnは必要ありません。ただ実行する式を書くだけでその結果が関数の値として返されます。

->の右側が**「実行する式」**とあることからもわかるように、ラムダ式は基本的に**「式を実行する関数」**です。複雑な処理を実行するようなものよりも、与えられた引数を使って計算などを実行しその結果を返す、といったものと考えるとよいでしょう。

## ◉ ラムダ式を使ってみよう

では、実際にラムダ式を利用してみましょう。ソースコードを以下のように書き換えてください。ここでは、金額と税率を引数に渡して税込価格を計算するcalcというラムダ式を用意し、これを利用しています。

◉リスト2-24

```
fun main() {
    val price = 12500 // ☆
    val pA = calc(price, 10)
    val pB = calc(price, 20)
    println("price:" + price)
    println("10%:" + pA + ", 20%:" + pB)
}


val calc = { p:Int, r:Int -> (p * (100.0 + r) / 100.0).toInt() }
```

◉図2-22：金額と、税率10%、20%の税込価格を表示する。

これを実行すると、もとの金額と、税額が10%、20%の場合の税込価格を表示します。☆

マークのpriceの値をいろいろ変更してみてください。

ここでは、定数calcに以下のようなラムダ式を用意してあります。

```
{ p:Int, r:Int -> (p * (100.0 + r) / 100.0).toInt() }
```

引数は、p:Int, r:Intですね。そして実行する式は、(p * (100.0 + r) / 100.0).toInt()です。2つの値を引数にして呼び出すと、計算結果が返されるわけですね。ではmain関数の呼び出し部分を見てみましょう。

```
val pA = calc(price, 10)
val pB = calc(price, 20)
```

このように、利用する段階ではごく普通の関数とまったく同じです。関数定義の書き方が慣れるまでわかりにくいかも知れませんが、慣れてしまうと普通の関数よりはるかにすっきりシンプルに関数定義できることがわかるでしょう。

## ◉ イコールで式を代入する

さらにシンプルにしたければ、関数の宣言部分にイコールで式を代入する形で書くこともできます。例えば、calc関数ならばこんな書き方もできるのです。

```
fun calc(p:Int, r:Int) = (p * (100.0 + r) / 100.0).toInt()
```

fun calc(p:Int, r:Int)というのが関数の宣言の部分になりますね。その後に、実行する(p * (100.0 + r) / 100.0).toInt()という式をイコールで代入しています。これで、呼び出すと右辺の式を実行しその結果を返す関数が定義されます。値を返していますが、戻り値の指定はありません。イコールで必ず値が代入される（返される）ので戻り値の指定を用意する必要がないのですね。

このあたりになると、ちょっとトリッキーな書き方に感じられるかも知れません。すべての書き方を今ここで覚える必要はありませんが、**「Kotlinの関数は、このようにさまざまな書き方ができるのだ」**ということは知っておきましょう。

## ◉ ラムダ式の「型」はどうなる？

ところで、ここでは定数calcにラムダ式をそのまま代入していましたが、この定数calcの**「型」**はどのようになるのでしょうか。型を指定してcalcを使うようにすると、以下のような形になるでしょう。

**○リスト2-25**

```kotlin
val calc: (p:Int, r:Int)-> Int = {
    p:Int, r:Int -> (p * (100.0 + r) / 100.0).toInt()
}
```

　　　　　ここでは、calc: (p:Int, r:Int)-> Intというようにして定数calcを宣言しています。この「**(p:Int, r:Int)-> Int**」というのがcalcの「**型**」です。ラムダ式の型は、

```
変数 : ( 引数 )-> 戻り値
```

　　　　　このような形で指定されます。とても「**型**」とは思えないでしょうが、これが「**関数の型**」なのです。

　　　　　関数の型は、変数定数にラムダ式を代入するときならば省略できるでしょう。が、例えば関数の引数にラムダ式を利用するような場合は、関数の引数にきちんと型を指定しなくてはいけません。そのような場合には、この「**( 引数 )-> 戻り値**」という形の型をきちんと指定できるようになっていないといけません。

## ◎ ラムダ式で処理を実行させる

　　　　　ラムダ式は、基本的に「**式を実行する**」というものです。では、処理を書くことはできないのか？　というと、もちろん可能です。実際にやってみましょう。

**○リスト2-26**

```kotlin
fun main() {
    val price = 12500
    calc(price, 10)
    calc(price, 20)
}


val calc = { p:Int, r:Int ->
    val re = (p * (100.0 + r) / 100.0).toInt()
    println("price:" + p + ", rate:" + r + ", with tax:" + re)
}
```

◎図2-23：金額、税率、税込価格を表示する。

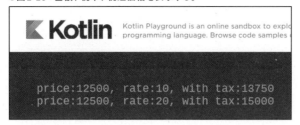

```
price:12500, rate:10, with tax:13750
price:12500, rate:20, with tax:15000
```

ここでは、calc関数を少し修正しています。main関数では、calc(price, 10)というように、ただcalc関数を呼び出しているだけです。計算結果の表示などは、すべてcalcの中で行っているのです。

calc関数の定義を見ると、->の後に普通に処理を記述していることがわかるでしょう。こんな具合に、普通の処理も書くことができるのです。ただし、注意したいのは**「returnは使えない」**という点です。**「では、戻り値は使えないのか」**というとそういうわけではありません。

ラムダ式は、最後に実行した式の結果を戻り値として返します。ですから、最後に返したい値（変数など）を書いておけば、それを戻り値として返してくれます。例えばサンプルのcalcラムダ式ならば、最後に**「re」**と書いた行を追記すれば、計算結果をInt値で返してくれます。

## 高階関数

このラムダ式が一番使われるのは、関数の引数や戻り値でしょう。関数の引数などにラムダ式を値として設定することで、値だけでなく値を処理するアルゴリズム自体を引数として渡せるようになります。

こうした**「引数や戻り値に関数を値として使用する関数」**のことを**「高階関数」**といいます。これは、実際に使ってみないとどういうものか実感しにくいかも知れませんね。

◎リスト2-27

```
fun main() {
    val price = 12500
    calc(price, {n-> n * 1.1})
    calc(price, {n-> n / 1.1})
}


fun calc(p:Int, f:(p:Int)->Double) {
    val re = (f(p)).toInt()
    println("*" + p + " → " + re)
}
```

●図2-24：calc関数を使い、金額に税額分を追加したものと、税額分を除いたものを計算して表示する。

ここでは、calc関数を使って金額をもとに消費税計算をして結果を表示しています。この
calc関数を見ると、こんな形で定義されてるのがわかるでしょう。

```
fun calc(p:Int, f:(p:Int)->Double) {……}
```

なかなか不思議な引数が用意されていますね。2つの引数を整理すると以下のようになるの
がわかるでしょう。

| | |
|---|---|
| 第1引数 | p:Int。Int型の値 |
| 第2引数 | f:(p:Int)->Double。Int型の値を一つ引数に持ち、Double値を返す関数 |

この第2引数が、ラムダ式を渡すためのものです。(p:Int)->Doubleは、ラムダ式の型だった
のですね。型の指定の仕方さえ理解できれば、高階関数の定義はそれほど難しくはありませ
ん。
では、このcalcを呼び出している部分を見てみましょう。

```
calc(price, {n-> n * 1.1})
calc(price, {n-> n / 1.1})
```

第2引数には、{n-> n * 1.1}や{n-> n / 1.1}といった値が用意されていますね。これらは、nを
引数とするラムダ式であることがわかるでしょうか？ このようにラムダ式を引数に指定すること
で、計算内容そのものを引数で設定できるようになるのです。

**Column** 引数の関数は外に出せる

高階関数のように、引数に関数を渡すことはよくあります。このようなとき、引数の部分
に関数定義を延々と書いていくのは非常にわかりにくいでしょう。
そこでKotlinでは、最後の引数に関数が渡される場合は、その関数をブロック（{}による
記述）として外に出すことができます。例えば、今作成したcalc関数を考えてみましょう。

calcは、例えば以下のようにして呼び出していました。

```
calc(price, {n-> n * 1.1})
```

calcの第2引数はラムダ式のシンプルな関数ですから、これでもそれほどわかりにくくはありません。が、もっと複雑な処理を行なう関数の場合、このように引数に関数を書くのはかなりわかりにくくなります。そこで、この引数をブロックとして引数の外に出すのです。

```
calc(price) { n->
    n * 1.1
}
```

これでも、calc関数はちゃんと実行できます。引数は(price)だけになり、第2引数の関数部分はその後のブロック({}の部分)として実装されています。この書き方は、関数を引数に渡す場合によく用いられます。ぜひ、ここで覚えておきましょう。

# 再帰関数について

関数は、その中から別の関数を呼び出し利用できます。非常に面白いのは、関数自身を呼び出すこともできるという点です。つまり、例えばAという関数の処理内で関数A自身を呼び出し利用できるのです。

こういう「**自分自身を呼び出す**」手法を「**再帰法**」と呼び、こうした関数を「**再帰関数**」といいます。Kotlinは、再帰関数に対応しており、自身を呼び出す処理を作成できます。

この再帰というのがどういうものなのか、実際に例を挙げておきましょう。

⊕リスト2-28
```
fun main() {
    println("gcd(9, 15): " + gcd(9,15))
    println("gcd(15, 20): " + gcd(15,20))
    println("gcd(21, 35): " + gcd(21,35))
}

fun gcd(a:Int, b:Int):Int {
    val x = if (a > b)  a else b
    val y = if (a > b) b else a
    if (y == 0)
        return a
    else
```

```
        return gcd(y, x % y)
}
```

◎図2-25：最小公倍数を再帰で計算する。

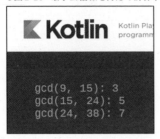

```
gcd(9, 15): 3
gcd(15, 24): 5
gcd(24, 38): 7
```

　ここでは、2つの数字の最小公倍数を計算するgcdという関数を再帰法で作成しました。どういうアルゴリズムなのか理解する必要はまったくありません。ただ、gcd関数の中で、必要に応じてgcd関数自身が呼び出されているのがわかるでしょう。これが再帰法です。

　再記法は、現在関数を実行している中でさらに自分自身を呼び出します。つまり、「**実行中の関数**」がどんどん積み上がっていくわけです。このため、あまり「**自分自身の呼び出し**」を繰り返し行ない続けてしまうと、「**スタックオーバーフロー**」（呼び出し過ぎ）と呼ばれるエラーが発生する場合があります。いわば、「**再帰の無限ループ**」ともいえるエラーで、再記法を使う場合は、「**どのぐらい自身を呼び出し続けることになるか**」を考える必要があるでしょう。

## ◉末尾再帰関数について

　再記法では、状況に応じて自分自身を呼び出すことになります。処理の最後に自分自身を呼び出して終了する（後は自身の再呼び出し側に処理を任せる）ものを「**末尾再帰**」といいます。

　Kotlinでは、末尾再帰に対応するキーワードが標準で用意されています。「**tailrec**」というもので、以下のように記述します。

```
tailrec fun 関数 (……) {……}
```

　funの前にtailrecをつけることで、その関数は末尾再帰関数と認識されるようになります。

　このtailrecはどういう働きをするのか？　それは、「**末尾再帰を一般的なループとして解釈し直す**」のです。プログラムをコンパイルする際、tailrecを付けられた末尾再帰関数は一般的なループの形に変換された上でコンパイルされます。これにより、再帰特有のスタックオーバーフローの問題が発生しなくなります（一般のループは何度繰り返してもエラーになりませんから）。

では、かんたんな利用例を挙げておきましょう。

**⊕リスト2-29**

```
fun main() {
    println(fact(1))
    println(fact(2))
    println(fact(3))
    println(fact(4))
    println(fact(5))
}

tailrec fun fact(n:Int, m:Int = 1):Int =
    if (n == 1) m else fact(n - 1,m * n)
```

**⊕図2-26：指定した値までをすべて掛け算するfactを末尾再帰として定義して実行する。**

ここでは、factという末尾再帰関数を用意しました。これは、例えばfact(5)と呼び出すと、1×2×3×4×5を計算して返します。ここでは、こんな具合に関数の処理を行なっていますね。

```
if (n == 1) m else fact(n - 1,m * n)
```

nの値が1かどうかを調べ、そうでない場合は再度factを呼び出しています。これで末尾再帰関数となるのですね。関数にtailrecをつけることで、再帰がループに変換され実行されるようになります。

## ◉ 末尾再帰の条件

このtailrecによる末尾再帰は、注意が必要です。最後に「**自分自身を呼び出す**」場合に飲み、tailrecが機能します。他に余計なものがあると、もう末尾再帰とは認識されません。

例えば、先ほどのサンプルで、fact関数を以下のように定義したとしましょう。

```
tailrec fun fact(n:Int):Int =
    if (n == 1) n else n * fact(n - 1)
```

　これでtailrecをつけても、末尾再帰とは認識されません。最後に実行しているのが「**n \* fact(n - 1)**」となっており、n \* というfact以外の要素が含まれています。tailrecで末尾再帰として認識されるのは、最後に「**自分自身の呼び出しだけ**」を行なう場合のみです。実行する文に他の要素が含まれていると末尾再帰とは認識されないので注意しましょう。

# Chapter 3

# クラスと
# オブジェクト指向

Kotlinでは、クラスに関する
豊富な機能が用意されています。
これらの基本的な使い方から、
クラスを使いこなすための重要な機能について
一通り解説していきます。
この章で、Kotlinのクラスをマスターしましょう！

# クラスの基本

Section 3-1

## オブジェクト指向

ある程度、プログラムが複雑になってくると、多数の変数や関数を扱うことになります。そうなると、膨大な変数や関数をいかにうまく整理し使いやすくするかを考えなければいけません。

現在、大規模なプログラムを開発するような言語で主流となっている概念の一つが「**オブジェクト指向**」でしょう。これはプログラムを「**オブジェクト**」というかたまりの集合体として構築していくものです。プログラムを作る場合、「**処理の流れ**」を中心に設計するように考えるでしょうが、そうではなく、プログラムを「**オブジェクト**」中心に設計するのがオブジェクト指向です。

この「**オブジェクト**」というのは、「**データと処理をひとまとめにし、常にその内容保持し利用できるようにしたもの**」です。データと処理とは、わかりやすくいえば「**変数・定数と関数**」と考えていいでしょう。

こうしたオブジェクト指向に対応する言語による開発は、「**Object Oriented Programing (OOP)**」と呼ばれています。Kotlinも、このオブジェクト指向の考えに対応しており、OOPを実現するさまざまな機能が用意されています。

### ◉ クラスの定義

Kotlinでは、オブジェクトは、「**クラス**」と呼ばれるものとして定義されます。クラスは、以下のような形で記述します。

```
class 名前 {
    var 変数
    ……必要なだけ用意……

    fun 関数 (……) {……}
    ……必要なだけ用意……
}
```

classというキーワードの後に定義するクラスの名前を指定し、その後の{}の中に、そのクラスで用意される変数や関数を定義していきます。これは、順番などは特にありません。変数が先でも関数が先でも、あるいはてんでバラバラでも問題ないです。ただ、クラスの内容がわかりやすいようにすることを考えたなら、最初に変数や定数の定義を並べておき、その後に関数を並べていくのがいいでしょう。

このクラス内に用意される変数・定数のことを「**プロパティ**」、また関数のことを「**メソッド**」と呼びます。「**クラスの作成**」とは、プロパティとメソッドを定義することだ、といってよいでしょう。

## インスタンスの利用

作成されたクラスは、そのまま利用するわけではありません。このクラスをもとに「**インスタンス**」と呼ばれる値を作成し、利用します。

クラスは、いわば「**型の定義**」のようなものです。定義をしたら、その型（クラス）の値を作成して利用するわけです。これは、以下のように作成します。

```
変数 : クラス = クラス ()
```

見ればわかるように、クラスをそのまま型として指定して変数を用意します。そしてクラスの後に()で引数を付けて呼び出すことで、そのクラスのインスタンスが作成されます。クラスの利用は、このように関数と似たような感覚で扱えます。

このクラスから作成される値は「**インスタンス**」と呼ばれます。クラスは、「**定義し、インスタンスを作成して利用する**」というのが基本です。

### ◉ クラスを使ってみる

では、実際にクラスを作って利用してみましょう。ソースコードを以下のように書き換えてください。

**◉リスト3-1**

```
fun main() {
    val me = Person()
    me.name = "Taro"
    me.mail = "taro@yamada"
    println(me.say())
}
```

```
class Person {
    var name = "noname"
    var mail = ""

    fun say() = "Name:" + name + ", Email:" + mail
}
```

◎図3-1：Personクラスを定義し、そのインスタンスを作って利用する。

ここでは、Personというクラスを定義しています。プロパティにはnameとmailという変数を用意し、sayという関数をメソッドとして用意しました。非常に単純なものですから内容は理解できるでしょう。

このPersonをmain関数内で利用しています。

## ╋インスタンスを作成

```
val me = Person()
```

## ╋プロパティに値を設定

```
me.name = "Taro"
me.mail = "taro@yamada"
```

## ╋メソッドの呼び出し

```
println(me.say())
```

インスタンスの作成は、Person()というようにクラス名の後に()で引数を指定して行なっています。引数は、今回は何も指定しません（この引数はどういうものかは、この後で説明します）。その後でプロパティやメソッドを利用しています。これは、こんな形で記述していますね。

```
インスタンス.プロパティ = 値
インスタンス.メソッド ()
```

プロパティもメソッドも、インスタンスが保管されている変数の後にドットを付け、利用する
プロパティやメソッドを記述しています。このように、「〇〇.××」という形でドットを使ってイ
ンスタンスとプロパティ/メソッドをつなげて記述していきます。

## プライマリコンストラクタ

実際に使ってみると、Personクラスのインスタンスを利用するのは結構面倒くさいと感じる
でしょう。インスタンスを作成し、プロパティに必要な値を設定し、それからやっとメソッドを呼
び出せる。手間がかかるなぁ、と感じた人は多いかも知れません。

インスタンスを作成する際、必要な値を引数として渡すことができれば、「**プロパティを設
定する**」を省略できます。そうすれば、「**インスタンスを作成**」したらすぐに「**メソッドを実
行**」ができます。これならだいぶ使いやすくなりますね。

インスタンスを作成する際に使用する引数は、クラス定義に引数を用意しておくことで利用
できるようになります。つまりクラスの定義を以下のようにするわけです。

```
class 名前 ( 引数1, 引数2, ……)
```

このように定義することで、インスタンスを作成する際に引数を指定できるようになります。
この引数は、「**プライマリコンストラクタ**」と呼ばれます。コンストラクタというのは、その
名の通りインスタンスをコンストラクト (作成) するためのものです。インスタンス生成に必要な
値をプライマリコンストラクタにより渡せるようにするのですね。

これらの引数は、プロパティにそのまま値を代入して利用できます。このような具合ですね。

```
class 名前 ( 引数1, 引数2, ……) {
    var プロパティ1 = 引数1
    var プロパティ2 = 引数2
```

単純に、プライマリコンストラクタで渡された値をそのままプロパティに代入して利用するな
らば、これで十分でしょう。

### ◉ init メソッドについて

ただし、渡された引数をただプロパティに代入するだけでなく、もっと複雑な処理に利用す
るような場合には、クラスに「**初期化処理**」を用意して処理させることもできます。そのために
用いられるのが「**init**」というメソッドです。

```
init { ……初期化処理…… }
```

initは、このような形をしています。引数の()や戻り値は必要ありません。このinit内で、クラスの引数に用意された値などをもとに初期化の処理をすればいいのです。

## ◉ プライマリコンストラクタを利用する

では、プライマリコンストラクタを利用してみましょう。先ほどのPersonクラスで、nameとmailのプロパティの値をプライマリコンストラクタで渡せるようにしてみます。

◉リスト3-2

```kotlin
fun main() {
    println(Person().say())
    val me = Person("Taro", "taro@yamada")
    println(me.say())
    val you = Person(mail="hanako@flower", name="Hanako")
    println(you.say())
}


class Person(name:String="no name", mail:String="no mail") {
    var name:String
    var mail:String

    init {
        this.name = name
        this.mail = mail
    }

    fun say() = "Name:" + name + ", Email:" + mail
}
```

◉図3-2：me と you の2つのインスタンスを作成し利用する。

　　　ここでは、nameとmailの値をプライマリコンストラクタで渡すようにしています。クラスの宣言を見るとこうなっていますね。

```
class Person(name:String="no name", mail:String="no mail")
```

　　　nameとmailが用意されていますが、それぞれデフォルト値を用意し、省略できるようにしてあります。こうすることで、引数を比較的自由に指定できるようになります。ここではmain関数で3つのインスタンスを作成していますが、これらは以下のようになっていますね。

```
Person()
Person("Taro", "taro@yamada")
Person(mail="hanako@flower", name="Hanako")
```

　　　引数がかなり自由に設定できていることがわかるでしょう。これならずいぶんとインスタンスの作成がしやすくなりますね。

## ◉ initとthisの利用

　　　では、プライマリコンストラクタに渡された値はどのように利用しているのでしょうか。initメソッドを見るとこうなっています。

```
this.name = name
this.mail = mail
```

　　　引数の値をプロパティに代入しています。今回の例では、プロパティとプライマリコンストラクタの引数がいずれも同じ名前の変数になっています。このため、nameといっても、どっちのnameなのか（nameプロパティか、name引数か）がわからなくなってしまいます。

　　　メソッドなどで引数がある場合は、変数は引数を示すものと判断されます。つまり、単にnameと書けば、これはname引数を示すものとして扱われます。では、同じ名前のnameプロパティはどうするのか？　それは、「this」を使って指定するのです。

　　　thisは、作成したインスタンス自身を示す特別な値です。this.nameとすれば、**「作成したインスタンス自身のnameプロパティ」**を示すのです。this.name = nameとすることで、**「name引数をnameプロパティに代入する」**ということができるようになります。

　　　この**「変数名だけだと引数を示す」「プロパティはthisを使って指定できる」**という点をしっかりと覚えておきましょう。

> **Column** initなしでもプロパティは初期化できる
>
> 　今、挙げたサンプルでは、initを使ってプライマリコンストラクタの引数をプロパティに設定していました。これは、initによる初期化の働きの例として用意したサンプルです。が、実をいえば、「**プライマリコンストラクタの引数をプロパティに代入する**」だけなら、initを使わなくとも行なえるのです。
>
> 　試しに、先ほどのリスト3-2のPersonクラスを以下のように書き換えてみましょう。
>
> ● リスト3-3
>
> ```
> class Person(name:String="no name", mail:String="no mail") {
>     var name = name
>     var mail = mail
>
>     fun say() = "Name:" + name + ", Email:" + mail
> }
> ```
>
> 　これでもまったく問題なく動きます。プロパティを見ると、var name = nameというようにプライマリコンストラクタの引数を直接プロパティに代入していますね。これで値はプロパティに保管されます。
>
> 　initは、プロパティへの値の代入の他に、さまざまな初期化処理に利用されます。が、「**値をプロパティに代入するだけで他に何も処理を行なわない**」というなら、こんな具合にダイレクトに値を代入したほうがかんたんです。初期化の一つの方法としてぜひ覚えておきましょう。

# constructorメソッド（セカンダリコンストラクタ）

　プライマリコンストラクタは、引数として渡す値が決まっている場合はとても便利です。が、もっとバリエーションのある引数を利用したい場合には対応できません。

　例えばPersonクラスで、「**nameとmailのテキストを渡してインスタンスを作りたい**」「**これらを配列にまとめたものも渡せるようにしたい**」といった要望があったとしましょう。すると、もうこれはプライマリコンストラクタで対応するのは難しくなります（まぁ、2つのテキストと配列すべてを引数に指定してもいいのですが、「**全部値が用意されたらどれを優先するか**」などいろいろ考えないといけなくなってしまいます）。

　このような場合、もっと柔軟に引数を用意できる仕組みが必要になります。このような場合に用いられるのが「**constructor**」というメソッドです。

```
constructor( 引数 ) {……}
```

このような形で用意されます。このcostructorは、必要に応じていくつでも用意することができます。ですから必要に応じてどんな引数の指定も用意することができます。

このconstructorは **「セカンダリコンストラクタ」** と呼ばれます。セカンダリコンストラクタを利用する場合は、プライマリコンストラクタ（クラス宣言の引数とinit）は使えません。これらは削除しておく必要があります。

## ◉ セカンダリコンストラクタを利用する

では、実際にセカンダリコンストラクタを利用してみましょう。ソースコードを以下のように修正してください。

● リスト3-4

```kotlin
fun main() {
    val me = Person("Taro", "taro@yamada")
    println(me.say())
    val data = mapOf<String, String>(
        "name" to "Hanako",
        "mail" to "hanako@flower"
    )
    val you = Person(data)
    println(you.say())
}

class Person {
    var name:String
    var mail:String

    constructor(name:String="no name", mail:String="no mail") {
        this.name = name
        this.mail = mail
    }

    constructor(arr:Map<String, String>) {
        this.name = arr["name"]?: "no name"
        this.mail = arr["mail"]?: "no mail"
    }

    fun say() = "Name:" + name + ", Email:" + mail
}
```

◉図3-3：2つのPersonインスタンスを作成し、内容を出力する。

ここでは、Personに2つのセカンダリコンストラクタを用意しました。これらは以下のように宣言されています。

```
constructor(name:String="no name", mail:String="no mail")
constructor(arr:Map<String, String>)
```

これで、2つのテキストを指定するだけでなく、マップを指定してPersonを作成できるようになりました。

なお、マップの引数指定を見ると、arr:Map<String, String>となっていますね？ この<String, String>は何だか覚えていますか？ そう、**「ジェネリック」**というものでした。これにより、キーと値それぞれがString値のマップが引数に設定できるようになりました。

これを利用しているmain関数の部分を見てみましょう。

```
val data = mapOf<String, String>(
    "name" to "Hanako",
    "mail" to "hanako@flower"
)
val you = Person(data)
```

mapOf<String, String>(……)というようにしてマップを作成していますね。型にジェネリックを指定された場合は、同様にジェネリックを指定して値を作成し利用するのが基本といっていいでしょう。

## ◉ ?:演算子について

ここでは、constructorで引数のMapから値を取り出してarrに代入するとき、こんなやり方をしていますね。

```
this.name = arr["name"]?: "no name"
```

```
this.mail = arr["mail"]?: "no mail"
```

この配列の後にある「**?:**」というのは、値が存在しない場合の処理を行なうものです。「**○○:? ××**」とすることで、○○の値が存在しない場合には代りに××を値として使います。

（これについては、この章の最後にある「**null問題について**」のところで改めて触れます）

---

**Column** **コンストラクタは全部「constructor」**

「**プライマリコンストラクタ**」と「**セカンダリコンストラクタ**」という2つのコンストラクタは、初めてKotlinを利用する人をかなり混乱させるでしょう。コンストラクタに2つの種類があり、どちらも書き方が違う。これはかなりわかりにくいのは確かです。

が、実をいえば、両者は実は比較的よく似たものなのです。まるで似てないように感じるのは、プライマリコンストラクタが本来の書き方を省略しているからです。例えば、先にPersonというクラスを用意しましたが、これは正しく書くと以下のようになります。

```
class Person(name:String="no name", mail:String="no mail") {……}
```
↓
```
class Person constructor(name:String="no name", mail:String="no
mail") {……}
```

つまり、class Person {……}というクラスで、クラス名の後にconstructor(name:String="no name", mail:String="no mail")というコンストラクタの記述を追加しただけのものなのですね。このconstructorが省略されたがために「**まるで似てない**」もののように見えるだけなのです。

「**コンストラクタはすべてconstructor(○○)と書くのが基本。そして一番よく使うコンストラクタをクラスの宣言部分に移動したものがプライマリコンストラクタ**」

こう考えると、2種類のコンストラクタがだいたい同じようなものであることがわかるのではないでしょうか。

---

## プロパティの利用

クラスでは、必要なデータはプロパティとして保管できるようになっています。が、このプロパティ、ただ変数が用意されているだけでなく、値の取得や変更に何らかの処理が必要になることもあります。

このような場合、プロパティには値の取得や変更のための処理を用意することができます。これは以下のように記述します。

```
var 変数 : 型
    get() { 値の取得 }
    set(引数) { 値の変更 }
```

　　プロパティの変数の後に、get/setという関数を用意します。これにより、値の取得と変更の際には用意したget/setが実行されるようになります。これらは必ずしも両方用意する必要はなく、必要なものだけ用意すればいいのです。

## ◉ content プロパティを追加する

　　では、実際に関数を使って値を制御するプロパティを作成してみましょう。Personクラスに、contentというプロパティを用意してみます。

**◉リスト3-5**

```
fun main() {
    val you = Person("Hanako", "hanako@flower")
    you.content = "ok"
    you.say()
    you.content = "Sachiko,sachico@happy"
    you.say()
}

class Person {
    var name:String
    var mail:String
    var content:String
        get() = "I'm " + name + ". Mail-address is "" + mail + ""."
        set(value:String) {
            val arr = value.split(",")
            if (arr.size >= 2) {
                name = if (arr[0] == "") "no name" else arr[0]
                mail = if (arr[1] == "") "no-mail" else arr[1]
            }
        }

    constructor(name:String="no name", mail:String="no mail") {
        this.name = name
        this.mail = mail
    }
}
```

```
    fun say() {
        println(this.content)
    }
}
```

●図3-4：実行するとPersonの内容が表示される。

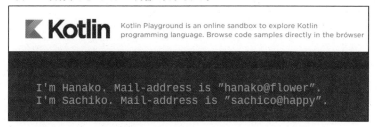

これを実行すると、Personを作成し、その内容を表示します。実行すると、以下のように表示されるでしょう。

```
I'm Hanako. Mail-address is "hanako@flower".
I'm Sachiko. Mail-address is "sachico@happy".
```

ここではPersonを作成してsayで表示をした後、contentの内容を変更して再びsayを実行しています。sayメソッドは、ここではprintln(this.content)というようにcontentの値を出力するようになっています。
では、contentはどのようになっているでしょうか。

```
var content:String
    get() = "I'm " + name + ". Mail-address is ""  + mail + ""."
    set(value:String) {
        val arr = value.split(",")
        if (arr.size >= 2) {
            name = if (arr[0] == "") "no name" else arr[0]
            mail = if (arr[1] == "") "no-mail" else arr[1]
        }
    }
```

getでは、nameとmailの値を使ってテキストを生成したものを返しています。またsetでは、非引数のテキストをカンマで切り分けて配列にし、その値をnameとmailそれぞれに設定しています。ここではmain関数で以下のようにcontentに値を設定していますね。

```
you.content = "Sachiko,sachico@happy"
```

これにより、nameに"Sachiko"、mailに"sachico@happy"が設定されることになります。content
に値を代入するだけで、このようにインスタンスの中身をいろいろと操作できるのです。

## ◉ split について

ここでは、テキストを分割して配列にするのに「**split**」というものを使っています。これは、
Stringクラスのメソッドで以下のように利用します。

```
変数 = 《String》.split( デリミッタ )
```

引数には、デリミッタ（テキストの区切り文字）となるテキストを指定します。あるいは正規表
現のパターンを指定することもできます。これにより、デリミッタでテキストを分割し、それらを
一つの配列にまとめたものが返されます。

# プロパティと field

プロパティによっては、get/setの際に特定の処理をして値を設定したい、ということがあるで
しょう。そのようなとき、そのプロパティ自身をどのように操作すればいいか考える必要があります。
例えば、Personに年齢を示すageというプロパティを用意したい、と考えたとしましょう。これ
は整数のプロパティですが、負の数（マイナス）の値が設定されたり取り出されたりしないよう
にget/setで処理することにします。

**◎ リスト3-6**

```
var age:Int
    get() = if (age < 0) 0 else age
    set(value) { if (value < 0) age = 0 else age = value }
```

おそらく、誰もがイメージするのはこういったものでしょう。しかし、これはエラーになります。
スタックオーバーフロー（再帰のところでやりましたね。自分自身の呼び出しが限界を超えた、
というエラーです）が発生してしまうのです。
例えば、ageの値を取り出そうとしたとしましょう。すると、getの処理が呼び出されます。その中
で、ageが0未満でなければageの値が返されます。が！ 「**ageの値が返される**」ということは、こ
こでまたageのgetが呼び出されることになります。そしてその中でageが返されるとまたgetが呼び
出され……という具合に、無限にgetが呼び出され続けることになってしまうのです。

ageの値を利用するget/setの中で自分自身（age）を操作してしまうことからこのような問題が発生します。これを回避するために用意されているのが「**field**」という特別な値です。

これは、get/set内で「**そのプロパティ自身**」を示すものです。例えば今のageプロパティは、fieldを使うとこのようになります。

**○リスト3-7**

```
var age:Int
    get() = if (field < 0) 0 else field
    set(value) { if (value < 0) field = 0 else field = value }
```

これならば、利用してもエラーは発生しません。get/set内では、ageを扱うところはすべて「**field**」に変わっています。こうすることで、get/setが呼び出されることなく、ageの値を利用できるようになるのです。

このfieldは、プロパティのget/setを作成する際に必ず必要となるものですので、ここでしっかり覚えておきましょう。

## メソッドのオーバーロード

Personでは、sayメソッドで内容を出力していました。これは便利ですが、もう少しいろいろな出力のバリエーションがほしいところですね。

このようなとき、Kotlinでは同じ名前のメソッドを複数定義することができます。引数や戻り値が異なれば、同じ名前でも別のメソッドとして用意することができるのです。そしてメソッドを呼び出す際には、指定された引数や戻り値をもとに、複数あるメソッドから自動的に対応するメソッドを選び出して実行してくれます。

このように同名のメソッドを複数用意することを「**オーバーロード**」といいます。Kotlinはオーバーロードに対応しています。

### ◎ オーバーロードを利用する

では、実際にオーバーロードを使ってみましょう。Personクラスにsayメソッドを複数用意してさまざまな出力をさせてみることにします。

**○リスト3-8**

```
fun main() {
    val you = Person("Hanako", "hanako@flower")
    you.say()
    you.say("*")
```

```
        you.say("value=[","!]")
}

class Person {
    var name:String
    var mail:String

    constructor(name:String="no name", mail:String="no mail") {
        this.name = name
        this.mail = mail
    }

    fun say() {
        println("Name:" + name + ", Mail:" + mail)
    }
    fun say(c:String) {
        println(c + name + c + ", " + c + mail + c)
    }
    fun say(sc:String, ec:String) {
        println(sc + name + ec + ", " + sc + mail + ec)
    }
}
```

◉図3-5：実行すると3通りのスタイルでPersonの内容を表示する。

```
Name:Hanako, Mail:hanako@flower
*Hanako*, *hanako@flower*
value=[Hanako!], value=[hanako@flower!]
```

　これを実行すると、Personを作成し、sayでその内容を出力します。が、出力されるテキストはずいぶんとバリエーションがあります。

```
Name:Hanako, Mail:hanako@flower
*Hanako*, *hanako@flower*
value=[Hanako!], value=[hanako@flower!]
```

　出力されるこれらはいずれもsayメソッドで表示されるものです。ここでは、引数の異なるsayが3つ用意されています。これらにより、それぞれ異なるフォーマットのテキストが表示されていたのですね。

　このオーバーロードは、より柔軟なメソッドを作成するために用いられます。もっともよく使われるprintlnも、その一例です。printlnでは、どのような値も出力できます。これは、さまざまな型を引数に指定したprintlnを多数オーバーロードしているからです。

## クラスの継承

　複雑なクラスを作成する場合、すでに似たようなクラスがあった場合は、**「なんとかそれを利用してクラスを作れないか」**と考えるでしょう。例えばウィンドウのクラスを作ろうとしたとき、すでに**「何も表示されていない真っ白なウィンドウのクラス」**というのがあれば、それをベースにして必要な表示だけ追加すれば比較的かんたんに新しいクラスを作れそうですね。

　こうした考えのもとに用意された機能が**「継承」**というものです。継承は、すでにあるクラスのすべての機能を受け継いで新しいクラスを定義する機能です。これは以下のように記述をします。

```
class 名前 : 継承するクラス {……}
```

　クラス名の後に:を付け、継承するクラスを指定します。これにより、そのクラスのすべての機能が利用できるようになります。

　ただし、注意したいのは**「どんなクラスでも継承して利用できる」**というわけではない、という点です。クラスを継承するためには、継承したいと思うクラスが以下のような形で宣言されている必要があります。

```
open class 名前 {……}
```

　冒頭に**「open」**というものが付けられていますね。これにより、そのクラスがオープンである（他から利用できる）ことが示されます。open指定されたクラスは、他のクラスで継承して使うことができます。

### ◎ 継承を利用する

　では、実際に継承を使ってみましょう。Personクラスを継承して、新しいNewPersonというクラスを作成してみることにします。

○リスト3-9

```kotlin
fun main() {
    val me = Person("Taro","taro@yamada")
    me.say()
    val you = NewPerson("Hanako", "hanako@flower",36)
    you.say()
}

open class Person {
    var name:String
    var mail:String

    constructor(name:String="no name", mail:String="no mail") {
        this.name = name
        this.mail = mail
    }

    open fun say() {
        println("Name:" + name + ", Mail:" + mail)
    }
}

class NewPerson:Person {
    var age:Int

    constructor(name:String="no name", mail:String="no mail", age:Int=0) {
        this.name = name
        this.mail = mail
        this.age = age
    }

    override fun say() {
        println("Name:" + name + " (" + age + ") Mail:[" + mail + "]")
    }
}
```

◎図3-6：PersonとNewPersonを作成してsayで表示する。

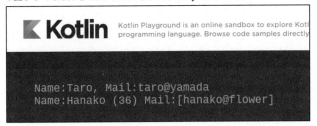

ここではPersonとNewPersonを作成し、それぞれのインスタンスを作って利用しています。これらのクラスの宣言部分を見ると、こうなっていますね。

```
open class Person {……}
class NewPerson:Person {……}
```

Personにはopenが付けられ、継承可能であることを示しています。そしてNewPersonでは:Personで継承するクラスを指定し、Personの機能をすべて受け継いでいるわけです。

このNewPersonでは、var age:Intというようにageプロパティが一つだけ用意されています。が、constructorを見ると、ageだけでなくname, mailといったプロパティにも値を設定しています。継承により、Personにあったプロパティもすべて使えるようになっていることがわかるでしょう。

継承によりすでにあるクラスを受け継いで新たに作られたクラスは「**サブクラス**」と呼ばれます。また継承するもとになるクラスは「**スーパークラス**」と呼ばれます。この例でいえば、PersonはNewPersonのスーパークラスであり、NewPersonはPersonのサブクラスである、ということですね。

---

**Column** すべてのクラスのスーパークラスは「Any」

Personは、特にクラスを継承せずに作成されています。ということは、何の機能も受け継いでいないはずです。ところが、クラスをテキストとして得るtoStringなど、いくつかの基本的なメソッドは定義していないのに呼び出すことができます。これは、Personが何らかのクラスを継承していることを示します。

継承をしていないクラスは、実は暗黙裡に「Any」というクラスを継承しているのです。このAnyが、すべてのクラスの一番もとになるスーパークラスです。

# プライマリコンストラクタのあるクラスの継承

継承は、「**class サブクラス：スーパークラス**」というようにクラス名をつけるだけで実装できます。が、注意が必要なのは「**プライマリコンストラクタを利用しているクラス**」の場合です。

この場合、継承するクラスにはプライマリコンストラクタの引数の指定まで合わせて記述する必要があります。例えば、今のPersonとNewPersonを書き換えて、プライマリコンストラクタを使う形に修正してみましょう。

**⊙リスト3-10**

```
open class Person(name:String, mail:String) {
    var name = name
    var mail = mail

    open fun say() {
        println("Name:" + name + ", Mail:" + mail)
    }
}


class NewPerson(name:String, mail:String, age:Int):Person(name, mail) {
    var age = age

    override fun say() {
        println("Name:" + name + " (" + age + ") Mail:[" + mail + "]")
    }
}
```

このようになりました。どちらも使い方は先ほどのサンプルとまったく同じです。ただ、constructorメソッドを利用していた部分をプライマリコンストラクタに変更しただけです。

NewPersonクラスを見ると、このように定義されていることがわかりますね。

```
class NewPerson(name:String, mail:String, age:Int):Person(name, mail)
```

ここでは継承するクラスを、Personではなく、Person(name, mail)という形で指定しています。クラスの指定は、このようにプライマリコンストラクタまで含めて行なうのです。用意される引数まで正確にスーパークラスと一致していないと継承は機能しないので注意しましょう。

# メソッドのオーバーライド

　このNewPersonでは、Personにあったものと同じsayメソッドが用意されています。このようにスーパークラスにあるメソッドとまったく同じものをサブクラス側に用意すると、サブクラスのインスタンスからそのメソッドを呼び出したときにはサブクラス側に用意されたメソッドが呼び出されるようになり、スーパークラスのメソッドは使われなくなります。これを**「オーバーライド」**といいます。

　このオーバーライドも、勝手に行なうことはできません。クラスの継承と同様に継承する側に**「継承してもいいよ」**ということが設定されていないといけません。

　Personクラスのsayメソッドがどうなっているか見てみましょう。

```
open fun say() {……}
```

　最初に**「open」**が付けられていますね。これにより、そのメソッドはサブクラス側でオーバーライド可能になります。そしてサブクラスであるNewPerson側では、このようにsayを用意しています。

```
override fun say() {……}
```

　最初に**「override」**というキーワードが追加されていますね。これにより、**「このメソッドはサブクラスのメソッドをオーバーライドするものだ」**ということを示しているのです。

　オーバーライドは、このように**「スーパークラス側にopenを指定する」「サブクラス側ではoverrideを指定する」**ということで可能になります。

　オーバーライドは、メソッド名だけでなく引数や戻り値まで完全一致していなければいけません。これらが異なっていると、メソッド名が同じでもオーバーライドとはみなされず、**「スーパークラスにあるメソッドをオーバーロードしている」**と判断されます。

# クラスのキャストについて

　継承関係にあるクラスでは、クラスをキャストして別のクラスとして扱うことができます。例えばNewPersonは、Personを継承して作られています。したがって、NewPersonをPersonにキャストして利用することができます。

　こうしたクラスのキャストは**「as」**を利用して行ないます。

```
インスタンス as クラス
```

このように記述することで、そのインスタンスを指定のクラスのインスタンスとして扱えるようにできます。

ただし、クラスのキャストを利用する場合、常にキャストができるわけではない点に注意が必要です。例えば、こんな例を見てみましょう。

● リスト3-11

```
fun main() {
    val me = Person("Taro", "taro@yamada")
    val you = NewPerson("Hanako", "hanako@flower", 36)
    val arr1:Array<Person> = arrayOf<Person>(me, you as Person)
    val arr2:Array<NewPerson> = arrayOf<NewPerson>(me as NewPerson, you)
}
```

● 図3-7：実行するとClassCastExceptionというエラーが発生する。

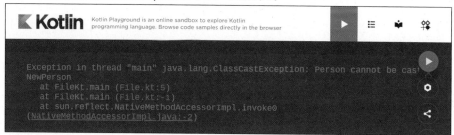

これを実行すると、プログラムが中断され、以下のようなエラーメッセージが出力されるのがわかります。

```
Exception in thread "main" java.lang.ClassCastException: Person cannot be cast to
NewPerson
```

PersonとNewPersonを作成し、Personの配列とNewPersonの配列にまとめています。このうち、片方は問題ありませんが、片方はエラーになります。

```
○: 　arrayOf<Person>(me, you as Person)
×: 　arrayOf<NewPerson>(me as NewPerson, you)
```

NewPersonは、そのスーパークラスのPersonとして扱うことができます。しかしPersonはNewPersonとして扱うことはできません。なぜなら、PersonにはNewPersonの機能が完全に用意されてはいないからです。

1
2
Chapter
3
4
5
6
7

サブクラスからスーパークラスへのキャストを**「アッパーキャスト」**、スーパークラスからサブクラスへのキャストを**「ダウンキャスト」**と呼びます。ダウンキャストは原則として問題が起こります。これは、例えば**「サブクラスからスーパークラスへアッパーキャストしてあったものを、再びサブクラスにダウンキャストして戻す」**というような場合にしか利用できないと考えましょう。

# 可視性修飾子について

クラスのプロパティやメソッドは、基本的にどこからでも利用することができます。例えば、Personクラスのインスタンスを作ったなら、その中にあるプロパティやメソッドはすべてインスタンスから呼び出して利用できます。

しかし、場合によっては**「外部から利用されては困る」**ということもあるでしょう。このような場合には、**「可視性修飾子」**と呼ばれるものを使います。これはプロパティ・メソッド・クラスといったものの宣言の冒頭につけることで、それらがどの範囲内で利用できるかを指定するものです。

## ＋トップレベルの要素

クラスや関数などは、ソースコード内に直接記述します。このようなものでは、以下の修飾子が利用できます。

| public | どこからでも利用可能 |
|---|---|
| internal | 同じモジュール内でのみ利用可能 |
| private | そのファイル内でのみ利用可能 |

## ＋クラス内の要素

クラス内にあるプロパティやメソッドなどでは、以下のような修飾子が利用できます。

| public | 外部から利用可能 |
|---|---|
| internal | 同じモジュール内でのみ利用可能 |
| protected | 同じクラスおよびサブクラスでのみ利用可能 |
| private | 同じクラスでのみ利用可能 |

これらの修飾子をつけることで、外部からアクセスされずクラス内でのみ利用できるメソッドやプロパティなどを作成することができるようになります。なお、これらの修飾子を付けない場合、デフォルトでpublicが指定されたものと判断され外部から利用可能な状態となります。

# Section 3-2 クラス以外のOOPを構成するもの

## インターフェイスについて

　　Kotlinには、通常のクラス以外にもさまざまなクラスやオブジェクトが用意されています。それらについて説明していきましょう。

　　まずは**「インターフェイス」**についてです。インターフェイスは、クラスに用意すべきプロパティやメソッドについて定義したものです。これは以下のような形で作成します。

```
interface 名前 {
    val 変数 : 型
    ……必要なだけ用意……

    fun 名前 ( 引数 )
    ……必要なだけ用意……
}
```

　　interfaceの後に名前をつけ、ブロック（‖部分）内にプロパティやメソッドの宣言を記述していきます。クラスと違い、メソッドには具体的な処理（ブロックの部分）を用意する必要はありません（用意することも可能です）。

　　このインターフェイスは、クラスに組み込むことで利用します。クラスの継承と同様に、クラス宣言部分で使用するインターフェイスを記述します。

```
class 名前 : インターフェイス1 , インターフェイス2 , …… {……}
```

　　インターフェイスは複数組み込むことができます。また継承と併用する場合は、継承クラスとインターフェイスを一緒にまとめて記述します。

　　このようにしてインターフェイスを組み込んだクラスでは、インターフェイスに用意されているプロパティやメソッドをすべてオーバーライドして実装しなければいけません。つまり、インターフェイスを使うことで、そのクラスではインターフェイスのプロパティやメソッドがあることが保証されるのです。したがって、それらのメソッドなどがある前提でプログラムを作っていくことができるようになります。

## Humanインターフェイスを使う

では、実際にインターフェイスを利用してみましょう。ここではHumanというインターフェイスを作成し、それを実装するPersonとStudentクラスを作って利用してみます。

● リスト3-12

```kotlin
fun main() {
    val me = Person("Taro", "taro@yamada")
    val you = Student("Hanako")
    val he = Person("Jiro")
    val she = Student("Sachiko", 2)
    val data:Array = arrayOf(me, you, he, she)
    for (ob in data) {
        ob.say()
    }
}

interface Human {
    var name:String
    fun say()
}

class Person:Human {
    override var name:String
    var mail:String

    constructor(name:String="no name", mail:String="no mail") {
        this.name = name
        this.mail = mail
    }

    override fun say() {
        println("Name:" + name + ", Mail:" + mail)
    }
}

class Student:Human {
    override var name:String
    var grade:Int

    constructor(name:String="no name", grade:Int=1) {
```

```
        this.name = name
        this.grade = grade
    }

    override fun say() {
        println("名前:" + name + " (" + grade + "年) ")
    }
}
```

◉図3-8：PersonとStudentを作成し、配列にまとめて順にsayしていく。

これを実行すると、2つのPersonと2つのStudentを作成して配列にまとめ、それをforで順にsayしていきます。以下のようなテキストが出力されるのがわかるでしょう。

```
Name:Taro, Mail:taro@yamada
名前：Hanako (1年)
Name:Jiro, Mail:no mail
名前：Sachiko (2年)
```

ここで重要なのは、これらがすべて一つの配列にまとめられ処理されている、という点です。よく見てほしいのですが、PersonとStudentは何ら継承関係はありません。完全に赤の他人のクラスどうしなのです。それなのにインターフェイスを利用することですべて仲間としてまとめて扱えるようになります。

## ◉ インターフェイスの定義と実装

では、どのようにHumanを使っているのか見てみましょう。ここでは以下のようなシンプルなインターフェイスを用意しています。

```
interface Human {
    var name:String
```

```
    fun say()
}
```

nameプロパティとsayメソッドが用意されています。これを実装したクラスは以下のような形で宣言されています。

```
class Person:Human {……}
class Student:Human {……}
```

いずれも、Humanを実装しています。これらのクラス内を見ると、Humanインターフェイスに用意した要素がオーバーライドされていることがわかるでしょう。

```
override var name:String
override fun say() {……}
```

いずれも、overrideを付けて宣言されます。これらが用意されていないと、クラスはエラーとなり実行できません。必ずインターフェイスにあるすべての要素をオーバーライドしなければいけないのです。

そして、PersonとStudentのインスタンスを作成し、それを一つの配列にまとめていきます。

```
val me = Person("Taro", "taro@yamada")
val you = Student("Hanako")
val he = Person("Jiro")
val she = Student("Sachiko", 2)
```

このようにインスタンスを用意したら、以下のような形で配列dataにまとめています。

```
val data:Array<Human> = arrayOf<Human>(me, you, he, she)
```

Array<Human>という型の配列が作成されていますね。インターフェイスは、型としてクラスと同様に機能します。Array<Human>とすれば、**「Humanインターフェイスを実装するもの」**を保管する配列が作成できます。これには、Humanを実装しているクラスであればすべて保管することができるようになります。

このように、インターフェイスを使ってまったく継承関係にないクラスをひとまとめにして扱える、これがインターフェイスの最大の利点といえるでしょう。

# SAMインターフェイス

「Single Abstract Method (SAM)」インターフェイスというのは、一つのメソッドだけでできているインターフェイスのことです。

JavaやKotlinでは、「**一つのメソッドだけが用意されているインターフェイス**」というものが結構登場します。このような場合、通常はそのインターフェイスを実装したクラスを定義し、そのインスタンスを作成して使うことになります。が、なにしろ「**メソッドが一つだけ**」という超シンプルなインターフェイスですから、インターフェイスを利用するための記述がインターフェイス本体より長くなってしまうこともあります。

そこで、「**メソッドが一つだけのインターフェイス**」については、特別にかんたんに実装できるようにしよう、ということで考えられたのでSAMインターフェイスです。これは、以下のような形でインターフェイスを宣言します。

```
fun interface 名前 {
    ……メソッドの定義……
}
```

インターフェイスの最初にfunがつけられ、「**fun interface**」となっていますね。これでSAMインターフェイスが定義されます。SAMインターフェイスは、最初にfunがついていることから想像できるように、関数を作成する感覚でインターフェイスを実装したクラスのインスタンスが作成できます。

```
名前 { ……処理……}
```

このように、インターフェイスの名前の後に‖で処理を記述するだけで、指定したインターフェイスを実装したクラスのインスタンスが作られるのです。

## ◉ SAMインターフェイスを利用する

これは、実際にSAMインターフェイスを使ってみないとよくわからないかも知れません。では、単純なサンプルを使って説明をしておきましょう。以下のようにソースコードを書き換えてください。

◉リスト3-13

```
fun main() {
    val h = Human { println("Hello, " + it + "!") }
    h.say("Hanako")
```

```
    val s = Human { println("こんにちは、" + it + "さん。") }
    s.say("Sachiko")
}

fun interface Human {
    fun say(name:String)
}
```

◉図3-9：実行すると、HanakoとSachikoの名前でメッセージが表示される。

ここではHumanというインターフェイスを用意し、これを使ってかんたんなメッセージを表示しています。実行すると以下のようなテキストが表示されるでしょう。

```
Hello, Hanako!
こんにちは、Sachikoさん。
```

ここでは、HumanインターフェイスをSAMインターフェイスとして定義しています。以下のものですね。

```
fun interface Human {
    fun say(name:String)
}
```

sayというメソッドが一つだけ用意されています。引数にはnameというStringの値が一つだけ用意されていますね。
では、このインターフェイスがどのように実装されているのか見てみましょう。これがインターフェイスの実装部分です。

```
val h = Human { println("Hello, " + it + "!") }
val s = Human { println("こんにちは、" + it + "さん。") }
```

Human {……} という形になっていることがわかります。Humanはインターフェイス名だとわかりますが、その後の{}部分はどうなっているのでしょうか。

実は、この{}部分は「**ラムダ式**」の実行部分なのです。つまり、関数なのです。これにより、{}に指定した関数がそのままHumanインターフェイスのsayメソッドとして実装されたクラスがオンデマンドで生成され、そのインスタンスが返されて変数に代入されていたのですね。

つまり、SAMインターフェイスでは、「**インターフェイス { ラムダ式 }**」という形で実装することで、そのインターフェイスを実装したクラスのインスタンスを作るという作業を自動で行ってくれるのです。

## ◉ 複数引数の場合は？

ここでは、{}部分にはただprintln文が書いてあるだけで、sayメソッドに用意されるべきname引数などがありません。

実は、ラムダ式では、引数は「**it**」という変数で得ることができます。引数が一つしかない場合は、引数の指定などは必要なく、ただ変数itを利用して処理をすればいいのです。

では、引数が2つ以上あった場合はどうするのでしょうか。これは、ラムダ式の引数を指定する書き方で処理します。

```
{ 引数1, 引数2, …… -> 実行する処理 }
```

このような形で定義すればいいのですね。実際の利用例を挙げておきましょう。先ほどのサンプルを引数2つに変えてみましょう。

◉リスト3-14

```
fun main() {
    val h = Human {
        name:String, age:Int->
                println("Hello, " + name + "(" + age + ")!")
    }
    h.say("Hanako", 34)
    val s = Human {
        name:String, age:Int->
                println("こんにちは、" + name + "(" + age + ")さん。")
    }
    s.say("Sachiko", 29)
}

fun interface Human {
```

```
    fun say(name:String, age:Int)
}
```

❶図3-10：実行すると、2つのHuman実装インスタンスを作成し内容を表示する。

実行すると、2つのHuman実装インスタンスを作成し、それぞれsayでテキストを表示します。ここでは以下のようにHumanが修正されていますね。

```
fun interface Human {
    fun say(name:String, age:Int)
}
```

引数にはnameとageというString型とInt型の値が用意されています。では、これを実装している部分を見てみましょう。

```
val h = Human {
    name:String, age:Int->
        println("Hello, " + name + "(" + age + ")!")
}
```

```
val s = Human {
    name:String, age:Int->
        println("こんにちは、" + name + "(" + age + ")さん。")
}
```

見やすいように改行しているのでちょっとわかりにくいかも知れませんが、これらは以下のような形になっています。

```
Human {name:String, age:Int -> print(……) }
```

nameとageの引数を用意し、その後の->以降に具体的な処理を用意しています。この‖部分を見れば、ラムダ式の基本的な書き方になっていることがわかるでしょう。SAMインターフェイスは、ラムダ式として定義するのが基本、ということがよくわかりますね。

# 抽象クラス

インターフェイスは、メソッドの実装を強制するものですが、これと似たような役割を果たすクラスもあります。それが**「抽象クラス」**です。

抽象クラスは、抽象メソッドを持つクラスです。抽象メソッドは、実装を持たない宣言だけのメソッドです。この抽象クラスを継承すると、用意されている抽象メソッドは必ずオーバーライドしなければいけません。つまりインターフェイスと同様、必ず実装が義務付けられているわけです。

抽象クラスは以下のような形で定義します。

```
abstract class 名前 {

    abstract メソッド (……)

}
```

「**abstract**」をつけてメソッドを宣言すると抽象クラスとして扱われます。この中には、やはりabstractをつけて宣言された抽象メソッドが用意されます。抽象メソッドは実装部分 (‖のブロック部分) はありません。必ずオーバーライドされるものですから必要がないのですね。

こうして定義された抽象クラスは、普通のクラスと同じように継承して使われます。違いは**「そこにある抽象メソッドはすべてオーバーライドしなければいけない」**という点だけです。

## ◉ 抽象クラスを使ってみる

では、これも利用例を挙げておきましょう。Humanという抽象クラスを用意し、これを継承したクラスを用意して利用してみることにします。

**⊕リスト3-15**

```
fun main() {
    val h = Person("Hanako")
    h.say()
    val s = Student("Sachiko")
    s.say()
}

abstract class Human(name:String) {
    var name = name
    abstract fun say()
```

```
}

class Person(name:String):Human(name) {
    override fun say() {
        println("Hello," + name + "!")
    }
}

class Student(name:String):Human(name) {
    override fun say() {
        println("こんにちは、" + name + "さん。")
    }
}
```

◉図3-11：Human抽象クラスを継承したPersonとStudentクラスを作り、

　abstract class Human(name:String)という形で抽象クラスを用意していますね。そして、これを継承する形で2つのクラスを定義しています。

```
class Person(name:String):Human(name)
class Student(name:String):Human(name)
```

　いずれも、Human(name)というようにクラスを指定して継承をしています。プライマリコンストラクタのあるクラスの継承の基本通りですね。抽象クラスといえども、実際に継承する際は普通のクラスと何ら変わりはありません。抽象メソッドの実装も、override fun say()というようにoverrideをつけてオーバーライドするだけです。

　**「インターフェイスと働きは同じ?」**と思うかも知れませんが、その通りで、働きはほぼ同じと考えていいでしょう。

　抽象クラスは、抽象メソッド以外のものも持つことができ、普通に実装されたメソッドやプロパティなども用意しておけます。これらはオーバーライドする必要はないですし、普通にスーパークラスにあるメソッドやプロパティとしてサブクラス側から利用できます。この点はインターフェイスと異なるでしょう。ただし、インターフェイスもメソッドに実装部分を持たせることはで

きるのです。ですから、基本的な働きはだいたい同じなのです。

# データ（data）クラス

プログラムでは、複雑なデータなどを構築するのにクラスを使うことがよくあります。が、特に処理などが必要なわけではなく、ただ「**値だけをひとまとめにしたもの**」がほしいような場合、わざわざクラスとして定義して利用するのはちょっと面倒な感じもしますね。

このような場合、Kotlinでは「**データ（data）クラス**」というものを利用できます。データクラスは、名前の通り「**データだけのクラス**」です。そこには必要なだけ値をプロパティとして保管できますが、メソッドのような処理は一切用意できません。値だけのクラス、それがデータクラスです。

このデータクラスは以下のように定義します。

```
data class 名前 ( var 変数1: 型, var 変数2: 型, ……)
```

()の引数部分には「**var 変数:型**」というように、変数の宣言と同じ形で引数を用意します。これらはプライマリコンストラクタとして使われるだけでなく、そのままプロパティとしてインスタンス内に値を保管するのにも使われます。

なお、ここでは引数にはvarを指定していますが、valを使うこともできます。保管されている値を変更できないようにしたい場合はval指定で用意するとよいでしょう。

作成されたデータクラスは、そのまま普通のクラスと同じようにインスタンスを作成し利用します。引数として用意されている変数は、クラスのプロパティとしてアクセスできます。

## ◉ データクラスを利用する

では、実際にデータクラスを利用したサンプルを作成してみましょう。ソースコードを以下のように書き換えてください。

**○リスト3-16**

```
fun main() {
    val h = Attr("Hanako", "hanako@flower", 39)
    say(h)
}

data class Attr(val name:String, val mail:String, val age:Int)

fun say(attr:Attr) {
```

```
    println("""*** Attribute ***
    name: ${attr.name}
    mail: ${attr.mail}
    age:  ${attr.age}
    """)
}
```

◉図3-12：実行すると、Attrデータクラスを作成し、その内容を表示する。

　　実行すると、名前とメールアドレス、年齢のデータを出力します。以下のようなテキストが書き出されているはずですね。

```
*** Attribute ***
    name: Hanako
    mail: hanako@flower
    age:  39
```

　　ここでは、Attrというデータクラスを作成しています。これは名前、メールアドレス、年齢のデータをまとめるためのもので以下のように宣言されています。

```
data class Attr(val name:String, val mail:String, val age:Int)
```

　　()内に、name, mail, ageといった変数が用意されているのがわかりますね。いずれもvalで宣言されていますから、変数ではなく定数になります。したがって、インスタンスを作成したら値は変更できません。ここでは、以下のようにインスタンスを作成していますね。

```
val h = Attr("Hanako", "hanako@flower", 39)
```

　　このように、普通に引数に値を指定してインスタンスを作ります。後は、これを代入した変数を操作するだけです。

## ◉ 文字列テンプレートについて

なお、ここでは"""記号（トリプルクォート）を使って複数行のテキストを表示しています。その中で、$|……|という記号のようなものが使われているのに気がついたことでしょう。

これは、**「文字列テンプレート」**と呼ばれるものです。Kotlinでは、テキストリテラルの中に$||という記号を使い、変数屋敷などを埋め込むことができます。ここでは、例えば$|attr.name|とすることで、attrのnameプロパティの値をここにはめ込んでテキストを生成しているのですね。

この文字列テンプレートの機能は、トリプルクォートだけでなく、普通のダブルクォートのテキストリテラルでも使うことができます。変数などを組み合わせてテキストを作成する際には非常に重宝する機能です。

# 静的クラス（objectクラス）

クラスの中には、インスタンスを作らず、クラスから直接メソッドなどを呼び出して利用できるようなものもあります。これは**「静的クラス」**と呼ばれるもので、Kotlinでは**「オブジェクト（object）」**というものとして用意されています。

オブジェクトは、インスタンスを作成せず、クラスから直接プロパティやメソッドを呼び出して使います。クラスだけでインスタンスを作らないため、必要な値は直接クラスからプロパティなどを指定して操作します。

このオブジェクトは以下のように作成します。

```
object 名前 {
    ……プロパティなど……
}
```

classの代りに**「object」**というキーワードを使います。||内には、普通のクラスと同様にプロパティやメソッドを用意できます。

## ◉ オブジェクトを利用する

では、これも実際に利用例を見てみましょう。以下のようにソースコードを修正し実行してください。

**◉リスト3-17**

```
fun main() {
    Human.set("Hanako", 39)
    Human.say()
```

```
    Human.set("Sachiko", 26)
    Human.say()
}

object Human {
    var name:String = ""
    var age:Int = 0

    fun set(name:String, age:Int) {
        this.name = name
        this.age = age
    }
    fun say() {
        println("Hi! I'm ${name}. ${age} years old.")
    }
}
```

◆図3-13：Humanオブジェクトを使い、値を設定して表示する。

ここでは、Humanというオブジェクトを定義し、それに値を設定して内容を表示していま
す。以下のようにテキストが出力されるのがわかるでしょう。

```
Hi! I'm Hanako. 39 years old.
Hi! I'm Sachiko. 26 years old.
```

では、Humanオブジェクトがどのようになっているか見てみましょう。ここでは以下のような
形でオブジェクトが定義されています。

```
object Human {
    var name:String = ""
    var age:Int = 0

    ……メソッド……
```

```
}
```

　このように、Humanオブジェクトにはnameとageというプロパティが用意されています。これらは、setメソッドでまとめて設定できるようにしてあります。main関数を見ると、このようにHumanオブジェクトを利用しているのがわかるでしょう。

```
Human.set("Hanako", 39)
Human.say()
```

　Humanから直接setなどのメソッドを呼び出していることがわかります。こんな具合に、オブジェクトは常にクラスから直接メソッドなどを操作して利用します。
　オブジェクトは、インスタンスを作成することができません。この例でも、例えばval x = Human()というようにしてインスタンスを作成すると、そこでエラーになります。

## シングルトンとコンパニオンオブジェクト

　クラスの中には、「**いくつインスタンスを作成しても、すべてのインスタンスで常に同じ値が得られる**」ようなものもあります。これは一般に「**シングルトン**」と呼ばれるもので、一つしかインスタンスを作ることができないクラスのことです。
　Kotlinのクラスには、「**シングルトンのオブジェクト**」を定義することができます。オブジェクトというのはKotlinでは静的クラスとして使われますが、クラスの中にオブジェクトを用意することで、すべてのインスタンスで常に同じ値が得られるようにできるのです。
　このオブジェクトは「**コンパニオンオブジェクト**」と呼ばれます。これは以下のような形で定義します。

```
class 名前 {

    companion object {
        ……プロパティなど……
    }
}
```

　このcompanion objectの‖内に用意されたものは、objectのオブジェクトと同様に（各インスタンスの値ではなく）このクラスの値として扱われます。いくつインスタンスを作成しても、各インスタンスに値は保持できず、常にクラスの値として扱われます。クラスの値ですから、多数のインスタンスがあってもすべて値は同じものになります。つまり、シングルトンと同じ効果を得ることができるわけです。

また、ここにはメソッドを用意することもできます。この場合、メソッドはクラスから直接呼び出せる（一般に「**クラスメソッド**」と呼ばれる）ようになります。

## ◉ コンパニオンオブジェクトを使う

では、コンパニオンオブジェクトを使ってみましょう。今回はHumanという通常のクラス内にコンパニオンオブジェクトをおいて利用してみます。

**◉リスト3-18**

```
fun main() {
    Human.set("Taro", 39)
    var x = Human()
    x.say()
    var y = Human()
    y.say()
}

class Human {
    fun say() {
        println("Hi! I'm ${Human.name}. ${Human.age} years old.")
    }

    companion object {
        var name = ""
        var age = 0

        fun set(name:String, age:Int) {
            this.name = name
            this.age = age
        }
    }
}
```

**◉図3-14：実行すると、2つのインスタンスともに同じテキストが表示される。**

```
Hi! I'm Taro. 39 years old.
Hi! I'm Taro. 39 years old.
```

ここでは、Humanクラスの中にsayメソッドとコンパニオンオブジェクトを用意しています。コンパニオンオブジェクトでは、name, ageといったプロパティとsetメソッドがあります。これを実行すると、以下のようにテキストが表示されるでしょう。

```
Hi! I'm Taro. 39 years old.
Hi! I'm Taro. 39 years old.
```

main関数を見ると、Humanクラスのインスタンスを2つ作り、それぞれのsayを呼び出しています。このsayでは、Humanのコンパニオンオブジェクトの値を表示しています。インスタンスは異なりますが、sayで表示されるテキストはまったく同じです。

このHumanクラスに用意されているコンパニオンオブジェクトは、以下のような内容になっています。

```
companion object {
    var name = ""
    var age = 0

    fun set(name:String, age:Int) {……}
}
```

nameとageというプロパティがあり、setというメソッドが用意されています。この他、Humanには通常のメソッドとしてsayが用意されています。このsayメソッドで以下のようにテキストを出力していますね。

```
println("Hi! I'm ${Human.name}. ${Human.age} years old.")
```

見ればわかるように、Human.nameとHuman.ageの値を出力しています。これらは、コンパニオンオブジェクトに用意されているプロパティです。コンパニオンオブジェクトのプロパティやメソッドは、このようにHumanクラスから直接利用するようになっています。main関数でも、最初にHuman.set("Taro", 39)としてコンパニオンオブジェクトに値を設定しています。

このように、コンパニオンオブジェクトは、objectによるオブジェクトと同じように、そのクラス内の静的要素として機能します。これらはインスタンスではなく、クラスに置かれているものなのです。

# 列挙型クラスについて

最後に、「**列挙型**」クラスについても触れておきましょう。これは、いくつか用意されている中から一つを選ぶ、選択式の値を定義するものです。列挙型は「**enum**」というものを使って定義します。

```
enum class 名前 { 値1, 値2, …… }
```

「**enum class**」というキーワードの後に名前を指定し、‖内に値を用意します。この値は、StringやIntのような特定の型のリテラルではなく、値として用意される名前を指定します。例えば、こんな具合です。

```
enum class Sample { ABC, XYZ }
```

これで、ABCとXYZという値が用意されることになります。「**ABCは、実際はどんな値が代入されているのか**」と考えてはいけません。このABC自体が値なのです。ABCという定数に何かが代入されているわけではないのです。

こうして作成された列挙型は、「**名前.値**」という形で値を指定します。例えば、こんな具合です。

```
val x:Sample = Sample.ABC
```

こうやって列挙型の中の値を指定して取り出して利用するのです。では、実際の利用例を挙げておきましょう。

● リスト3-19

```
fun main() {
    val t = Human.Taro
    val s = Human.valueOf("Sachiko")
    println(t)
    println(s)
}

enum class Human { Taro, Hanako, Sachiko }
```

🔵 図3-15：実行すると「Taro」「Sachiko」と表示される。

　ここでは、Humanという列挙型クラスを作成し、そこにTaro, Hanako, Sachikoという値を用意しました。これらの値を定数に取り出し、printlnで表示しています。

　こんな具合に、列挙型クラスを定義しておけば、あらかじめ用意された値のいずれかだけが設定できるようになります。いくつかの選択肢から処理を行なうような場合に用いられます。

　また、ここでは定数tの値はHuman.Taroと指定していますが、sの場合はvalueOfというメソッドを使っていますね。このvalueOfは、引数に指定したテキストをもとに値を設定するものです。Human.Sachikoの値は、このようにvalueOf("Sachiko")とすることで取り出すこともできます。

## ◉ 列挙型の初期化とメソッドの実装

　一見すると非常に単純な列挙型クラスですが、実はいろいろと便利な機能も持っています。まず、それぞれの値に別の値を割り当てておくことができます。

```
enum class 名前 ( val 変数 : 型 ) { 値( 初期値 ), …… }
```

　クラスの()に定数を用意しておき、‖内の各値には()で初期値を渡すようにします。こうすることで、それぞれの値に指定の変数名のプロパティが用意されるようになります。

　また列挙型では、値の後にセミコロンを付けてメソッドを追加することも可能です。

```
enum class 名前 { 値, ……; fun 名前 () {……}  }
```

　こんな具合ですね。このメソッドは、列挙型に用意した各値から呼び出すことができます。この初期化によるプロパティとメソッドを利用することで、通常のクラスと同じように値を持たせたり処理を実装させたりすることもできるようになるのです。

　では、実際にかんたんなサンプルを見てみましょう。

● リスト3-20

```kotlin
fun main() {
    val t = Human.Taro
    val h = Human.Hanako
    val s = Human.valueOf("Sachiko")
    println(t)
    println(h.label + "," + h.age)
    s.show()
}

enum class Human(val label:String, val age:Int) {
    Taro("一般市民", 39),
    Hanako("会社員", 26),
    Sachiko("学生", 18);
    fun show() {
        println("<<${this} ${this.label} (${this.age})>>")
    }
}
```

● 図3-16：Human に label と age プロパティを用意し、show メソッドで出力できるようにした。

これを実行すると、3つのHuman値を定数に取り出し、その値を出力します。出力内容は以下のようになるでしょう。

```
Taro
会社員,26
<<Sachiko 学生 (18)>>
```

最初のTaroは、ただHuman.Taroをprintlnしただけですが、2行目はHuman.Hanakoのlabelとageプロパティを取り出して表示しています。さらに3行目は、Human.Sachikoのshowメソッドを呼び出して値の内容を出力させています。
　ここでは、Humanクラスを以下のような形で宣言しています。

```
enum class Human(val label:String, val age:Int) {……}
```

()内に、val label:String, val age:Intの2つの定数が用意されていますね。そして‖に用意されている値には、Taro("一般市民", 39)というようにlabelとageの値を引数で指定しています。こうすることで、Humanの値にはlabelとageというプロパティが初期化されるようになります。

また、その後には以下のようなメソッドが追記されています。

```
fun show() {
    println("<<${this} ${this.label} (${this.age})>>")
}
```

printlnで自身の内容を出力していますね。プロパティは、$|this.label|というようにthisを使って取り出すことができます。このshowメソッドを呼び出すことで、3行目の出力がされていたのです。

列挙型は、このようにクラスとしての機能を用意し活用することもできます。ただし、列挙型としてはちょっと複雑でわかりにくくなるかも知れません。すっきりとシンプルに値を指定できるのが列挙型のよいところですから、あまり複雑化するような場合は、列挙型以外のクラスを考えたほうがよいかも知れません。

# クラスの更なる拡張

## プロパティの委譲

インターフェイスを実装してクラスを作成する場合、実装したクラスの間では何ら継承関係などがありません。例えば、Aというインターフェイスを実装するクラスBとCがあったとき、BとCの間には何ら継承関係はありません。が、同じインターフェイスを実装していますから、同じ機能を持っているのは確かです。

となると、**「Bが持っている機能をそのまま譲り渡してCを定義したい」** という考えが浮かぶこともあるでしょう。こういう、あるクラスの機能を譲り渡して別のクラスを作成することを **「委譲 (デリゲーション)」** といいます。

Kotlinは、こうした委譲を比較的かんたんに作成することができます。これは、実例を見ながら説明しないとわかりにくいかも知れません。かんたんなサンプルを挙げておきましょう。

⊕ リスト3-21

```
fun main() {
    val p = Person("Hanako", 27)
    println("Person ===========")
    p.show()
    println(p.message)
    val s = Student(p)
    println("Student ===========")
    s.show()
    println(s.message)
}

interface Human {
    val name: String
    val age: Int
    val message: String
    fun show()
}
```

```
class Person(val nm:String, val ag: Int) : Human {
    override val name = nm
    override val age = ag
    override val message = "name:${name} (${name})."

    override fun show() {
        println(message)
    }
}

class Student(human: Human) : Human by human {
    override val message = "私は、${human.name}です。${human.age}歳です。"
}
```

◎図3-17：実行すると、PersonとStudentの内容を表示する。

ここでは、Humanというインターフェイスを用意しています。これには、name, age, messageといったプロパティと、showメソッドが用意されています。

このHumanを実装したPersonクラスを作成します。ここではプライマリコンストラクタからnameとageを受け取り、messageにはこのnameとageを使ったメッセージを設定しています。showは、ただ単にmessageを表示するだけです。

main関数では、このPersonクラスのインスタンスを作成し、その内容を表示する処理を以下のように用意しています。

```
val p = Person("Hanako", 27)
println("Person ============")
p.show()
println(p.message)
```

インスタンスを作り、printlnで出力開始のメッセージを表示してから、showメソッドとmessageプロパティのprintlnを行なっています。出力の結果はこうなります。

```
Person ============
name:Hanako (27).
name:Hanako (27).
```

まぁ、showはただ単にmessageを出力するだけですから、同じものが出力されるのは当然ですね。

## ◉ Studentクラスにmessageを委譲する

では、Humanを実装したクラスをもう一つ作りましょう。Studentというものですが、このクラスではmessageをオーバーライドしています。

```
class Student(human: Human) : Human by human {
    override val message = "私は、${human.name}です。${human.age}歳です。"
}
```

引数にHumanを用意し、その内容を使ってmessageにテキストを設定しています。ここで注目してほしいのが、実装するインターフェイスの指定の仕方です。「**Human by human**」となっていますね? つまり、引数で渡されたhumanインスタンスによってHumanインターフェイスを実装する、という形で指定をしているのです。

main関数で、このStudentクラスが使われている部分を見てみましょう。

```
val s = Student(p)
println("Student ==========")
s.show()
println(s.message)
```

引数に、先ほどのPersonインスタンスを指定してStudentインスタンスを作成しています。そしてshowとmessageのprintlnを行なっています。その結果は、こうなっています。

```
Student ==========
name:Hanako (27).
私は、Hanakoです。27歳です。
```

showメソッドの実装結果は「**name:Hanako (27).**」となっています。が、Studentでオーバーライドされたmessageは、messageの値は「**私は、Hanakoです。27歳です。**」となっています。messageは明らかに変更されているのに、showで表示されるmessageの内容は、引数で渡されたPersonのmessageそのものなのです。

つまり、Studentでオーバーライドされたmessageは新しいメッセージに書き換わっているが、Humanで宣言され（Studentで実装されていない、Personの）showメソッドでは、引数のHuman（実際はそれを実装したPerson）インスタンスのmessageが使われている、というわけです。

このように、Studentは引数で指定したPersonインスタンスの内容を受け継ぐ形でクラスを定義し、オーバーライドされた部分では新たに用意されたもので上書きして使うようになります。StudentはPersonとは直接何の継承関係もありませんが、このようにすることでそのプロパティを受け継いで利用できます。

ただしオーバーライドされていない部分では、渡されたPersonがそのまま生きていて動いているのです。非常に不思議な感じがしますね。

## プロパティの監視

プロパティの操作を考えるとき、プロパティの値が変更された際に何らかの処理を行なう、というようなことは考えられるでしょう。このようなとき、KotlinにはDelegatesというクラスが用意されており、これを利用することでプロパティの状態を監視することができます。

このDelegatesを利用するには、以下の文をソースコードの冒頭に追加しておきます。

```
import kotlin.properties.Delegates
```

importは、指定されたパッケージにあるクラスをインポートし利用できるようにするものです。Delegatesクラスは、kotlin.propertiesというパッケージに用意されており、このimport文を用意することでDelegatesクラスが利用できるようになります。

このDelegatesには「**observable**」というメソッドが用意されています。これを利用し、プロパティの監視を行ないます。このobservableメソッドは以下のように記述します。

```
Delegates.observable( 値 ) {property, oldValue, newValue -> ……処理……}
```

引数にはプロパティの初期値を指定します。{}はラムダ式になっており、プロパティを示すKPropertyというクラスのインスタンス、プロパティの旧値、新値が渡されます。

このメソッドの戻り値はReadWritePropertyというクラスのインスタンスで、これをプロパティに「**by インスタンス**」という形で指定することで、そのプロパティの値の読み書き時状態

を監視し処理を割り当てることができるようになります。

## ◉ プロパティの状態を逐一報告する

では、実際の利用例を見てみましょう。Personクラスを定義し、そのnameプロパティに
Delegates.observableを割り当ててみます。

◉リスト3-22

```
import kotlin.properties.Delegates

fun main() {
    val p = Person("Taro")
    p.show()
    p.name = "Hanako"
    p.show()
}

class Person(name:String) {
    var name: String by Delegates.observable("<no name>") {
        property, oldValue, newValue ->
                println("[${property.name}] ${oldValue} -> ${newValue}")
    }

    init {
        this.name = name
    }

    fun show() {
        println("My name is ${name}.")
    }
}
```

◉図3-18：実行するとnameプロパティの変更状態が出力される。

```
[name] <no name> -> Taro
My name is Taro.
[name] Taro -> Hanako
My name is Hanako.
```

　ここでは、Person("Taro")とインスタンスを作成してshowを呼び出し、さらにp.name = "Hanako"とプロパティを変更してから再びshowを呼び出しています。実際に出力されるのは、以下のようになるでしょう。

```
[name] <no name> -> Taro
My name is Taro.
[name] Taro -> Hanako
My name is Hanako.
```

　これらのうち、[name] ○○ -> ○○ という形式のメッセージが、nameプロパティを変更した際に出力されたものです。Delegates.observableのラムダ式で、printlnを使ってプロパティと旧値、新値を出力しているのがわかるでしょう。このようにしてプロパティの状態を常に監視できます。

# プロパティ変更イベントの委譲

　Kotlinのプロパティは、set/getを用意することで値の読み書きを制御できます。この読み書きの操作を他のクラスに移譲することで、外部からプロパティ操作を制御することも可能です。

　こうした**「用意されている機能を外部のものに委譲し処理させる」**ことを**「デリゲーション（Delegation）」**といいます。プロパティの操作を外部のクラスに移譲しそちらで処理するようにするためには、デリゲート（Delegate）用のクラスを用意する必要があります。

　デリゲート用クラスには、デリゲートのための専用メソッドを用意する必要があります。これは、以下のようなメソッドとして定義されます。

## ✚値の取得

```
operator fun getValue(thisRef: Any?, property: KProperty<*>): 型 {……}
```

## ✚値の変更

```
operator fun setValue(thisRef: Any?, property: KProperty<*>, value: 型) {……}
```

　冒頭の**「operator」**メソッドは、Kotlinに用意されている**「演算子のオーバーロード」**のためのキーワードです（これについては後述します）。これにより、プロパティの値の取得と代入の処理を置き換えることが可能になります。

　引数のthisRefは、プロパティがあるインスタンスを示します。propertyは、プロパティを扱うKPropertyというクラスのインスタンスです。そしてgetValueの戻り値およびsetValueのvalueは、

プロパティの値および新たに設定する値となります。これらはプロパティの型を指定します。

これらの引数と戻り値を利用して、プロパティの読み書き処理を実装できます。

## ◎ String と Int のプロパティ操作を委譲する

では、実際にやってみましょう。Personクラスを用意し、そのnameとageのプロパティを外部クラスに委譲してみます。

**⊕ リスト3-23**

```
import kotlin.reflect.KProperty

fun main() {
    val p = Person("Taro", 42)
    p.show()
    p.name = "Hanako"
    p.age = 37
    p.show()
}

class NameDelegate {
    private var value:String = ""

    operator fun getValue(thisRef: Any?, property: KProperty<*>): String {
        println("*** [${property.name}] get '${this.value}'.***")
        return value
    }

    operator fun setValue(thisRef: Any?, property: KProperty<*>, value: String) {
        println("*** [${property.name}] set '${this.value}' -> '${value}'. ***")
        this.value = value
    }
}
class AgeDelegate {
    private var value:Int = 0

    operator fun getValue(thisRef: Any?, property: KProperty<*>): Int {
        println("*** [${property.name}] get '${this.value}'.***")
        return value
    }
```

```
    operator fun setValue(thisRef: Any?, property: KProperty<*>, value: Int) {
        println("*** [${property.name}] set '${this.value}' -> '${value}'. ***")
        this.value = value
    }
}
class Person(name:String, age:Int) {
    var name: String by NameDelegate()
    var age: Int by AgeDelegate()

    init {
        this.name = name
        this.age = age
    }

    fun show() {
        println("<<< ${name} (${age}). >>>")
    }
}
```

⊕ 図3-19：実行するとプロパティを読み書きするごとにメッセージが出力されていく。

```
*** [name] set '' -> 'Taro'. ***
*** [age] set '0' -> '42'. ***
*** [name] get 'Taro'.***
*** [age] get '42'.***
<<< Taro (42). >>>
*** [name] set 'Taro' -> 'Hanako'. ***
*** [age] set '42' -> '37'. ***
*** [name] get 'Hanako'.***
*** [age] get '37'.***
<<< Hanako (37). >>>
```

　　　ここではPersonクラスを定義し、main関数でそのインスタンスを作成してname, ageプロパティを操作しています。これを実行すると、以下のようなメッセージが出力されていくのがわかります。

```
*** [name] set '' -> 'Taro'. ***
*** [age] set '0' -> '42'. ***
*** [name] get 'Taro'.***
```

```
*** [age] get '42'.***
<<< Taro (42). >>>
*** [name] set 'Taro' -> 'Hanako'. ***
*** [age] set '42' -> '37'. ***
*** [name] get 'Hanako'.***
*** [age] get '37'.***
<<< Hanako (37). >>>
```

　これらのうち、*** ○○ ***というものはプロパティを読み書きする際に出力されたメッセージです。そして、<<< ○○ >>>というものが、showメソッドによる出力です。

　このサンプルでは、NameDelegateとAgeDelegateという2つのデリゲートクラスを用意しています。いずれもprivateプロパティを一つ持っており、setValue/getValueした際にはそのプロパティに値を保管し処理するようにしてあります。

　そして、このデリゲートクラスを利用しているPersonクラスでは、nameとageのプロパティを以下のように用意しています。

```
var name: String by NameDelegate()
var age: Int by AgeDelegate()
```

　これで、nameプロパティはNameDelegateクラスに、ageプロパティはAgeDelegateクラスに値の処理が移譲され、これらのデリゲートクラスで処理を行なうようになります。もちろん、委譲してもPersonクラスにあるname, ageプロパティとして扱われますから、これらのプロパティをそのまま使った処理を変更する必要はまったくありません。

## 演算子のオーバーロード

　プロパティのデリゲートクラスで作成されたメソッドでは、operatorというキーワードが使われていました。これは、演算子のオーバーロードというものを行なう際に用いられるキーワードです。

　演算子のオーバーロードとは、演算子の働きに新たな処理を付け加えることです。例えば、新しいクラスPersonを作成したとしましょう。このとき、Personインスタンスどうしを+で足し算することはできません。が、演算子オーバーロードを使うことで、Person + Personの演算が行なえるようになります。+演算子に新しい型の処理がオーバーロードされるのです。

　この演算子オーバーロードは、作成するクラス内に以下のような形でメソッドを追記することで可能になります。

155

```
operator fun 演算子名 ( 引数 ) {……}
```

　　operator funを使い、オーバーロードする演算子用に用意されている名前のメソッドを定義します。引数や戻り値は、オーバーロードする演算子の働きに合わせて調整します。では、

　　演算子による演算はどのようなメソッドに対応しているのでしょうか。以下に主なものをまとめておきましょう。(なお、わかりやすいようにAとBという2つのインスタンスを演算する形で整理してあります)

## ✚四則演算

| | |
|---|---|
| A + B | A.plus(B) |
| A - B | A.minus(B) |
| A * B | A.times(B) |
| A / B | A.div(B) |
| A % B | A.mod(B) |

## ✚代入演算

| | |
|---|---|
| A += B | A.plusAssign(B) |
| A -= B | A.minusAssign(B) |
| A *= B | A.timesAssign(B) |
| A /= B | A.divAssign(B) |
| A %= B | A.modAssign(B) |

## ✚範囲指定

| | |
|---|---|
| A..B | A.rangeTo(B) |

## ✚インクリメント／デクリメント

| | |
|---|---|
| A++ | A.inc() |
| A-- | A.dec() |

　　例えば、A + Bというのは、A.plus(B)という形で処理されると考えてよいのです。したがって、これを実現するためにはクラス内にplusメソッドを用意し、そこで+演算の処理を行なえばいいのです。

こんな具合に、クラス内に必要に応じてこれらのメソッドを用意することで、そのクラスのインスタンスを演算できるように機能追加できるのです。

## ◉ 足し算できるShoppingクラスを作る

では、実際にサンプルを作成してみましょう。ここでは、商品名と価格を保管するShoppingクラスを定義し、これを足し算できるようにしてみましょう。

**◉リスト3-24**

```kotlin
import kotlin.properties.Delegates

fun main() {
    val a = Shopping("Apple", 100)
    val b = Shopping("Banana", 200)
    val c = Shopping("Cherry", 300)
    c != a + b
    c.show()
}

class Shopping(name:String, price:Int) {
    class Item(name:String, price:Int) {
        val name = name
        val price = price
    }

    val items = mutableListOf<Item>()

    init {
        items.add(Item(name, price))
    }

    fun show() {
        println("<< Shopping List >>")
        for (item in items)
            println("${item.name} [${item.price}円]")
        println("<< end >>")
    }

    operator fun plus(shopping:Shopping):Shopping {
        val s = Shopping("",0)
```

```
        s.items.removeFirst()
        s.items.addAll(items)
        s.items.addAll(shopping.items)
        return s
    }
    operator fun plusAssign(shopping:Shopping) {
        items.addAll(shopping.items)
    }
}
```

●図3-20：a, b, c の3つの Shopping インスタンスを作り、c += a + b を実行して結果を表示する。

　　　ここでは、3つのShoppingインスタンスを作成しました。そして、c += a + bを実行し、c.showを呼び出してcの内容を表示しています。すると以下のように出力されるのがわかります。

```
<< Shopping List >>
Cherry [300円]
Apple [100円]
Banana [200円]
<< end >>
```

　　　cインスタンスの中に、aとbの内容も追加されているのがわかりますね。+と+=によりaとbの値をcに足し算したことがわかるでしょう。
　　　ここでは、Shoppingクラスの中に以下のメソッドが用意されています。

## ✚ +演算子のオーバーロード

```
operator fun plus(shopping:Shopping):Shopping {……}
```

## ✚ += 演算子のオーバーロード

```
operator fun plusAssign(shopping:Shopping) {……}
```

　これにより、+と+=による演算が行なえるようになったのですね。実際にmain関数でこれらのインスタンスを扱っている部分を見てみましょう。

```
val a = Shopping("Apple", 100)
val b = Shopping("Banana", 200)
val c = Shopping("Cherry", 300)
c += a + b
```

　インスタンスをそのまま+=と+で演算していることがわかります。このようなことが上記のメソッドを追記することで可能になるのです。

　このShoppingクラスでは、Itemという内部クラスを用意し、これを使って商品名と金額を管理するようにしています。またクラス内にはval items - mutableListOf<Item>()というようにしてItemをまとめて扱うMutableListプロパティを用意し、このリストにItemを追加していくことで足し算できるようにしたのですね。

# 複数の値を持つ戻り値

　関数やメソッドでは、基本的に一つの値だけを返します。が、場合によっては2つ、あるいは3つの値を返せるようにしたいと思うこともよくあるでしょう。

　このような場合、Kotlinではそのための専用のクラスを利用することで比較的かんたんに複数の値を返せるようにしています。これは、「Pair」「Triple」というクラスとして用意されています。

## ✚ 2つの値を扱うPairクラス

| first | 一つ目の値 |
|---|---|
| second | 2つ目の値 |

## ✚ 3つの値を扱うTripleクラス

| first | 一つ目の値 |
|---|---|
| second | 2つ目の値 |
| third | 3つ目の値 |

これらのクラスを戻り値として利用する際には、総称型で各値の型を指定しておく必要があります。総称型というのは、覚えていますか？ さまざまな型の値が利用されるようなときに、**「ここではこの型を使う」**と指定するものでしたね。

例えばテキストと整数を返したいのであれば、戻り値にPair<String, Int>と指定します。この<String, Int>の部分が総称型ですね。これで、**「一つ目がString、2つ目がInt」**の値であることを指定できます。PairもTripleもさまざまな種類の値を扱えるので、このように総称型で利用する値の型を指定して使うのが基本なのです。

## ◉ 複数の値を返すPersonクラスのメソッド

では、実際の利用例を挙げておきましょう。ここではfirst, family, ageといったプロパティを持つPersonクラスを定義し、そこで名前の値（fist, family）やすべての値を返すメソッドを実装してみましょう。

**◎リスト3-25**

```
fun main() {
    val t = Person("Taro", "Yamada", 39)
    val (n1, n2) = t.getName()
    val (at1, at2, at3) = t.getAttr()
    println(n1 + "::" + n2)
    println(at1 + "::" + at2 + "::" + at3)
}

class Person(first:String, family:String, age:Int) {
    val first = first
    val family = family
    val age = age

    fun getName():Pair<String, String> {
        return Pair(first, family)
    }
    fun getAttr():Triple<String, String, Int> {
        return Triple(first, family, age)
    }
}
```

❏図3-21：実行すると、Personから必要な値を取り出し表示する。

```
Taro::Yamada
Taro::Yamada::39
```

ここでは、class Person(first:String, family:String, age:Int)というようにしてクラスに3つの値を渡し、それぞれプロパティに保管しています。これらの値を取り出すものとして、以下のようにメソッドを用意しています。

```
fun getName():Pair<String, String> {
    return Pair(first, family)
}
fun getAttr():Triple<String, String, Int> {
    return Triple(first, family, age)
}
```

これで、getNameではfirstとfamilyの値が、getAttrではその2つに加えageの値が、それぞれPairとTripleにまとめられて返されます。では、これらのメソッドを利用している部分を見てみましょう。

```
val (n1, n2) = t.getName()
val (at1, at2, at3) = t.getAttr()
```

()で複数の変数を用意することで、返されたPairやTripleの値が直接それぞれの変数に代入されます（もちろん、PairやTripleインスタンスとして代入することもできます）。このように、メソッドの戻り値から複数の値を直接取得できるようになります。

## 拡張メソッド、拡張プロパティ

クラスのプロパティやメソッドは、基本的にクラス定義の中に用意されます。が、場合によっては、すでにあるクラスを拡張してプロパティやメソッドを追加したいと思うこともあるでしょう。

このようなとき、Kotlinでは「**拡張メソッド**」「**拡張プロパティ**」というものを使うことができます。これらは、すでにあるクラスにメソッドやプロパティを追加するものです。これは以下のように記述します。

## ➕拡張メソッド

```
クラス.メソッド(引数):戻り値 {
    ……処理……
}
```

## ➕拡張プロパティ

```
var クラス.プロパティ:型
    get() = 処理
    set(value) { 処理 }
```

メソッドやプロパティを指定する際、「**クラス.○○**」というように名前を指定することで、そのクラス内にメソッドやプロパティを定義することができるのです。これを利用することで、クラスの機能を複数に分けて実装することも可能になります。

では、かんたんな利用例を挙げましょう。

🔘リスト3-26

```
fun main() {
    val t = Person("Taro", "Yamada", 39)
    t.println()
    val h = Person("Hanako", "Tanaka", 28)
    h.println()
}

class Person(first:String, family:String, age:Int) {
    val first = first
    val family = family
    val age = age
}

val Person.name:String
    get() = this.first + "-" + this.family

fun Person.println() {
    println("${this.name} (${this.age})")
}
```

◉図3-22：Personクラスにnameプロパティとprintlnメソッドを追加し利用する。

```
Taro-Yamada (39)
Hanako-Tanaka (28)
```

　main関数では、Personインスタンスを作成し、printlnで内容を出力しています。が、この printlnはPersonクラスには用意されていません。その後で拡張メソッドとして追加したもので す。さらにprintlnではnameとageを出力しており、このnameプロパティもPersonにはなくて後 から拡張したものですね。

　これらの拡張部分を見ると以下のようになっているのがわかります。

```
val Person.name:String
    get() = ……略……

fun Person.println() {……}
```

　Person.name, Person.printlnというように名前を指定することで、Person内にnameや printlnを追加していたのです。

## null問題について

　クラスを多用するようになると、多数のインスタンスが変数などに代入されて使われるように なります。このとき注意しなければいけないのが**「変数にインスタンスが保管されているか」** です。例えば変数だけ用意してインスタンスが代入されていなかったり、他のクラスなどから渡 された値がnullだったりすると、自分では**「値が入っている」**と思っていても実は中身はnullの まま、といったことだって起こり得ます。

　この**「インスタンスがあるはずの値が実はnullだった」**という問題は、非常に重大なトラ ブルを引き起こす原因となります。こうした**「null問題」**は、クラスを多用する言語において非 常に重要です。

　Kotlinでは、このnull問題への対処として、非常に重要な仕様を決定しています。それは、

　**「変数にnullの代入を基本的に認めない」**

という点です。クラスを型に指定した変数があった場合、そこにnullを代入することはできません。またプロパティなどの場合は、必ず最初にインスタンスが代入されるように初期値が求められます。初期値のない（nullの状態の）プロパティはそのままでは認められず、必ずコンストラクタやinitなどで初期値が代入されるようになっています。

# ◉nullへの対応に関する演算子

ただし、場合によっては**「nullがどうしても必要だ」**ということもあるでしょう。そこでKotlinでは、**「null参照が可能なもの」**と**「不可能なもの」**を指定できるようにしました。

通常、クラスのインスタンスを型に指定する変数は、原則として**「null参照不可」**です。つまり、nullの代入は認められません。そしてこれらの変数につける演算子として以下のようなものが用意されます。

## ✚変数：型?

これは**「nullの場合がある」**ことを示す演算子です。**「型?」**と指定することで、この変数がnullの場合があることを示し、プログラマはその前提でコードを記述しなければいけません。また、nullを許容するため、この変数にはnullの代入が可能です。

## ✚変数：型!!

これは**「nullではない」**前提であることを示す演算子です。**「型!!」**と指定することで、この値が絶対にnullでない前提でコーディングすることができます。万が一、nullだった場合にはNullPointerException例外が発生し、その場でプログラムは中断され強制終了します。

## ✚変数?.メソッド

インスタンスを代入しておく変数がnullを許容するものだった場合、そのインスタンス内のメソッドを呼び出そうとしたとき、nullだとエラーになってしまいます。そのようなときは、**「○○?.××()」**というように変数名に?を付けて呼び出します。こうすると、変数がnullではない場合のみメソッドが実行されます。nullだった場合は何もしないで次に進みます。

## ✚変数!!.メソッド

変数がnullを許容するものの場合に、**「絶対にnullではない」**ことが確実な場合は、**「○○!!.××()」**というように変数名に!!を付けることで**「nullでない」**前提でメソッドを呼び出すことができます。ただし、もしnullだった場合はそこでプログラムは強制終了します。

### ✚変数?: 値

これは、「nullだった場合の代りの値」を用意するものです。?演算子を指定してnullを許容している変数では、値を利用するとき「中身がnullである」場合も考えなければいけません。そこで、?:を使うことで、「nullだった場合はこの値を使う」ということを指定できます。

これらの記号を使うことで、変数のnullに対するより柔軟な対応が比較的かんたんに行なえるようになります。

## ◉nullである場合を考えた処理

では、実際にnullの場合を考えた処理を含むサンプルを作ってみましょう。ここでは、Pairを引数に使うクラス「Person」を用意し、nullだった場合も問題なく処理されるようにしてみます。

**◑リスト3-27**

```kotlin
fun main() {
    val t = Person(null, 39)
    t.println()
    val h = Person(Pair("Hanako", "Tanaka"), 28)
    h.println()
}

class Person(name:Pair<String, String>?, age:Int) {
    var name = name
    var age = age

    fun println() {
        val (f,h) = name?: Pair("no", "name")
        println("${f}-${h} (${age})")
    }
}
```

**◑図3-23：2つのPersonを作成し内容を出力する。一つはnameプロパティがnullになっている。**

ここでは、Personクラスのインスタンスを2つ作成して、その内容を出力するようにしています。ここでは、main関数で以下のようにインスタンスを作成しています。

```
val t = Person(null, 39)
val h = Person(Pair("Hanako", "Tanaka"), 28)
```

一つ目は、Pairインスタンスが用意される引数にnullを指定しています。2つ目は普通にPairを用意しています。これを実行すると、以下のようにテキストが出力されます。

```
no-name (39)
Hanako-Tanaka (28)
```

1行目が、nullを引数に渡した場合の表示です。nullを渡しても、問題なく処理されていることがこれでわかるでしょう。

Personクラスの宣言部分とプロパティの部分を見ると、このような形になっていることがわかります。

```
class Person(name:Pair<String, String>?, age:Int) {
    var name = name
    var age = age
```

第1引数は、Pair<String, String>?と型が指定されています。?により、nullも利用可能であることが示されていますね。nameプロパティには、var name = nameというように値が渡されていますが、このnameもnullの場合があるわけです。

では、printlnでプロパティの内容を出力する処理がどうなっているか見てみましょう。

```
val (f,h) = name?: Pair("no", "name")
println("${f}-${h} (${age})")
```

name?:として、nameがnullだった場合には、Pair("no", "name")という値を渡すようにしています。こうすることで、nameの値がnullだったとしても、変数f, hには問題なく値が代入されます。そして、これらの値とageプロパティを使って内容をprintlnで出力していたのです。

このように、「**?でnullを許容した変数では、利用する際に?:で代りの値を用意する**」ことでnull時の問題を回避できます。

# スコープ関数

インスタンスについて連続して必要な処理を行なうような場合、**「スコープ関数」**と呼ばれるものを利用することで非常にかんたんに処理を追加することができます。これは、インスタンス内からメソッドを呼び出して使います。

```
インスタンス.メソッド{ ……}
```

引数の部分は()が省略され、ブロック（‖部分）内に関数を用意して必要な処理を記述します。このスコープ関数は、ブロックの引数と戻り値が異なるものがいくつか用意されています。かんたんにまとめておきましょう。

## ＋let

```
public inline fun <T, R> T.let(block: (T) -> R): R = block(this)
```

インスタンス自身を引数にして必要な処理を行ない、戻り値は処理の実行結果（kotlin.Unitというもの）が返されます。

| インスタンス | it |
| --- | --- |
| 戻り値 | 実行結果 |

## ＋run

```
public inline fun <T, R> T.run(block: T.() -> R): R = block()
```

引数にはインスタンス自身は渡されないため、thisで指定します。戻り値は実行結果（kotlin.Unit）になります。

| インスタンス | this |
| --- | --- |
| 戻り値 | 実行結果 |

## ＋apply

```
public inline fun <T> T.apply(block: T.() -> Unit): T = return this
```

引数にはインスタンスは渡されないのでthisを使います。戻り値は、インスタンス自身を返します。

| インスタンス | this |
|---|---|
| 戻り値 | インスタンス |

## ✚also

```
public inline fun <T> T.also(block: (T) -> Unit): T { block(this); return this }
```

インスタンスを引数にする関数になっており、戻り値はインスタンス自身を返します。

| インスタンス | it |
|---|---|
| 戻り値 | インスタンス |

引数と戻り値は少しずつ異なりますが、処理を呼び出すやり方はだいたい同じです。しかし、具体的にどのように使えばいいのかよくわからないところはありますね。かんたんなサンプルを見てみましょう。

◎リスト3-28
```
fun main() {
    val t = Person().also {
        it.set("Taro", 39)
        println("<<<also:'${it.getMsg()}'.>>>")
    }.let {
        it.set("Hanako", 27)
        println("***let:'${it.getMsg()}'.***")
    }
    println(t)
}

class Person {
    var name:String = ""
    var age:Int = 0

    fun set(name:String, age:Int) {
        this.name = name
        this.age = age
    }

    fun getMsg():String {
```

```
        return "${name} (${age})"
    }
}
```

◎図3-24：実行すると、Personインスタンスからalsoとletを呼び出し、それぞれの内部で値を設定しprintln
する。

　実行すると、main関数でPersonインスタンスを作成します。そしてそのままalsoとletを呼び
出し、それらの中でsetとgetMsgを呼び出して値の設定と表示を行なっています。実行すると
以下のようにテキストが出力されるでしょう。

```
<<<also:'Taro (39)'.>>>
***let:'Hanako (27)'.***
kotlin.Unit
```

　1行目はalso内で、2行目はlet内でそれぞれ出力されています。最後の行は、戻り値のtを
printlnした結果です。alsoはインスタンス自身を返すため、そのまま次のスコープ関数を呼び
出すことができます。
　が、letはインスタンス自身を返しません。printlnすると、kolin.Unitというものが返されてい
ることがわかります。これ自身は何らかの具体的な戻り値などではありませんので、基本的には
**「戻り値はない」**と考えたほうがいいでしょう。
　ここで実行しているスコープ関数の記述を整理するとこのようになっているのがわかります。

```
Person().also {……}.let {……}
```

　いずれも、メソッド名の後にブロックで処理を記述しています。この中で、Person()で作成し
たインスタンスにさまざまな処理を行なえることがわかるでしょう。インスタンスを作成し、その
インスタンスを操作する処理を連続して用意する場合、スコープ関数を使えば非常にかんた
んに処理を付け足していくことができるのです。

# Chapter 4

# Kotlin の
# 標準ライブラリ

Kotlin には独自のライブラリが用意されており、
さまざまな処理が非常にかんたんに実装できます。
ここではコンソールアプリを作成しながら
「入出力」「ファイルアクセス」「タイマーとスレッド」
「コルーチン」といったものについて説明していきましょう。

## Section 4-1 入出力の基本と例外処理

## コンソールアプリの基本コード

　　Kotlinの文法が一通り頭に入ったところで、具体的なプログラムの作成について考えていくことにしましょう。まずは、もっとも基本的なプログラムである**「コンソールアプリ」**からです。1章で2つのプロジェクトを作成しましたが、2つ目に作ったものがコンソールアプリのプロジェクトです。これを開いて利用しながら説明していくことにしましょう。

　　コンソールアプリというのは、名前の通り、コンソール（コマンドプロンプトやターミナルなど）からコマンドとして実行するタイプのプログラムです。1章で、IntelliJを使って**「SampleProj」**というプロジェクトを作成しましたが、これがコンソールアプリを作成するためのものでしたね。

　　では、このプロジェクトでデフォルトに用意されているファイルのソースコードがどうなっていたか見てみましょう。main.ktファイルには以下のようなソースコードが記述されていました。

**○リスト4-1**

```
fun main(args: Array<String>) {
    println("Hello World!")
}
```

　　ごく単純なものですね。main関数を用意し、その中でprintlnを使ってメッセージを出力しているだけです。これを、**「main.kt」**のソースコードファイルを開いて、エディタの**「fun main ……」**のところに表示される実行ボタンをクリックして**「Run 'MainKt'」**を選べば、プログラムをその場で実行できました。

◆図4-1：実行ボタンから「Run 'MainKt'」を選ぶとmain.ktのプログラムを実行する。

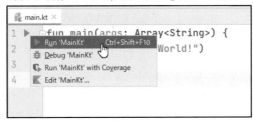

# main関数の引数について

が！　よく見ると、すでに何度も使ってきたmain関数のようでいて、ちょっとだけ違っている点に気がつくでしょう。そう、引数です。ここでは、main(args: Array<String>)というようにString配列の引数が用意されています。

これは、このプログラムをコマンドとして実行する際、オプションとして渡される値がまとめられるところです。これにより、実行時に必要な値などをプログラムに渡せるようになっているわけです。

## ◉引数を指定してみる

では、IntelliJでプログラムを実行する際、どのようにして引数を用意すればいいのでしょうか。実際にやってみましょう。

まず、IntelliJの「**Run**」メニューから、「**Edit Configurations...**」という項目を選んでください。画面に「**Run/Dev Configurations**」というダイアログウィンドウが現れます。これは、プログラムの実行に関する設定を管理するためのものです。

このウィンドウには、左側に「**Kotlin**」「**Templates**」といった項目が表示されたリストがあり、右側に細々とした設定内容が表示されています。左側のリストが、用意されているプログラム実行の設定項目で、右側がこれら設定項目の設定内容になります。

開いた段階では、「**Kotlin**」というところに「**MainKt**」という項目が用意されていることで
しょう。これは、main.ktのプログラムを実行した際に自動的に生成された設定項目です。これ
が選択されると、その設定内容が右側に表示されます。

◉図4-2:「**Edit Configurations...**」メニューを選ぶとプログラム実行の設定ダイアログが現れる。

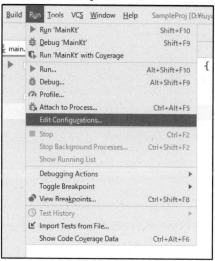

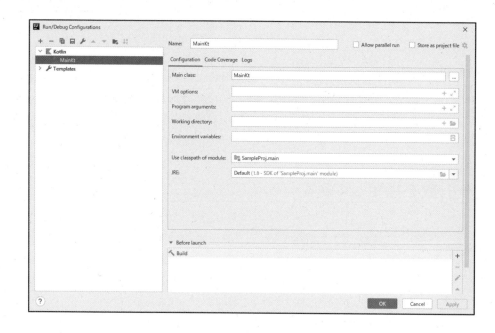

## ◉3つの切り替えタブ

　右側の設定部分の一番上には設定の名前があり、その下にクリックして表示を切り替えるタブのリンクが並んでいます。これらはそれぞれ以下のような設定内容を表示するものです。

| Configuration | これがプログラム実行時の基本設定になります。実行するクラスやオプションの指定などをここで行ないます。 |
| Code Coverage | これはコードカバレッジ（テスト時の実行状況に関する機能）に関する設定を行なうものです。 |
| Logs | これはログ出力に関する設定です。 |

## ◉ Configuration の設定

　実行時の基本的な背景は、Configurationにすべてまとめられています。ここにある項目の働きがわかれば、実行時に必要な設定などが行なえるようになるでしょう。では、以下に各項目の役割を整理しておきます。

| Main class | 実行するメインクラス |
| VM options | JVM用のオプション指定 |
| Program arguments | プログラムに渡される引数 |
| Working directory | プログラムの作業場所 |
| Environment Variables | 環境変数の指定 |
| Use classpath of module | モジュールの指定 |
| JRE | 使用するJREの指定 |

## ◉ Program Arguments の指定

　では、実行時に渡す引数を用意しましょう。これは「**Program Arguments**」の項目に用意します。以下のようにテキストを記述してください。

```
Hello Yamada-Taro 39
```

　引数は半角スペースで区切りますから、ここでは「**Hello**」「**Yamada-Taro**」「**39**」という3つの値が用意されたことになります。記述したら、「**OK**」ボタンでダイアログを閉じましょう。

◐図4-3：Program arguments にテキストを用意する。

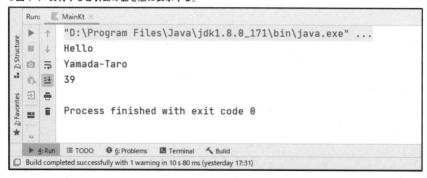

では、プログラムを修正して引数を利用してみましょう。main.ktを以下のように書き換えてください。

◐リスト4-2

```kotlin
fun main(args: Array<String>) {
    for (item in args) {
        println(item)
    }
}
```

◐図4-4：実行すると引数の値を順に表示する。

```
Run:    MainKt ×
  ▶  ↑   "D:\Program Files\Java\jdk1.8.0_171\bin\java.exe" ...
  ■  ↓   Hello
  ◎  ⇥   Yamada-Taro
  ⚙  ≣   39
  ⊟  🖶
  ⊞  🗑   Process finished with exit code 0

  ▶ 4: Run   ≣ TODO   ⊙ 6: Problems   ⊠ Terminal   ⬥ Build
  ⬚ Build completed successfully with 1 warning in 10 s 80 ms (yesterday 17:31)
```

修正したらファイルを保存し、プログラムを実行してください。すると下部のRunツールウィンドウに、引数として用意したテキストが順に出力されていきます。

ここでは、forを使って引数のargsから順に値を取り出してprintlnしています。Program argumentsに用意したテキストが、半角スペースごとに区切られて配列として渡されていることがよくわかるでしょう。このようにして、実行時に必要な値を渡すことができるのです。

---

**Column** **ネイティブアプリの実行では動かないので注意！**

この実行時の設定を使ったやり方は、実はネイティブアプリでは動作しません。ネイティブアプリの場合、プロジェクトの実行は一般的なアプリの起動とは異なる仕組みになっているためです。

作成されたプログラムをコマンドプロンプトやターミナルから実行し、その際に引数を付けて呼び出せば、これらはちゃんと機能します。あくまで「**プロジェクト内から実行するときにエラーになる**」というだけです。

---

## 実行可能Jarファイルを作成する

ネイティブアプリケーションのプロジェクトでは、実行すると自動的にプログラムがビルドされ、「**build**」フォルダの中にネイティブアプリケーションが保存されました。後はそのファイルをそのまま実行すればいいわけで、プログラムの作成は非常にかんたんなんです。

しかし、今回のコンソールアプリケーションはJavaのクラスファイルとしてプログラムを生成しますから、そのまま実行するわけには行きません。javaコマンドで、必要なクラスファイルを参照するようオプションを指定するなどして実行しなければならず、これはかなり面倒でしょう。

こうした場合、Javaでは「**実行可能Jarファイル**」と呼ばれるものを作成して使うのが基本です。これは、ダブルクリックで実行できるJarファイル（Javaのアーカイブファイル）のことです。この形にしておけば、コンソールアプリも比較的かんたんに実行できるようになります。

では、実行可能Jarファイルを生成しましょう。これはプロジェクト構造の設定画面から必要な設定を作成して行なえます。

「**File**」メニューから「**Project Structure...**」というメニューを選んでください。画面に「**Project Structure**」ダイアログウィンドウが現れます。このウィンドウは、左側に設定項目がリスト表示されており、ここから項目を選択するとその内容が右側に表示されるようになっています。

では、このリストから「**Artifacts**」というものを選択しましょう。これは「**アーティファクト**」という設定を作成するためのものです。Jarファイルやアプリケーションの作成などを行なう場合は、このアーティファクトを作成します。

◎図4-5：「Project Structure...」メニューを選び、ダイアログから「Artifacts」を選択する。

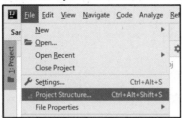

## ◉ アーティファクト設定の作成

では、アーティファクトの設定を作成しましょう。以下の手順で作業を行なってください。

## ＋1.「＋」をクリック

右側に表示されたエリアにある白い縦長の部分の上部にある「＋」をクリックしてください。そこから「JAR」メニューの「From modules with dependencies...」という項目を選択してください。

**◉図4-6：「From modules with dependencies...」メニューを選ぶ。**

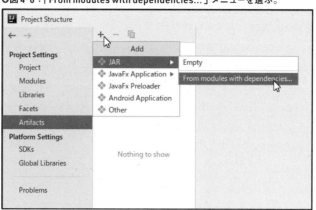

## ➕2. Main Class をクリックしダイアログから「MainKt」クラスを選択

「**Create JAR from Modules**」ダイアログウィンドウが現れます。ここから「**Main Class**」という項目の右端にあるフォルダのアイコンをクリックします。これで、さらに「**Select Main Class**」というダイアログウィンドウが現れるので、ここから「**MainKt**」というクラスを選択しOKしてください。ダイアログが閉じたら、そのまま他の項目は変更せずにOKしてダイアログを閉じます。

**◉図4-7：Main Class のフォルダアイコンをクリックし、ダイアログから「MainKt」クラスを選択する。**

## ╋3. 作成されたアーティファクトを確認

「**Project Structure**」ダイアログウィンドウに戻ります。Artifactsの縦長エリアに、SampleProj.jar」という項目が追加されているのがわかるでしょう。これで設定は完了です。このままOKしてウィンドウを閉じてください。

◉図4-8：作成されたアーティファクトの項目。

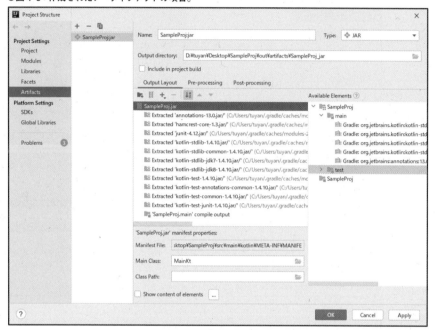

# Jarファイルを作成する

では、アーティファクトを使ってJarファイルを作成しましょう。「**Build**」メニューから「**Build Artifacts...**」メニューを選んでください。エディタのエリア内にメニューがポップアップして現れるので、「**SampleProj.jar**」項目内にある「**Build**」メニューを選びます。これでビルドが実行されます。

◉図4-9：「Build Artifacts...」メニューを選び、ポップアップした項目から「Build」を選ぶ。

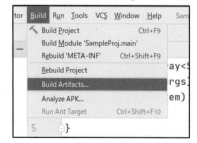

## ◉ マニフェストファイルを修正する

これでプロジェクトフォルダ内に「**out**」というフォルダが生成されます。この中を見ると、「**artifacts**」フォルダの「**SampleProje_jar**」フォルダ内に「**SampleProj.jar**」というJarファイルが作成されているのがわかります。

ただし、このJarファイルは、実行可能にはなっていません。IntelliJのアーティファクトで生成されるJarファイルでは、マニフェストファイル内にメインクラスの設定がされていないため、実行可能Jarにはなっていないのです。せっかくですから実行可能Jarに修正しておきましょう。

SampleProj.jarファイルの中から「**MANIFEST**」フォルダ内にあるMANIFEST.MFファイルを取り出してください。これはファイル圧縮ツールなどで開けば、中にあるファイルを取り出せるでしょう。もしツールなどを持っていないならば、ファイル名を「**SampleProj.zip**」というように変更してください。拡張子を.zipに変えると、Zipファイルとしてファイルを展開できるようになります。

●図4-10：BrandZipというユーティリティでJarファイルを開いたところ。「META-INF」フォルダ内にMANIFEST.MFファイルが保存されている。

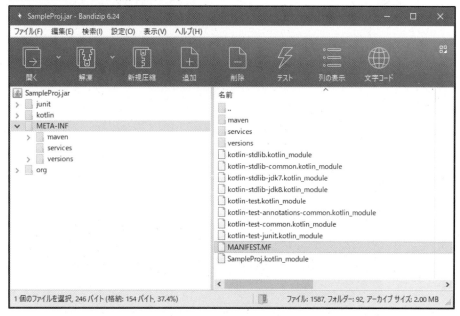

取り出したMANIFEST.MFファイルをテキストエディタなどで開きます。そして記述されている内容の最後に以下の一文を追記します。

```
Main-Class: MainKt
```

ファイルを保存し、修正したMANIFEST.MFをJarファイルの「META-INF」フォルダ内に戻します。すでにあるMANIFEST.MFは上書きして入れ替えても構いません。

これで、Jarファイルは実行可能になります。

# Jarファイルを実行する

では、作成したJarファイルを使ってみましょう。実行可能Jarファイルは、GUIアプリのようなものならばそのままファイルをダブルクリックして実行できます。ただし、コンソールアプリの場合はコンソール画面にテキストなどを出力して動くので、このやり方では実行状況を見ることができません。そこでコンソールからjavaコマンドで実行することにしましょう。

実行可能Jarファイルは、以下のような形でコマンドを書いて実行します。

```
java -jar 実行可能Jarファイルのパス 引数 ……
```

java -jarの後にJarファイルのパスを記述します。プログラムに渡す引数がある場合は、さらにその後に記述してください。これで指定のJarファイルがコマンドから実行できます。

## ◉javaコマンドでJarファイルを実行する

コマンドプロンプトあるいはターミナルを起動し、Jarファイルがある場所に移動してください（SampleProj.jarをデスクトップなどに移動して利用するとよいでしょう）。そして以下のようにコマンドを実行してみます。

```
java -jar SampleProj.jar Hello Kotlin World
```

●図4-11：Jarファイルを実行する。

プログラムの実行は、「java -jar SampleProj.jar」だけで行なえます。その後にある「Hello Kotlin Worldは、パラメーター（引数）として追加した値になります。これで、画

面に「Hello」「Kotlin」「World」といったテキストが出力されます。先ほどと同様に、引数として渡した値がそのまま出力されているのが確認できるでしょう。

　作成されたJarファイルは2MBほどと、単純なプログラムにしては大きめです。これは、Kotlinのプロジェクト内から参照しているKotlin関連のクラスファイルが同梱されているためです。

　とりあえず、これで「コンソールアプリのプロジェクトを作り、実際にJarファイルに保存して利用する」という一通りの作業ができるようになりました。なお実行可能Jarの作成は、コンソールアプリに限らず、Jarでプログラムを作成配布する場合に共通する作業手順になります。このやり方を覚えておけば、コンソールアプリ以外のさまざまなプロジェクトでも同様に実行可能Jarファイルを作成し利用できるようになります。

## ユーザーからの入力

　一通りの使い方がわかったところで、再びmain.ktに話を戻しましょう。ここまでは、printlnでメッセージを表示するだけしか行ってきませんでした。しかし、まともに利用できるプログラムを作るならば、ユーザーからの入力も行なえるようにする必要があります。

　Kotlinには、テキストの入力を行なう非常にかんたんな関数が用意されています。「readLine」というもので以下のように使います。

```
変数 = readLine()
```

　これが呼び出されると、コンソールではユーザーからの入力待ちの状態となります。ユーザーがテキストを入力しReturnあるいはEnterキーを押すと、その入力テキストがreadLineの戻り値として返され、再び処理が続けられます。

　非常にかんたんに利用できて便利なreadLineですが、一つ注意しておきたいのは「nullを返す場合がある」という点でしょう。ですから、利用する際にはnull時の対処を考えておく必要があります。

### ◉ 入力した数字の合計を計算する

　では、実際の利用例を挙げておきます。main.ktを以下のように書き換えて実行してみましょう。

⊕ リスト4-3
```kotlin
fun main(args: Array<String>) {
    print("type a number:")
    val str = readLine()?: ""
    val num = str.toInt()
```

```
    var total = 0
    for (n in 1..num) {
        total += n
    }
    println("total: " + total)
}
```

◉図4-12：整数を入力すると、その数字までの合計を計算して表示する。

```
Run:      MainKt ×

    ▶  ↑   "D:\Program Files\Java\jdk1.8.0_171\bin\java.exe" ...
    ■  ↓   type a number:100
    ⚙  ⇉   total: 5050
    ⚑  ⬇
    ⊡  🖶   Process finished with exit code 0
    ★  🗑

 ▶ 4: Run   ≡ TODO   ❶ 6: Problems   ⬛ 5: Debug   ⬛ Terminal   ⚒ Build
 ▢ Build completed successfully in 4 s 838 ms (today 13:47)
```

　　実行すると、Runツールウィンドウに**「type a number:」**と表示されて処理が停止します。
この部分をクリックしてカーソルを表示し、整数値を記入してEnter/Returnしてください。その
数字までの合計を計算して表示します。
　　ここでは、以下のようにしてユーザーからの入力を定数に取り出しています。

```
val str = readLine()?: ""
```

　　?:を使い、nullだった場合には空のテキストを値として渡すようにしています。これでnull時の
対処ができるようになります。

# tryによる例外処理

　　このプログラムは入力を利用したシンプルな処理ですが、このままでは問題があります。そ
れは**「整数以外の値を入力するとエラーになる」**という点です。
　　ここではstr.toInt()を使ってテキストからInt値を取り出しています。しかしこれはstrのテキス
トが**「整数値として扱えるテキスト」**である前提で働くものです。数字として扱えないテキスト
（例えば、"abc"など）をtoIntで整数にしようとすると、**「例外」**と呼ばれる実行時エラーが発
生しプログラムは終了してしまうのです。

●図4-13：数字以外の値を入力すると、例外が発生してプログラムは終了する。

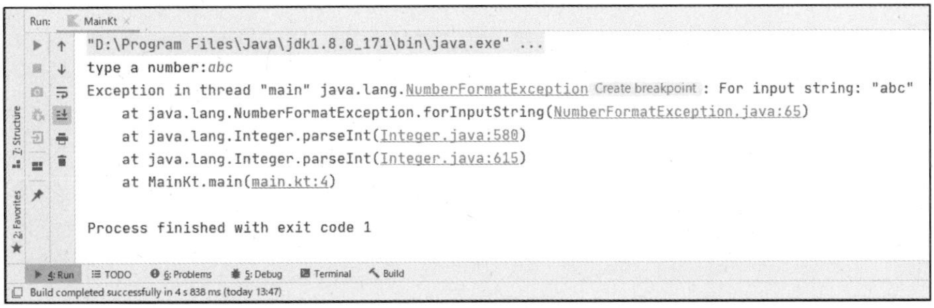

```
Run:    MainKt ×
    ▶ ↑    "D:\Program Files\Java\jdk1.8.0_171\bin\java.exe" ...
    ■ ↓    type a number:abc
         Exception in thread "main" java.lang.NumberFormatException Create breakpoint : For input string: "abc"
               at java.lang.NumberFormatException.forInputString(NumberFormatException.java:65)
               at java.lang.Integer.parseInt(Integer.java:580)
               at java.lang.Integer.parseInt(Integer.java:615)
               at MainKt.main(main.kt:4)

         Process finished with exit code 1

    ▶ Run  ≡ TODO  Problems  Debug  Terminal  Build
    Build completed successfully in 4 s 838 ms (today 13:47)
```

# ◉ try構文について

　この例外に対処するために、Kotlinには**「try」**という構文が用意されています。こういうものです。

```
try {
    ……例外が発生する処理……
} catch( 例外クラス ) {
    ……例外時の処理……
}
```

　これがtry構文の基本です。tryのブロック（‖部分）で例外が発生すると、その発生した例外に対応するcatchにジャンプし、必要な処理を行ないます。例外というのは、Exceptionというクラスとして用意されています。発生する例外の内容に応じてExceptionのサブクラスが多数用意されており、catchの引数には発生する例外のクラスを指定しておきます。

　try内では、複数の例外が発生する場合ももちろんあります。こうした場合は、必要なだけcatchを用意しておけます。

```
try {
    ……例外が発生する処理……
} catch( 例外A ) {
    ……例外A発生時の処理……
} catch( 例外B ) {
    ……例外B発生時の処理……
}
```

　このような具合ですね。例外が発生すると、その例外に応じたcatchにジャンプし処理を行ないます。

この他、tryから抜けた際に実行する処理を用意する**「finally」**というものも用意されています。

```
try {
    ……例外が発生する処理……
} finally {
    ……終了時の処理……
}
```

これで、tryのブロック内の処理を抜ける際にfinallyのブロック（||部分）を実行します。このfinallyは、catchと併用することももちろん可能です。例外が発生しcatchにジャンプした場合も、構文を抜ける際は必ずfinally部分を実行します。

## ◉ 例外処理を使う

では、先ほどのサンプルを例外処理する形に修正してみましょう。以下のようにmain.ktを書き換えてください。

⊕ リスト4-4

```kotlin
fun main(args: Array<String>) {
    print("type a number:")
    val str = readLine()?: ""
    var num = 0
    try {
        num = str.toInt()
    } catch (e:NumberFormatException) {
        println(e.message)
        num = 0
    }
    var total = 0
    for (n in 1..num) {
        total += n
    }
    println("total: " + total)
}
```

◎図4-14：数字以外を入力してもエラーで終了したりはしなくなった。

実行し、数字以外の値を入力すると、ゼロが入力されたとみなし「**total:0**」になります。ここでは、以下のようにtry構文が使われています。

```
try {
    num = str.toInt()
} catch (e:NumberFormatException) {
    println(e.message)
    num = 0
}
```

tryのブロック内でnum = str.toInt()を実行しています。このtoIntは、数字以外の値だとNumberFormatExceptionという例外が発生します。catchでこのNumberFormatExceptionを受け止め、例外時にはnum = 0にして処理を続けるようにしています。

このようにtryを使うことで、例外が発生してもそれに対処しながらプログラムの実行を続けられるようになります。

## runCatchingによる例外処理

このtryによる例外処理は、catchを用意することできめ細かに例外に対処できます。ただ、例外の種類が多くなってくるとcatchが延々と続くことになります。まぁ、例外のスーパークラスであるExceptionをcatchすればすべての例外を受け止めることができますが、catchの良さは失われることになります。

そんなに細かいことはいわず、もっとシンプルに処理したい、という場合は、「**runCatching**」という関数を使うこともできます。これは、以下のように記述します。

```
runCatching {
    ……例外が発生する処理……
```

```
}
```

非常にかんたんですね！ ブロック（‖部分）の中に例外が発生する処理を用意するだけです。例外が発生した場合はそこでブロックから抜けて次に進みます。例外が発生してもしなくともプログラムは停止したりせず、そのまま続きを実行していきます。

## ◉例外時の対応

さすがに「何もしない」というのはちょっとまずい、という場合は、戻り値から「onSuccess」「onFailure」といったものを呼び出して対処させることができます。

```
runCatching {
    ……例外が発生する処理……
}
.onSuccess {
    ……成功時の処理……
}.onFailure {
    ……失敗時の処理……
}
```

onSuccessには、例外が発生しなかった場合に呼び出される処理を用意できます。またonFailureには例外発生時の処理を用意できます。発生した例外は、onFailure内ではitという特殊な変数で取り出し利用することができます。

## ◉runCatchngで例外に対処する

では、先ほどの処理をrunCatchingで例外処理するようにしてみましょう。main.ktを以下のように修正してください。

◉リスト4-5

```
fun main(args: Array<String>) {
    print("type a number:")
    val str = readLine()?: ""
    var num = 0
    runCatching {
        num = str.toInt()
    }
    .onSuccess { println("*** success ***") }
```

```
    .onFailure { println(it.message) }
    var total = 0
    for (n in 1..num) {
        total += n
    }
    println("total: " + total)
}
```

**◎図4-15**：数字を入力すると「*** success ***」と表示した後、計算結果が表示される。

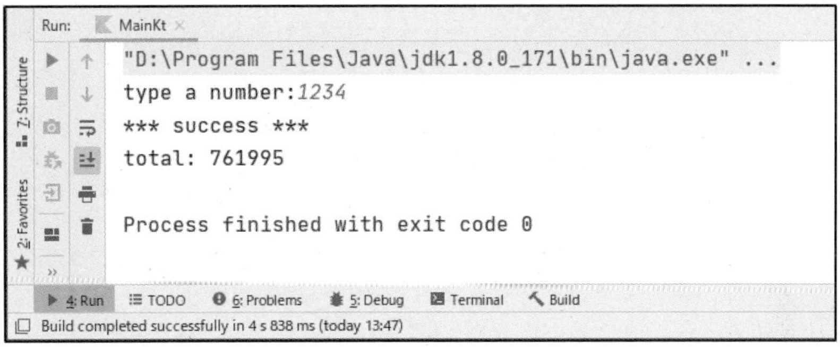

動作はほぼ同じですが、正しく入力できたときは「*** success ***」と表示してから合計を表示するようになっています。ここでは、以下のような形で例外処理を行なっています。

```
runCatching {
    num = str.toInt()
}
.onSuccess { println("*** success ***") }
.onFailure { println(it.message) }
```

これで、例外がないときとあるときそれぞれの処理を行なうようにしていたのですね。onSuccessとonFailureは省略もできますから、その場合はrunCatching ‖だけで例外が起こってもプログラムが止まらないようにできることがわかるでしょう。シンプルに例外処理をしたい場合には、tryよりこちらのほうが便利ですね。

## Section 4-2 ファイルの利用

## Javaクラスライブラリとkotlinの関係

　Kotlinは、JVMで動く言語であり、Javaの環境の上に乗って動きます。そしてなおかつ、クラスはJavaと完全互換であり、Javaのクラスをそのまま利用することができます。

　ということは、Kotlinで本格的なプログラムを作ろうと思ったら、Javaのシステムライブラリにあるクラスをそのまま利用すればいいことになります。Javaのクラスさえわかれば、そのままそれらを利用してプログラムを作れるのです。ですから、**「Kotlinのプログラムを作る勉強がしたい」** という人には、**「ではJavaのクラスライブラリを勉強してください。以上」** となってしまうのですね。

　が、確かに **「Javaのクラスライブラリが使えるようになれば、それをそのまま使ってKotlinのプログラムが作れる」** のですが、それがすべてではありません。Kotlinには、Kotlin特有の機能というのもあるのですから。

　ここでは、Javaのクラスライブラリを使いながら、Kotlin特有の機能についても考えていくことにしましょう。まずは、ファイルの利用からです。

## java.io.Fileクラスの拡張

　Javaで、ファイルを利用する場合、基本となるのはjava.ioパッケージの **「File」** クラスでしょう。Fileは、ファイルを扱う際の基本となるクラスです。これは以下のようにインスタンスを作成します。

```
変数 = File ( パス )
```

　引数にファイルのパスをテキストで指定することで、そのファイルを扱うためのFileインスタンスが作成されます。このFileインスタンスから、いろいろとファイルの情報などを取り出したりできるようになっているのですね。

　しかし、JavaではFileから直接その内容を読み書きしたりすることはできませんでした。Kotlinでは、このFileクラスに、テキストを読み書きするためのメソッドを拡張しています。これ

により、ただFileインスタンスを作成するだけでテキストファイルの読み書きが行なえるようになっています。

## テキストファイルの書き出し

まずは、ファイルへのテキストの書き出しから行ってみましょう。これは「**writeText**」というメソッドを使います。

```
《File》.writeText( テキスト )
```

これで、引数のテキストをFileのファイルに書き出します。非常にかんたんですね。注意してほしいのは、「**このwriteTextは、ファイルのテキストを完全に置き換えるものだ**」という点です。例えば、

```
writeText(○○)
writeText(××)
```

と実行すると、ファイルには「**○○××**」と書かれているように思ってしまうかも知れません。が、実際は「**××**」としか書かれてはいません。writeTextは中身を完全に上書きして書き換えるため、複数回呼び出した場合は最後のwriteTextだけがファイルに記録されているのです。
（テキストの追記についてはこの後で触れます）

### ◎ ファイルにテキストを記述する

では、実際に試してみましょう。main.ktの内容を以下のように修正し、実行してみてください。

**◎リスト4-6**

```
import java.io.File

fun main(args: Array<String>) {
    print("message: ")
    val s = readLine()?: ""
    val fpath = "sample.txt"
    val f = File(fpath)
    f.writeText(s)
    println("*** write '${s}' to file '${fpath}'.***")
}
```

**◐図4-16：テキストを入力するとそれがsample.txtファイルに保存される。**

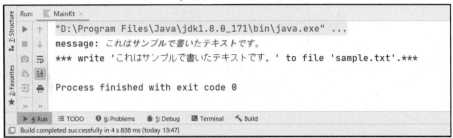

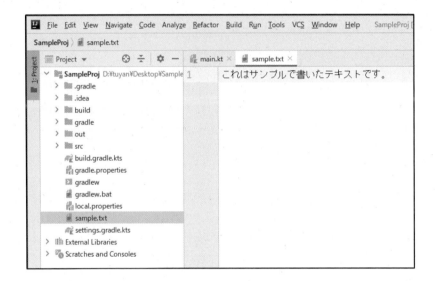

　Fileクラスは、java.ioパッケージにあります。利用の際には、「**import java.io.File**」でクラスをインポートしておきましょう。

　このサンプルでは、「**sample.txt**」という名前のファイルにテキストを書き出しています。実際に試してみるとわかりますが、このファイルはプロジェクトのフォルダを開いたところに作成されます。これは実行の設定で作業場所がデフォルト（プロジェクトフォルダ）に指定されているためです。

　ここでは、以下のようにファイルにテキストを保存しています。

```
val f = File(fpath)
f.writeText(s)
```

　たったこれだけです。ここではFileインスタンスを変数に取り出してから書き出していますが、まとめて書いてしまえば、File(fpath).writeText(s)と1行だけですべて済んでしまいます。

　　プロジェクトに作成されたsample.txtを開いて、中に入力テキストが書かれていることを確認
しましょう。

## ◎ テキストを追記する

　　このwriteTextは、ファイルの中身を上書きして書き換えるものでした。では、ファイルにテキ
ストを追記していくにはどうするのでしょうか。

　　これは、Fileクラスの**「appendText」**というメソッドを使います。

```
《File》.appendText( テキスト )
```

　　このように引数にテキストを渡して呼び出すことで、Fileで指定したファイルの末尾にテキス
トを追記していきます。基本的な使い方はwriteTextと同じですね。

　　では、これもサンプルを挙げておきましょう。main.ktを書き換えてください。

◎リスト4-7

```
import java.io.File

fun main(args: Array<String>) {
    val fpath = "sample.txt"
    val f = File(fpath)
    f.appendText("¥n=========¥n")
    while (true) {
        print("TEXT: ")
        var s = readLine()?: ""
        if (s == "") break
        f.appendText("${s}¥n")
    }
    println("*** finished. ***")
}
```

◆図4-17：テキストを書いて Enter/Return するとそれがファイルに追記されていく。

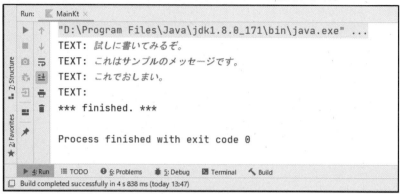

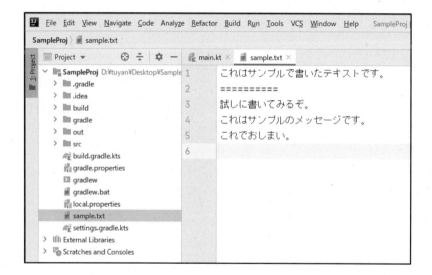

　実行したら、Runツールウィンドウからテキストを記入してEnter/Returnします。これでファイルにそのテキストが追記されます。繰り返し入力をして、**「もう終わり」**と思ったら何も書かずにEnter/Returnしてください。これでプログラムは終了します。

　ここではwhileを使い、テキストの入力とファイルへの追記を繰り返しています。

```
var s = readLine()?: ""
if (s == "") break
f.appendText("${s}¥n")
```

readLineでテキストを入力し、それが空であればbreakで繰り返しを抜けます。そうでない場合は、appendTextで入力テキストを追記します。このとき、最後に"¥n"を付けて改行しています。これで、入力した各テキストがそれぞれ改行してファイルに書き出されます。

## テキストファイルの読み込み

続いて、テキストファイルを読み込む処理について説明しましょう。ファイルからのテキストの読み込みは、Fileクラスの**「readText」**というメソッドで行ないます。では使い方を見てみましょう。

```
変数 =《File》.readText(《Charset》)
```

引数には、キャラクタセットを表すCharsetクラスのインスタンスを指定します。これはjava.nio.charsetパッケージにあるクラスで、主なキャラクタセットの値をCharsetsというクラス内にプロパティとして保持しています。ここから使いたいキャラクタセットのプロパティを指定すれば、そのキャラクタセットでテキストを読み込みます。

### ◉ テキストファイルを読み込み表示する

では、実際にかんたんなサンプルを作成してみましょう。先ほどのサンプルで作成されたsample.txtからテキストを読み込み表示してみましょう。

**◉ リスト4-8**

```kotlin
import java.io.File

fun main(args: Array<String>) {
    val fpath = "sample.txt"
    val f = File(fpath)
    runCatching {
        val re = f.readText(Charsets.UTF_8)
        println(re)
    }
    println("*** finished. ***")
}
```

1

2

3

Chapter
4

5

6

7

◉図4-18：実行するとsample.txtの内容を読み込んで表示する。

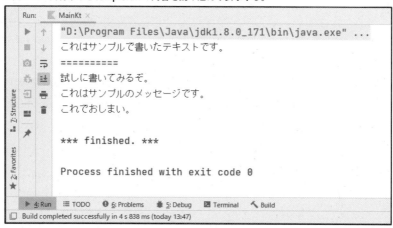

　実行すると、sample.txtを読み込んで内容を出力します。先ほどまで sample.txtに書き出していた内容がそのまま表示されるのがわかるでしょう。

　ここでは、Fileインスタンスを作成し、そこからreadTextでテキストを読み込んでいます。ただし、書き出しと読み込みが異なるのは、**「書き出しはファイルがそこになくても動作するが、読み込みはないとエラーになる」** という点でしょう。したがって、ファイルから読み込む際は例外の発生を考えておく必要があります。

```
runCatching {
    val re = f.readText(Charsets.UTF_8)
    println(re)
}
```

　ここでは、runCatchingを使って例外が発生してもプログラムが停止しないようにしておきました。ファイル名が違っていてもこれなら問題ありません。

## ◉1行ずつ処理する

　readTextは、ファイルのテキストを一括して取り出します。これは面倒な操作がなくて便利ですが、場合によっては**「少しずつ取り出しながら処理をしていきたい」**ということもあります。

　このような場合、Fileには**「forEachLine」**というメソッドが用意されています。これは、ファイルからテキストを1行ずつ読み込んでいくためのものです。

```
《File》.forEachLine { line -> ……実行する処理…… }
```

これは、forEachLineの後のブロック（‖部分）に引数一つの関数を用意します。forEachLineでは、1行テキストを読み込むごとにこの関数の引数にテキストを渡して処理を呼び出します。これにより、少しずつテキストを処理していくことができます。なお引数には読み込んだ1行分のテキストが渡されます。

では、これも利用例を挙げておきましょう。

**●リスト4-9**

```kotlin
import java.io.File

fun main(args: Array<String>) {
    val fpath = "sample.txt"
    val f = File(fpath)
    var c = 0
    runCatching {
        f.forEachLine {
            line -> println("${++c}: ${line}")
        }
    }
    println("*** finished. ***")
}
```

**●図4-19：ファイルからテキストを読み込み行番号を付けて表示する。**

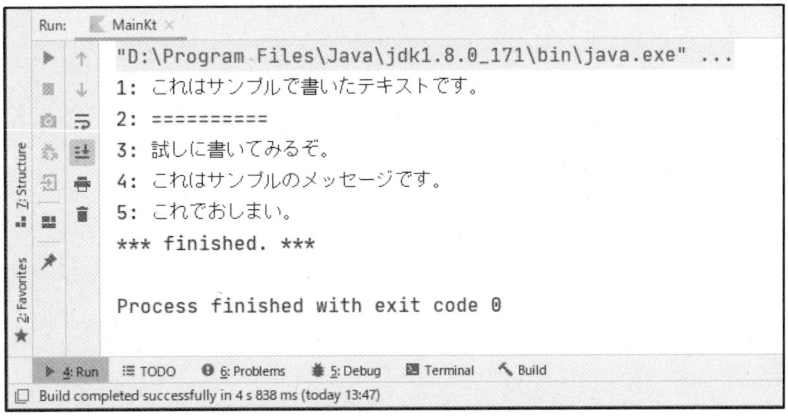

実行するとsample.txtから1行ずつテキストを読み込み、行番号を付けて出力します。ここでは、runCatchingのブロック内で以下のように読み込み処理をしています。

```kotlin
f.forEachLine {
    line -> println("${++c}: ${line}")
}
```

```
}
```

引数lineと数字をカウントする変数cをprintlnで書き出しているだけです。**「1行ずつ処理していく」** というのがどういうことなのか、実際に動かしてみるとよくわかるでしょう。

## バイナリファイルの利用

ここまでテキストファイルの読み書きについて説明しましたが、Fileで利用できるのはテキストファイルだけではありません。バイナリファイルを利用するためのメソッドも用意されています。

以下に基本的なメソッドを整理しておきます。見ればわかりますが、テキストの読み書き用メソッドとほぼ同じです。

```
reatBytes(): ByteArray
```

ファイルからバイナリデータを読み込んで返します。戻り値はByteArray（Byte値の配列）になります。

```
writeBytes(《ByteArray》)
```

ファイルにバイナリデータを書き出します。すでにファイルがある場合はその内容を上書きします。引数にはByteArrayインスタンスを用意します。

```
appendBytes(《ByteArray》)
```

ファイルにバイナリデータを追記します。実行するとファイルの最後にバイナリデータを書き加えます。引数はByteArrayインスタンスを用意します。

バイナリデータは、基本的にByteArrayインスタンスとして扱います。これはByte値（整数型の一つ）の配列です。このByteArrayの値を使ってファイルに読み書きするのですね。

# バイナリで書き出す

では、実際の利用例を見てみましょう。まずはデータの書き出しからです。ここでは、ユーザーからテキストを入力してもらい、それをバイナリデータにして書き出してみます。

●リスト4-10

```kotlin
import java.io.File

fun main(args: Array<String>) {
    print("message: ")
    val msg = readLine()?: "no message"
    var arr = msg.toByteArray()
    arr = arr + byteArrayOf(0, 10, 20, 30, 40, 50)
    val fpath = "sample.dat"
    val f = File(fpath)
    f.writeBytes(arr)
    println("finished.")
}
```

●図4-20：メッセージを入力すると、それをバイナリデータとして書き出す。

実行すると、メッセージを入力するようになります。ここでテキストを記入するとそれをバイナリファイルに保存します。

ここでは、入力されたテキストをByteArrayとして取り出し、それにさらにバイナリデータを付け足したものを用意しています。

```kotlin
var arr = msg.toByteArray()
arr = arr + byteArrayOf(0, 10, 20, 30, 40, 50)
```

テキストは、toByteArrayメソッドでByteArrayに変換できます。こうすると、テキストを1文字ずつバイナリデータに変換し、それを配列にまとめたものが作成されます。

その後、byteArrayOfでByteArrayを作成し、それをarrの後に付け足しています。ByteArrayは、このように+で足し算することができるのです。

後はFileインスタンスを作成し、writeBytesメソッドでarrをファイルに書き出すだけです。

```
val fpath = "sample.dat"
val f = File(fpath)
f.writeBytes(arr)
```

ここでは、ファイル名は**「sample.dat」**としておきました。Fileインスタンスを作成し、writeBytesでByteArrayインスタンスを引数に指定して呼び出すだけです。テキストの場合と同様、バイナリデータも扱いは非常にかんたんなんですね。

## ◉ バイナリファイルの中身をチェック

ここではsample.datというファイルに書き出しています。プロジェクトフォルダの中に、このファイルが保存されているので、IntelliJのProjectツールウィンドウからこれをダブルクリックして開いてみましょう。画面にファイルの種類を選ぶダイアログが現れるので、ここで**「Text」**を選択してテキストファイルとして開いてみましょう。すると、入力したテキストが保存されているのがわかります。

その後に何か記号のようなものも表示されていると思いますが、これはテキストの後にバイナリデータを追加保存している部分です。テキストはこのように1文字ずつのバイナリデータを文字として認識して表示できますが、そうでない値は文字としてはうまく表示できません。バイナリファイルがテキストファイルとは違うものであることがよくわかりますね。

⊕**図4-21：ファイルをダブルクリックし、テキストファイルとして開いてみる。**

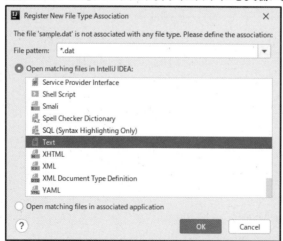

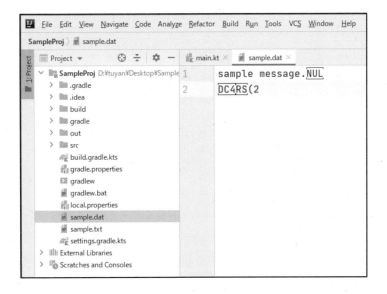

## バイナリファイルを読み込む

続いて、保存したファイルからバイナリデータを読み込む処理を考えてみましょう。以下のようにmain.ktを書き換えてください。

**○リスト4-11**

```kotlin
import java.io.File

fun main(args: Array<String>) {
    val fpath = "sample.dat"
    val f = File(fpath)
    val arr = f.readBytes()
    arr.forEach { print("${it} ") }
    println()
    arr.forEach { print("${it.toChar()} ") }
    println()
    println("finished.")
}
```

◉図4-22：sample.dataを読み込み、バイナリデータをByte値とChar値で表示する。

これは、sample.dataのバイナリデータを読み込んで、その内容を1バイトずつスペースを挟んで書き出していく例です。バイナリデータは、まずByte値（整数値）をそのまま出力し、その後でChar値（文字値）に変換したものを出力しています。Char値の出力では、先ほど入力してファイルに保存したテキストが取り出されているのがわかるでしょう。

ここでは、まずsample.dataファイルからFileインスタンスを作成しています。

```
val fpath = "sample.dat"
val f = File(fpath)
```

続いて、このFileインスタンスの「**readBytes**」メソッドを読み込んで、その内容をByteArrayインスタンスとして変数fに取り出します。

```
val arr = f.readBytes()
```

これでバイナリデータはByteArrayとして用意できました。後は、ここから順に値を取り出して出力していくだけです。

```
arr.forEach { print("${it} ") }
```

これは配列から順に値を取り出していけばいいのですが、今回は配列に用意されている「**forEach**」というメソッドを使ってみました。これは以下のように利用します。

```
配列.forEach { ……処理…… }
```

このforEachは、配列から順に値を取り出し、ブロックの処理を実行します。取り出した値は、変数itに渡されます。ここでは、print("$|it| ")と実行していますが、つまり取り出した値をそ

のままprintしていたのですね。

　続いて、バイナリデータをChar値（文字）に変換して出力する処理です。これも、forEachを使っています。

```
arr.forEach { print("${it.toChar()} ") }
```

　配列から順に値を取り出しprintするという点は同じですが、print("$|it.toChar()| ")というようにprintを実行していますね。toCharは値をChar値に変換するメソッドで、これでCharに変換したものをprintで書き出していたのですね。

　書き出しも、取り出したバイナリデータ（ByteArray）をどう利用するかは考える必要がありますが、ファイルからの読み込み作業自体はテキストとほぼ同じでかんたんに行なえます。Kotlinならば、バイナリファイルも比較的かんたんに使えるのです。

# タイマーとスレッド

Section 4-3

## kotlin.concurrentとタイマー

プログラムの処理は、基本的に一本道です。用意されている文を順番に実行していくだけです。が、ときには「**並行して異なる処理を実行する**」とか、「**時間が経ったら用意しておいた処理を実行させる**」というように、さまざまな処理を並行して扱う必要が生じることもあります。多くのプログラミング言語では、このような処理の流れを「**スレッド**」として扱えるようになっています。Kotlinでも、メインスレッドと並行してスレッドを作り、実行するような仕組みが用意されています。

こうした並行処理に関する機能は、Kotlinでは「**kotlin.concurrent**」というパッケージに用意されています。このパッケージの基本的な使い方を考えていきましょう。

まずは「**タイマー**」についてです。タイマーというのは、「**一定時間が経過したら、あらかじめ用意しておいた処理を実行する**」という機能です。これは、必ずしも「**並行処理**」ではありません。単にメインスレッドの中にタイマーによって呼び出された処理を割り込ませるだけです。が、感覚的には「**メインスレッド以外の処理を並行して実行している**」かのように扱うことができます。

このタイマーは、Javaにも用意されていますが、Kotlinのkotlin.concurrentパッケージに用意されている「**timer**」関数を利用することで非常にかんたんに利用することができます。このtimer関数は以下のように定義されています。

```
timer(
    name: String? = null,
    daemon: Boolean = false,
    initialDelay: Long = 0.toLong(),
    period: Long,
    crossinline action: TimerTask.() -> Unit
): Timer
```

| name | タイマーの名前です。 |
|---|---|
| daemon | これはtruにするとデーモンスレッド（メインスレッドに影響を与えないスレッド）として実行されます。 |
| initialDelay | 実行までの遅延時間の指定です。ミリ秒換算したLong値で指定します。 |
| period | タイマーの終了時間の指定です。これで指定した時間が経過すると用意した処理を実行します。ミリ秒換算したLong値で指定します。 |
| crossinline action | 実行する処理です。これは関数として値を用意します。TimerTaskというインスタンスが引数で渡されます。 |

（※この他、timer関数のオーバーロードとして、initialDelayの代りに「**startAt**」という引数が用意されているものもあります。これはスタートする日時をDateインスタンスで指定するものです）

| 戻り値 | java.util.Timer クラスのインスタンスが返されます。 |
|---|---|

## ◉ 基本は3つの引数

　　timer関数の基本は「**initialDelay**」「**period**」「**action**」の3つです。遅延時間、タイマー発動までの時間、実行する処理。この3つを用意すればタイマーは使えます。わかりにくいのはactionに用意する関数ですが、これは ¦……¦ というようにブロック内に処理を用意すればそれでOKです。関数内では、実行するタイマーのタスクを管理するTimerTaskというもののインスタンスがthisで得られるようになっています。

　　最後のactionの処理は、引数として用意することもできますが、引数の後に‖で指定することも可能です。すなわち、こういうことです。

```
timer(……, {……処理……})
```

↓

```
timer(……) {……処理……}
```

　　‖部分を引数の外に出したほうが見た感じもわかりやすくなりますね。どちらでも動作などはまったく変わりないので、理解しやすい書き方を使えばいいでしょう。

## ◉ デーモンスレッドについて

　　もう一つわかりにくいのは「**daemon**」という引数でしょう。これは、このtimer関数によるスレッドを「**デーモンスレッド**」として実行するためのものです。

　デーモンスレッドは、メインスレッドに影響を与えないスレッドのことです。複数のスレッドが実行されているとき、メインスレッドが終了しても、まだ他のスレッドが実行中だった場合はプログラムは終了しません。通常は、すべてのスレッドが終了したところでプログラムは終了します。

　が、デーモンスレッドはメインスレッドに影響を与えません。メインスレッドが終了すると、デーモンスレッドがまだ実行中でもプログラムは終了するようになります。

## タイマーを使う

　では、実際にタイマーを使ってみましょう。main.ktを以下のように書き換えてください。タイマーを使い、数字をカウントしていきます。

○ リスト4-12

```
import java.util.*
import kotlin.concurrent.timer

fun main(args: Array<String>) {
    var count = 0
    var t:Timer? = null
    t = timer("timer",false,0L,1000L)
    {
        println("${++count} count...")
        if (count >= 5) {
            this.cancel()
            t?.cancel()
            println("*** finished. ***")
        }
    }
}
```

◎図4-23：1〜5まで数字をカウントして終了する。

これを実行すると、「**1 count...**」「**2 count...**」と数字をカウントし、5までカウントしたところで「**\*\*\* finished. \*\*\***」と表示して終了します。この数字をカウントしている部分が、タイマーによって実行される処理です。

ここでは、以下のようにしてタイマーを実行しています。

```
var t:Timer? = null
t = timer("timer",false,0L,1000L, {……})
```

timer関数は、Timerというクラスのインスタンスを作成します。ここでは、まずTimerを保管する変数を用意しておき、これにtimer関数でTimerインスタンスを作成し代入しています。名前は"timer"とし、デーモンスレッドではなく、1000ミリ秒ごとに処理が実行されるようにしています。

## ◎ Timer と TimerTask

今回のポイントは、timer関数のaction引数に用意している関数です。ここではcount変数を1増やしてカウント数を出力し、そのカウント変数が5以上になった場合はプログラムを終了するようにしています。

```
{
    println("${++count} count...")
    if (count >= 5) {
        this.cancel()
        t?.cancel()
        println("*** finished. ***")
```

207

```
    }
}
```

ここで注目してほしいのは、countが5以上になったときに実行している2つのcancelです。これらは似ていますが実は異なります。

| this.cancel() | このthisには、TimerTaskインスタンスが設定されています。これにより、タイマーとして実行中のTimerTaskの処理が終了します。 |
|---|---|
| t?.cancel() | このtは、先に用意しておいたTimerインスタンスが代入されているものです。そこからcancelを呼び出し、タイマーを停止させます。 |

注意してほしいのは、TimerTaskとTimerです。this.cancel()でTimerTaskを停止させても、メインスレッドは終了しません。TimerTaskは、timer関数のaction引数に割り当てられているタスクで、これ自体をcancelで中断してもタイマーそのものは終了しないのです。したがって、プログラムも終了しません。

Timerのcancelによりタイマースレッド自体が終了すると、メインスレッドはすでに終了しているはずですからプログラムも終了します。

---

**Column** timerとfixedRateTimer

timer関数は、呼び出すだけでかんたんにタイマーを設定できますが、これと同じような働きをするものに「fixedRateTimer」という関数もあります。

これは、「固定レートのタイマー」です。タイマーは一定間隔ごとに処理を呼び出しますが、より正確な間隔で実行してほしいときは、このfixedRateTimerを利用します。引数などはtimerとまったく同じです。

---

## スレッドについて

タイマーのように、一定時間ごとに処理を実行するのでなく、メインスレッドと並行して処理を実行したい場合は、新たなスレッドを作成して実行することになります。これは、java.utilの「**Thread**」クラスのインスタンスを作成して行ないます。

Kotlinの場合、kotlin.concurrentパッケージにある「**thread**」関数を使うことで、非常にかんたんにスレッドを作成することができます。この関数は以下のような形をしています。

```
fun thread(
    start: Boolean = true,
```

```
    isDaemon: Boolean = false,
    contextClassLoader: ClassLoader? = null,
    name: String? = null,
    priority: Int = -1,
    block: () -> Unit
): Thread
```

| | |
|---|---|
| **start** | インスタンスを作成したらスレッドを開始するためのものです。true ならば開始します。 |
| **isDaemon** | デーモンスレッドとして実行するかどうかを指定します。true では デーモンスレッドになります。 |
| **contextClassLoader** | このスレッドで使用するクラスローダーを用意するためのものです。 |
| **name** | スレッドの名前を指定します。 |
| **priority** | 優先度を示す整数値です。数字が大きいほど優先度が高くなります。 |
| **block** | スレッドで実行するブロックです。これは引数として用意してもいい ですが、引数の後にブロックとして用意することも可能です。 |

　これらのうち、実をいえばblockの部分 (実行する処理) 以外はすべてデフォルト値が用意 されているので、不要ならば省略できます。ということは、もっともシンプルな形ならば、以下の ように記述できることになります。

```
thread { ……処理…… }
```

　これだけで、メインスレッドとは別に新しいスレッドを作成して処理を実行することが可能に なります。実にシンプルですね!

## ◉ 別スレッドで処理を実行する

　では、実際にスレッドを使って処理を実行してみましょう。ごくかんたんなものですが、数字 をカウントする処理を実行してみます。

◉リスト4-13
```
import kotlin.concurrent.thread

fun main(args: Array<String>) {
    val count = 10 //☆
    thread {
        for(n in 1..count) {
```

```
            println("* thread(${n}) *")
            Thread.sleep(100L)
        }
        println("*** finished. ***")
    }
    for(n in 1..count) {
        println("<<main(${n})>>")
        Thread.sleep(70L)
    }
    println("*** main thread finished. ***")
}
```

◉図4-24：メインスレッドと新しいスレッドでそれぞれ数字をカウントする。

これを実行すると、メインスレッドと新しいスレッドでそれぞれ1～10の数字をカウントしていきます。「**＊thread(番号) ＊**」というのが新たに作ったスレッド、「**<<main(番号)>>**」というのがメインスレッドでカウントする数字です。実行すると、両者が混在しながらカウントされていくのがわかるでしょう。同時に2つの処理が並行して動いているのです。

ここでは、thread ╎……╎というようにして新しいスレッドで処理を実行しています。この中でforを使って数字をカウントしながらprintlnをしています。ごく単純なものですが、このforでの出力と、thread ╎……╎の後にあるforによる出力が交互に書き出されていくことがわかります。この後にある部分は、当然ですがメインスレッドで実行しているのです。

## ◉ スレッドのスリープ

ただし、もし両者をただ実行するだけだったら、どちらかのスレッドでのカウントがずらっとまとめて実行されていたかも知れません。交互に出力されていったのは、forの繰り返し内で**「スレッドのスリープ」**を行なっていたからです。この文です。

```
Thread.sleep( Long値 )
```

このsleepは、引数に指定したミリ秒数だけスレッドを一時停止するものです。これを使い、スレッドの実行中に実行を止める処理を用意することで、複数のスレッドがそれぞれ少しずつ処理を進めていくようにしていたのですね。

タイマーのように一定間隔で処理を実行したい場合、threadのブロック内で繰り返しを作成し、そこでsleepを使って一定時間処理をとどめておきます。こうすることで、一定時間ごとに処理を進められるようになります。

## スレッドの優先度について

複数のスレッドで並行処理を行なうようになると、**「どのスレッドを優先すべきか」**を考える必要が出てくるでしょう。すべて同じように進めるのであればいいのですが、重要なスレッドを優先して進めてほしい場合もあります。

このような優先度を決定するのが、thread関数に用意されている**「priority」**引数です。これは1〜10の整数で優先度を指定するもので、数字が大きくなるほど優先度が高くなります。デフォルトでは-1に設定されており、マイナスの値の場合は自動調整されます（中間の**「5」**に設定されるようです）。

では、優先度が変わるとどのように違いがあるのか、実際に試してみましょう。

**◐リスト4-14**

```kotlin
import kotlin.concurrent.thread

fun main(args: Array<String>) {
    val count = 100 // ☆
    val t1 = thread(start=false, priority=1) {
        for(n in 1..count) {
            println("* thread(${n}) *")
        }
        for(m in 1..10000) {
            val l = m * m - m
```

```
    }
    println("*** finished. ***")
}
val t2 = thread(start=false, priority=10) {
    for(n in 1..count) {
        println("* THREAD(${n}) *")
    }
    for(m in 1..10000) {
        val l = m * m - m
    }
    println("*** FINISHED. ***")
}
t1.start()
t2.start()
}
```

◉図4-25：実行すると、最初にt2スレッドの処理が先行し、最後はt1スレッドの処理で終わる。

ここではt1とt2の2つのスレッドを作成し、それぞれ1〜100をカウントさせています。実行すると、まず「**THREAD(○○)**」といったt2スレッドの表示がいくつも書き出されていくのがわかるでしょう。そして最後は「**thread(○○)**」というt1スレッドの表示がまとめて書き出されていって終わります。t2の処理が優先されていることが確認できますね。☆の数字をいろいろと変えてカウント数を変更して動作がどうなるか確かめてみましょう。

ここでは、以下のようにしてスレッドを作成しています。

```
val t1 = thread(start=false, priority=1) {……}
val t2 = thread(start=false, priority=10) {……}
```

priorityの値を1と10に設定しています。そしてstartをfalseにしてスタートしないようにしておき、これらの処理の後で2つのスレッドをまとめて実行します。

```
t1.start()
t2.start()
```

これでほぼ同じ条件で2つのスレッドを実行できます。priorityの違いにより、処理の実行がどれだけ優先されるか、出力の状態を見るとよくわかるでしょう。

なお、今回スレッドで実行している処理では、forを使って繰り返し数字をカウントする他にこんなことをやっています。

```
for(m in 1..10000) {
    val l = m * m - m
}
```

これは何かというと、「**余計な演算の負荷**」を加えてるのですね。ただforでprintlnするだけだと処理が単純すぎるので、無意味な演算をループで1万回行って負荷を与えていたのです。スレッドで実行する処理が複雑で長くなるほど、優先度の影響は大きくなります。

## joinによるスレッドの優先実行

このpriorityによる優先度は、スレッド自体に設定されるものであり、各スレッドにだいたいの優先順位が決まります。が、例えば実行中に「**ここでこのスレッドの処理が終わるまで待つ**」というようなこともあるでしょう。このようなときに用いられるのが「**join**」というメソッドです。

このjoinは、特定のスレッドの処理が終わるまで待つためのものです。これはスレッドで実行している処理の中で呼び出すもので、以下のように利用します。

```
《Thread》.join()
《Thread》.join( Long値 )
```

　　引数なしで呼び出した場合は、そのスレッドの処理が完了するまで待ちます。引数にLong値を指定した場合は、そのスレッドの処理を指定のミリ秒数だけ優先的に実行します。

　　例えば、こんな具合にjoinを利用したとしましょう。

```
t1 = thread {
    ……処理……
}
t2 = thread{
    ……処理……
    t1.join(1000L)
}
```

　　すると、t2スレッド内のt1.joinが実行されるところで、t1の処理が1000ミリ秒（1秒）だけ優先して実行されます。その間、t2スレッドの処理は1000ミリ秒が経過するまで停止します。

　　このjoinは、実行する際、InterruptedExceptionという例外が発生する可能性がありますので、例外処理を考えておく必要があるでしょう。また2つのスレッド間でお互いに相手をjoinしてしまうと、**「お互いがお互いを停止させ合うデッドロック」**という状況になり、完全にプログラムが停止してしまいます。joinによる優先実行は、一定方向にのみ利用し、相互に利用しない、と考えましょう。

## ◉joinでスレッドを優先させる

　　では、実際にjoinによる優先実行がどのようなものか試してみましょう。ここでは3つのスレッドを用意し、必要に応じて特定のスレッドを停止させてみます。

◉リスト4-15
```
import kotlin.concurrent.thread

fun main(args: Array<String>) {
    val count = 10 //☆
    var t1:Thread
    var t2:Thread
    var t3:Thread

    t1 = thread {
```

```
        for(n in 1..count) {
            println("* thread(${n}) *")
            Thread.sleep(10L)
        }
        println("*** finished. ***")
    }
    t2 = thread {
        for(n in 1..count) {
            println("* THREAD(${n}) *")
            Thread.sleep(10L)
            runCatching {
                when (n % 2) {
                    0 -> t1.join(10L)
                }
            }
        }
        println("*** FINISHED. ***")
    }
    t3 = thread {
        for(n in 1..count) {
            println("* スレッド(${n}) *")
            Thread.sleep(10L)
            runCatching {
                when (n % 3) {
                    0 -> t1.join(10L)
                    1 -> t2.join(10L)
                }
            }
        }
        println("*** フィニッシュ. ***")
    }
}
```

◉図4-26：3つのスレッドを実行する。もっとも優先的に実行されるのはt1で、次いでt2、もっとも後回しになるのがt3になる。

ここではt1, t2, t3という3つのスレッドを作成し実行しています。t1ではjoinは一切用意されていません。そしてt2では必要に応じてt1.joinを、t3では必要に応じてt1.joinとt2.joinを実行しています。t2とt3の処理部分を見ると、こんな具合にjoinが行なわれているのがわかるでしょう。

## ✚t2のjoin処理

```
runCatching {
    when (n % 2) {
        0 -> t1.join(10L)
    }
}
```

## ✚t3のjoin処理

```
runCatching {
    when (n % 3) {
        0 -> t1.join(10L)
        1 -> t2.join(10L)
    }
}
```

　　t2スレッドでは、カウントしている変数nが偶数のときだけt1.join(10L)で10ミリ秒だけ実行しています。t3スレッドでは、変数nを3で割って、ゼロのときにはt1.join(10L)、1のときはt2.join(10L)を実行しています。これでt1がもっとも優先的に実行され、次にt2、t3は優先されることなく処理されるようになります。

　　その結果が、出力内容から見て取れるでしょう。t1の表示がもっとも頻繁に出力されていき、次にt2の表示が、そしてt3はもっとも表示が少ない状態となっています。

　　joinで一定時間だけ特定スレッドを優先することで、このようにスレッドの処理の進行度合いを調整できるわけです。joinは、ただメソッドを呼び出すだけで使えますから、多数のスレッドを利用する際には覚えておきたい機能ですね。

Section
**4-4**
# コルーチンの利用

## コルーチンとは?

　thread関数で作成されるスレッドは、Javaのクラスライブラリに用意されているThreadクラスを利用しています。このThreadによるスレッドは、比較的かんたんにスレッドを作成し利用できるのですが、欠点もあります。

　特に「**パフォーマンスの低下**」は大きな問題でしょう。スレッドを多数使用すると、パフォーマンスが極端に低下します。スレッドは、インスタンスの生成やJVMのガベージコレクション（不要になったオブジェクトを探して破棄する作業）などでオーバーヘッドが大きいため、スレッドが増える度に全体の処理速度はかなり低下してしまうのです。

　そこでKotlinでは、非同期処理を実行するための新しい仕組みを用意することにしました。それが「**コルーチン**」です。

　コルーチンは、非同期で実行されるコードを作成するためのものです。これは、kotlin.coroutinesというパッケージに基本的なAPIが用意されています。ただし、ここにあるものは低レベルAPIであり、これらを使ってコルーチンを利用するのはかなり大変です。そこでKotlinでは、これらをベースにした高レベルAPIとして、kotlinx.coroutinesというパッケージも用意しています。

　このkotlinx.coroutinesパッケージは標準パッケージには含まれておらず、コンソールアプリのプロジェクトなどで利用するためにはパッケージを追加する必要があります。

## Gradle Kotlin DSLでパッケージを組み込む

　では、パッケージを追加しましょう。プロジェクトにある「**build.gradle.kts**」というファイルを開いてください。これはGradle Kotlin DSLのファイルです。

　IntelliJでは、プロジェクトのパッケージ類を管理しビルドなどを行なうビルドツールを使ってプロジェクト管理を行なっています。Javaで利用されているビルドツールの一つに「**Gradle**」とういうものがあります。これはGroovyというJVM言語を利用したビルドツールで、JavaやKotlinのプロジェクトで広く利用されています。

　このGradleの機能をKotlinで書けるようにしたのが「**Gradle Kotlin DSL**」というもので

す。Gradleのビルドに関する記述をしたファイル（ビルドファイル）は「**build.gradle**」という
ファイル名で作成されますが、Gradle Kotlin DSLを利用した場合は「**build.gradle.kt**」と
いうファイル名にビルド関連の処理が記述されています。

## ◉ kotlinx-coroutines-core を追加する

では、開いたbuild.gradle.ktを見てみましょう。ここにはビルドに関する記述がされています
が、その中から以下のような文を探してください。

**◉リスト4-16**

```
dependencies {
    testImplementation(kotlin("test-junit"))
}
```

このdependenciesという項目が、依存関係にあるパッケージを指定するためのものです。こ
の‖内に、以下の文を追記してください。

**◉リスト4-17**

```
implementation("org.jetbrains.kotlinx:kotlinx-coroutines-core:1.4.1")
```

これは、kotlinx-coroutines-coreというパッケージを追加するためのものです。ここでは、
2020年11月時点での最新版である1.4.1というバージョンのものを追加しています。さらに新し
いバージョンがリリースされている場合は、最後の「**1.4.1**」の数字を書き換えれば対応でき
ます。

書き換えると、エディタの右上あたりに「**Load Gradle Changes**」というアイコンが表示さ
れるので、これをクリックしてください。これで、修正したbuild.gradle.ktをもとにプロジェクト
のパッケージ類が再構成されます。この作業が完了すれば、追加したkotlinx-coroutines-core
パッケージが利用可能になります。

◎図4-27：build.gradle.ktを修正すると、エディタ右上にアイコンが表示される。これをクリックするとプロジェクトが再構成される。

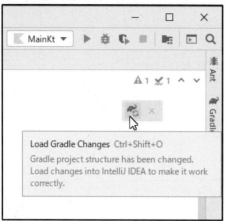

# コルーチンを使ってみる

では、実際にコルーチンを利用してみましょう。コルーチンは、CoroutineScopeと呼ばれるクラスにある**「launch」**メソッドを使って実行します。

```
《CoroutineScope》.launch {……処理……}
```

このような形ですね。これで、‖内に記述された処理が新しいコルーチンで実行されるようになります。ただし、正確にはCoroutineScopeというのはインターフェイスで、これを実装したクラスからlaunchを使うことになります。

もっとも基本となるCoroutineScopeは、**「GlobalScope」**というものでしょう。このGlobalScopeは、アプリケーションが実行されている間、常時動作するトップレベルのコルーチンを扱うためのものです。コルーチンの利用は、まずこのGlobalScopeを利用するのが基本と考えていいでしょう。

このlaunchは、その後のブロック（‖の部分）をノンブロッキングコード（非同期処理）で実行します。これはバックグラウンドで実行されるため、メインスレッドに並行して処理が実行できるようになるのです。

## ◎ コルーチンで処理を実行する

では、実際にコルーチンを使ってみましょう。ごくかんたんな数字をカウントするサンプルを作って動かしてみます。

● リスト4-18

```
import kotlinx.coroutines.*

fun main() {
    val count = 10 //☆
    GlobalScope.launch {
        for (n in 1..count) {
            println("${n} count.")
            delay(10L)
        }
        println("*** finished. ***")
    }
    for (n in 1..count) {
        println("COUNT: ${n}")
        Thread.sleep(10L)
    }
    println("<<< FINISHED. >>>")
}
```

● 図4-28：実行するとコルーチンとメインスレッドでそれぞれ数字をカウントしていく。

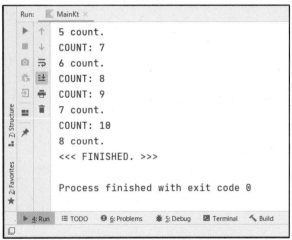

実行すると、「○○ count.」「COUNT: ○○」というように2つの形式で数字がカウントされていきます。前者がGlobalScopeのコルーチンによる表示であり、後者はメインスレッドによる表示です。これらが交互に出力されていくのがわかるでしょう。

しかし、よく表示を見てみると、ところどころで「COUNT: ○○」の表示が連続しているところが見つかるはずです。メインスレッドとコルーチンとでは完全に均等に処理が進められてい

るわけではないように見えますね。

　　両者の違いはもう一つ、**「停止時間」**にも現れます。GlobalScope.launchでは、少しだけ処理を停止するのに以下のようなものが使われています。

```
delay(10L)
```

　　これは、コルーチンの処理を一時的に停止するものです。引数にはミリ秒換算したLong値を指定します。

　　これに対し、メインスレッドでは、Thread.sleep(10L)を使っていることがわかるでしょう。delayはコルーチン内でのみ利用可能なもので、メインスレッドのようにコルーチン外では利用できないのです。

# runBlockingの利用

　　では、メインスレッド内でdelayなどコルーチンの機能を利用することはできないのでしょうか。これは、可能です。メインスレッドの部分に**「runBlocking」**という関数を用意するのです。

```
runBlocking { ……処理…… }
```

　　このrunBlockingは、ブロッキングコード（メインスレッドなどの同期処理）とノンブロッキングコード（コルーチンの非同期処理）の間の橋渡しをするものです。ブロッキングコード内にこのrunBlockingを配置することで、その部分だけをノンブロッキングコードとして実行させることが可能です。delayのようにコルーチン内でのみ利用できる機能も、このrunBlocking内では使えるようになります。

　　では、これも利用例を挙げておきましょう。先ほどのサンプルで、メインスレッドに用意したsleepをdelayに置き換えてみます。

○リスト4-19
```
import kotlinx.coroutines.*

fun main() {
    val count = 10 //☆
    GlobalScope.launch {
        for (n in 1..count) {
            println("${n} count.")
```

```
        delay(10L)
    }
    println("*** finished. ***")
}
for (n in 1..count) {
    println("COUNT: ${n}")
    runBlocking {
        delay(10L)
    }
}
println("<<< FINISHED. >>>")
}
```

やっていることは先ほどとまったく同じです。メインスレッドに用意したfor内で、runBlockingを使ってdelayを実行しています。このように、必要に応じてrunBlockingを用意することで、ブロッキングコード内にノンブロッキングコードを混在できるようになります。

# suspend関数について

ノンブロッキングコードを利用する場合、あらかじめノンブロッキングコードとして実行する処理を関数などにまとめておくこともあるでしょう。が、その場合も、関数内でdelayのようなコルーチンで使う機能を利用しているとエラーになってしまいます。

このような場合、その関数をsuspend関数として定義することでノンブロッキングコードな関数を作成することができます。

```
suspend fun 名前 ( 引数 ) {……処理……}
```

このように、関数宣言の冒頭に「**suspend**」をつけることで、その関数はsuspend関数となります。これにより、関数内ではdelayのようなコルーチン内で飲み使える機能も利用可能になります。

こうして定義された関数は、runBlockng内で呼び出すことでノンブロッキングに実行できるようになります。

では、これも実際の利用例を挙げておきましょう。

**● リスト4-20**

```
import kotlinx.coroutines.*
```

```kotlin
fun main() {
    val count = 10 //☆
    GlobalScope.launch {
        doit("First", 10, 10L)
    }
    GlobalScope.launch {
        doit("Second", 10, 10L)
    }
    Thread.sleep(300L)
    println("<<< FINISHED. >>>")
}

suspend fun doit(id:String, c:Int, w:Long) {
    for (n in 1..c) {
        println("[${id}] ${n} count.")
        delay(w)
    }
    println("*** ${id} finished. ***")
}
```

◎図4-29：実行すると2つの doit が並行して実行される。

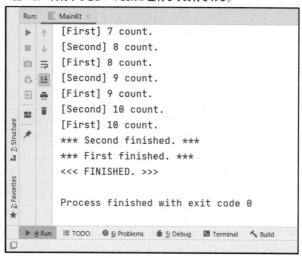

GlobalScope.launchを使い、2つのコルーチンを作成してdoit関数を実行しています。出力される内容を見ると、2つのコルーチンの処理がほぼ並行して実行されていくのがわかるでしょう。

# コルーチンのキャンセル

コルーチンで実行しているノンブロッキングコードを中断するには、そのジョブの「cancel」メソッドを呼び出します。

launchメソッドは、実は戻り値がないわけではありません。これは、「**Job**」というインスタンスを返します。これは実行中のジョブ（処理と考えていいでしょう）を扱うためのクラスで、実行状況などの情報が以下のように得られます。

| isActive | アクティブ（実行中）かどうか |
|---|---|
| isComplated | 処理が完了したかどうか |
| isCanceled | キャンセルされたかどうか |

そしてコルーチンをキャンセルする場合は、Jobにある以下のメソッドを呼び出します。

| cancel() | Jobをキャンセルします。 |
|---|---|
| cancelAndJoin() | Jobをキャンセルし、完了するまで待ちます。 |

これでコルーチンを途中でキャンセルし終了させることができます。では、実際の利用例を挙げましょう。

⭘リスト4-21

```
import kotlinx.coroutines.*

fun main() = runBlocking {
    val count = 10 //☆
    val j1 = launch {
        for (n in 1..count) {
            println("${n} count.")
            delay(10L)
            if (n == 3) {
                cancel()
                println("** j1 canceled. **")
            }
        }
        println("*** finished. ***")
    }
    val j2 = launch {
        for (n in 1..count) {
```

```
            println("COUNT: ${n}")
            delay(10L)
        }
        println("<<< FINISHED. >>>")
    }


    var c = 1
    while (true) {
        println("[j1] ${j1.isActive} ${j1.isCompleted} ${j1.isCancelled}")
        println("[j2] ${j2.isActive} ${j2.isCompleted} ${j2.isCancelled}")
        runBlocking { delay(10L) }
        if (++c == 5) {
            j2.cancelAndJoin()
            println("** j2 canceled. **")
        }
        if (j1.isCompleted && j2.isCompleted) {
            break
        }
    }
    println("===== all end =====")
}
```

⊕図4-30：2つのコルーチンをそれぞれ途中でキャンセルする。

　　ここでは、runBlocking内で2つのlaunchを実行しています。j1のコルーチンでは、n == 3で自身のcancelが呼び出されています。j2では自身の中では特にキャンセルは行っておらず、その後に用意されているwhile部分でj2.cancelAndJoin()が呼び出されています。

　　このwhileでは、2つのJobの状態を以下のようにして出力しています。

```
println("[j1] ${j1.isActive} ${j1.isCompleted} ${j1.isCancelled}")
println("[j2] ${j2.isActive} ${j2.isCompleted} ${j2.isCancelled}")
```

　　「アクティブか」「終了したか」「キャンセルしたか」のそれぞれの真偽値をまとめて出力しています。これを見れば、どこでコルーチンがキャンセルされ終了したかがよくわかります。

　　実行してみると、j1, j2ともに最後まで値をカウントせず、途中で処理が終了しています。cancelやcancelAndJoinにより処理が中断しているのです。

---

**Column** なぜ、launchだけでOK?

　　GlobalScope.launchではなく、単にlaunchだけで済んでいますが、これはこの処理全体がrunBlockingのブロック部分に記述されている（すなわち、コルーチン内で実行されている）ためです。runBlocking内の処理は、CoroutineScopeインスタンスをthisとする関数内で実行されているのです。runBlockingの処理を実行する部分の定義は、

```
runBlocking (CoroutineScope.()-> T)
```

このような形になっています。CoroutineScopeインスタンス内の処理がrunBlockingのブロック部分で実行されるような仕組みになっているため、launchだけで呼び出せる（つまり、this.launchを呼んでいる）のですね。

---

# キャンセルしないコルーチン

　　cancelによるキャンセルは、Jobインスタンスから呼び出すだけなので、キャンセルされては困るようなものもかんたんにキャンセルできてしまいます。そこで「キャンセルできないコルーチンの処理」も用意できるようにしてあります。

　　launchのブロックに、以下のような形で処理を実装します。

```
withContext(NonCancellable) {……処理……}
```

launchのブロック内にこのwithContextを用意し、その中で処理を実行させます。こうすることで、そのJobのcancelを呼び出してもキャンセルされない処理が作成されます。

では、実際の利用例を挙げておきましょう。

⊕リスト4-22

```kotlin
import kotlinx.coroutines.*

fun main() = runBlocking {
    val count = 10 //☆
    val j1 = launch {
        withContext(NonCancellable) {
            for (n in 1..count) {
                println("${n} count.")
                delay(10L)
            }
            println("*** finished. ***")
        }
    }

    var c = 1
    while (true) {
        println("[j1] ${j1.isActive} ${j1.isCompleted} ${j1.isCancelled}")
        runBlocking { delay(10L) }
        if (++c ==5) {
            println("do cancel!")
            j1.cancelAndJoin()
            println("** j2 canceled. **")
        }
        if (j1.isCompleted) {
            break
        }
    }
    println("===== all end =====")
}
```

◎図4-31：途中でcancelを呼び出してもJobは最後まで実行される。

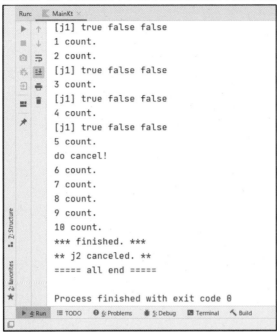

ここでは、launch内にwithContextを用意し、その中で数位をカウントしています。そしてlaunchの後にはメインスレッドでwhile処理を実行し、Cの値が5だった場合にj1.cancelAndJoin()を実行するようにしてあります。

通常ならば、「**5 count.**」が出力されたところでj1のコルーチンはキャンセルされることになるでしょう。が、実際に試してみると、ちゃんと10までカウントし、その後の「***finished. ***」まで表示してから「**j2 canceled. **」の表示がされることがわかります。withContext(NonCancellable)のブロック部分の処理が、キャンセルされずに実行されているのです。

# suspend関数による同期・非同期処理

先ほど、suspend関数というものを作成しました。この関数はrunBlocking内で実行されますが、その挙動には注意が必要です。使い方次第で同期処理にも非同期処理にもできるのですから。

実際に試してみましょう。まずは、2つのsuspend関数を用意しておきましょう（main関数の後に追記）。

**⊙ リスト4-23**

```
// import kotlin.system.measureTimeMillis 追記
```

```
suspend fun do_A(c:Int, s:Long):Long {
    val t = measureTimeMillis {
        for (n in 1..c) {
            println("[A] ${n} count =====")
            delay(s)
        }
        println("=== A finished ===")
    }
    return t
}

suspend fun do_B(c:Int, s:Long):Long {
    val t = measureTimeMillis {
        for (n in 1..c) {
            println("[B] ${n} count *****")
            delay(s)
        }
        println("*** B finished ***")
    }
    return t
}
```

どちらも働きはほぼ同じです。引数で渡された値をもとに数字をカウントしていくだけです。ただし、ここでは以下のような見慣れない関数が使われていますね。

```
変数 = measureTimeMillis {……処理……}
```

このmeasureTimeMillisは、ブロック内の処理が完了するまでにかかる時間を計測するものです。戻り値はミリ秒換算したLong値になります。これを利用することで、これらのsuspend関数の処理が完了するまでにどれだけ時間がかかったかがわかるわけです。

## ◉ 一般的なsuspend関数の実行

では、これらの関数を利用する処理を作成しましょう。まずは、単純にrunBlocking内で関数を呼び出すだけの処理です。main関数を以下のように変更してください。

**リスト4-24**

```kotlin
fun main() = runBlocking {
    val t = measureTimeMillis {
        val a = do_A(10, 10)
        val b = do_B(10, 10)
        println("<<< A=${a} & B=${b} >>>")
    }
    println("TIME: ${t}")
}
```

**図4-32：実行すると、まずdo_Aを実行してからdo_Bが実行される。**

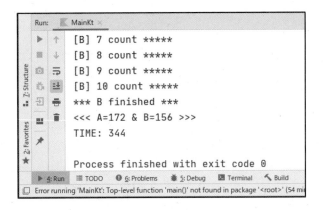

これを実行すると、do_Aとdo_Bを実行し、経過時間を表示します。試してみるとわかりますが、実行状況はおそらく予想しない形になっているでしょう。まずdo_Aの処理がすべて実行され、その後でdo_Bが実行されるのです。

まぁ、普通に考えれば、先に実行したdo_Aが終わってからdo_Bというのは自然な流れですが、runBlocking内で実行しているので、なんとなく**「どちらも非同期で実行されるんじゃないか」**と思っていた人も多いはずです。が、runBlockingは、内部の処理をコルーチンで実行するだけであり、その中に用意された処理はそのまま同期処理されていくのですね。

# suspend関数を非同期で実行する

では、do_Aとdo_bを非同期で同時に実行させていくにはどうすればいいのでしょうか。これは、「**async**」というものを使います。

```
runBlocking {
    async { ……処理……}
}
```

このように実行すると、async内の処理は非同期で実行されます。複数の処理を並行して実行させたければ、async|……|を複数用意すればいいのです。

ここではrunBlocking内で実行する前提で書きましたが、runBlockingを使わず、GlobalScopeからasyncを利用することも可能です。このようにするのです。

```
GlobalScope.async {……処理……}
```

これでも、ブロック内の処理が非同期で実行されます。どちらの書き方もできるようになっておくと便利でしょう。

## ◉ 非同期で実行してみる

では、実際にdo_Aとdo_Bを非同期で並行処理させてみましょう。main関数を以下のように書き換えてみてください。

**◉リスト4-25**

```
fun main() = runBlocking {
    val t = measureTimeMillis {
        val a = async { do_A(10, 10) }
        val b = async { do_B(10, 10) }
        a.start()
        delay(50L)
        b.start()
        runBlocking {
            println("<<< A=${a.await()} & B=${b.await()} >>>")
        }
    }
    println("TIME: ${t}")
}
```

あるいは、runBlockingを使わない書き方もできます。この場合は、以下のような形で記述すればいいでしょう。

●リスト4-26

```
fun main() {
    val t = measureTimeMillis {
        val a = GlobalScope.async { do_A(10, 10) }
        val b = GlobalScope.async { do_B(10, 10) }
        a.start()
        runBlocking {
            delay(50L)
        }
        b.start()
        runBlocking {
            println("<<< A=${a.await()} & B=${b.await()} >>>")
        }
    }
    println("TIME: ${t}")
}
```

●図4-33：実行するとdo_Aとdo_Bの表示が並行して書き出されていく。

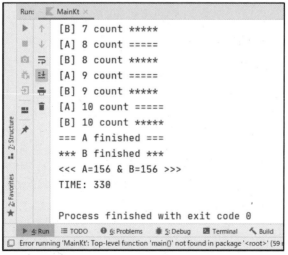

これを実行すると、do_Aとdo_Bの表示がほぼ均等に書き出されていくのがわかります。呼び出した両関数がだいたい同じように並行処理されていくのがわかるでしょう。

## ◉lazyスタートについて

このasyncは、呼び出した時点で即座に処理が実行されていきます。が、先にスレッドで
やったように、まず一通り実行する状況を用意しておいて、後からコルーチンの処理をスタート
させることもできます。これは、asyncに**「start」**という引数を用意します。

```
変数 = async(start=CoroutineStart.LAZY) {……処理……}
```

startは処理の開始に関する設定を行なうものです。引数にはCoroutineStart列挙型の値を
指定します。基本はLAZYで、これを指定することで処理のスタートが後で行なわれるように
なります。

async関数の戻り値は、**「Deferred」**というインスタンスになります。この中にある**「start」**
メソッドを呼び出すことで、CoroutineStart.LAZYで停止されていたコルーチンの処理をス
タートできます。

では、実際に試してみましょう。main関数を以下のように書き換えます。

◉リスト4-27

```
fun main() = runBlocking {
    val t = measureTimeMillis {
        val a = async(start=CoroutineStart.LAZY)
            { do_A(10, 10) }
        val b = async(start=CoroutineStart.LAZY)
            { do_B(10, 10) }
        a.start()
        delay(50L)
        b.start()
        println("<<< A=${a.await()} & B=${b.await()} >>>")
    }
    println("TIME: ${t}")
}
```

◉図4-34：do_Aがいくつか出力されてからdo_Bが表示され始める。

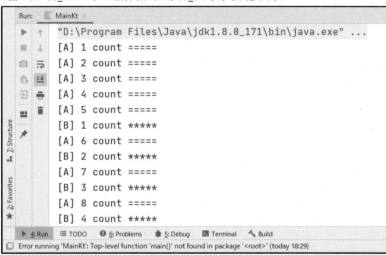

これを実行すると、do_Aの表示が連続していくつか表示されてからdo_Bの表示がされるようになります。ここでは、まず以下のようにしてlazy指定でasyncを実行しています。

```
val a = async(start=CoroutineStart.LAZY) { do_A(10, 10) }
val b = async(start=CoroutineStart.LAZY) { do_B(10, 10) }
```

これでdo_Aもdo_Bも開始されない状態でDeferredインスタンスが得られます。その後で、両者の間を少しあけて処理をスタートさせます。

```
a.start()
delay(50L)
b.start()
```

これで、do_Aを開始してから50ミリ秒経過してdo_Bが実行されるようになります。lazy指定することで、このように処理スタートのタイミングを調整できるのです。

# 非同期フロー関数

複数の関数を非同期で実行することはできるようになりました。do_Aもdo_Bも実行後に値を返します。これはすべての処理が完了したところで得られるようになっています。

ここで、こういう関数を考えてみましょう。それは「**複数の値を返す関数**」です。Pairなどではなく、リストのように1, 2, 3, ……と値が得られる、そういうものです。

このような関数を作ることはかんたんです。戻り値にListを用意すればいいのです。が、この
やり方では、**「すべての処理が完了したところですべての値をまとめて返す」**ということに
なります。

そうではなくて、例えば**「1つ1つの値を非同期で順に返していく」**というような関数はでき
ないのでしょうか。処理が非同期で実行されるのではなく、**「非同期で値が返されていく」**
関数です。

これを実現してくれるのが**「Flow」**というものです。

## ◉ フロー関数の基本形

このFlowは、指定の型の値を非同期で返していくためのものです。これは、**「flow」**関数
を使って作成します。

このFlowを利用した関数（フロー関数）は、以下のような形で作成されます。

```
fun 名前 ( 引数 ) : Flow<型> = flow {
    ……処理……
    emit( 値 )
}
```

戻り値に、返す型を総称型で指定したFlowを用意します。そして実際の処理は、flowのブ
ロック内で行ないます。ここで返す値を用意し、それを**「emit」**というsuspend関数で返しま
す。これにより、順に値が返されるようになります。

このフロー関数は、以下のような形で呼び出します。

```
関数 ( 引数 ).collect { value -> ……処理…… }
```

フロー関数は、通常の関数のように戻り値を変数に代入するような使い方はしません。なに
しろ、値が順にいくつも返されてくるのですから、ただ変数に代入するのでは処理できないで
しょう。

そこで、関数の**「collect」**というメソッドを使い、値が返された際に実行する処理を指
定します。このcollectのブロックに用意される関数では、フロー関数から返された値が引数
（value）に渡されます。これを利用して必要な処理をすればいいのです。

# フロー関数を作成する

では、実際にフロー関数を作ってみましょう。ここでは順に数字をカウントしたメッセージを返すdoit関数を作成してみます。

○リスト4-28

```
// import kotlinx.coroutines.flow.Flow
// import kotlinx.coroutines.flow.collect
// import kotlinx.coroutines.flow.flow 追記

fun doit(id:String, n:Int, s:Long): Flow<String> = flow {
    for (n in 1..n) {
        runBlocking { delay(s) }
        emit("[${id}] ${n} count.")
    }
}
```

ここでは、Flow<String>と戻り値を指定しています。これで**「Stringを返すFlow」**が戻り値に設定されます。そしてflow内では、forを使って順に値を取り出し、それをemitでメッセージにして送信しています。繰り返しemitが実行され、その度に値が返されていくようになっているわけですね。

## ◉doit関数を利用する

では、作成したdoitを利用しましょう。main関数を以下のように書き換えてください。

○リスト4-29

```
fun main() = runBlocking {
    doit("First", 10, 10).collect { value -> println(value) }
}
```

○図4-35：実行すると、順にメッセージが表示されていく。

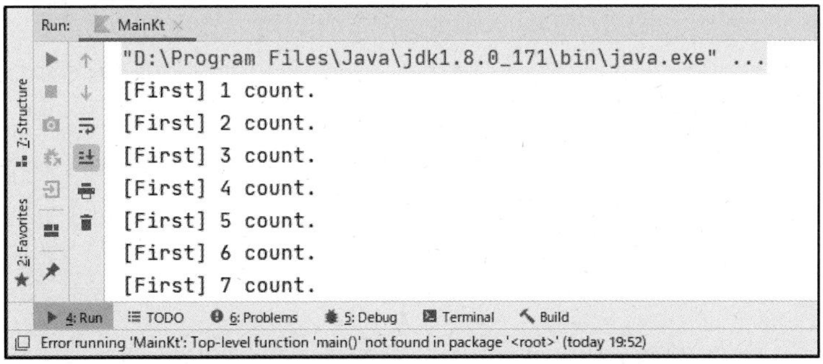

これを実行すると、doitから返されたメッセージが順に出力されていきます。collect内で引数valueの値をそのままprintlnしているのがわかるでしょう。使い方そのものはとても単純ですね。

## ◉ 非同期処理とdoitを実行する

では、doitと同時にノンブロッキングの処理を実行させてみましょう。main関数を以下のように修正してください。

**◉リスト4-30**

```
fun main() = runBlocking {
    launch {
        for (n in 1..10) {
            println(" not flow: [${n}].")
            delay(10)
        }
    }
    doit("First", 10, 10).collect { value -> println(value) }
}
```

**◉図4-36：launchで実行した処理とdoitから返された値が並行して書き出される。**

ここではlaunchを使って数字をカウントしながら出力する処理を実行しています。そしてその直後にdoitを呼び出しています。すると、launchで出力する「**not flowe: [番号].**」といった表示と、doitから返されてくる表示が混在しながら出力されていくことがわかるでしょう。doitは、まとめて値を返すのではなく、非同期で1つ1つ値を返していることがこれでわかります。

このように、フロー関数を使えば「**非同期で値が返されてくる関数**」が作成できます。一般的な「**処理を非同期で実行する**」関数だけでなく、このような関数もかんたんに作れるのがKotlinの大きな特徴といえるでしょう。

Chapter **5**

# Kotlinによる
# Androidの開発

Kotlinがもっとも使われているのは
Android開発の世界でしょう。
ここでは、Kotlinを使った
Androidアプリ開発について説明します。
Androidアプリの基本からフラグメントや
ビューモデルといった機能の使い方まで
解説していますので、しっかり読めば
かんたんなアプリぐらいは
すぐに作れるようになることでしょう。

# Android プロジェクトの基本

## Android と Kotlin

　Kotlinがもっとも広く利用されている分野といえば、なんといっても**「Androidアプリ開発」**でしょう。現在、Androidアプリの開発では、JavaとKotlinが正式に採用されており、Androidの開発環境でも両言語が標準で対応しています。そしてGoogleは、JavaよりもKotlinの利用を推奨しているのです。こうしたことから、Android開発ではKotlinを利用するプログラマが着実に増えてきています。Kotlinという言語を学ぶきっかけになったのも**「Android開発で利用するから」**という人が圧倒的に多いのではないでしょうか。

　Androidアプリの開発は、Googleが提供する**「Android Studio」**という開発ツールを利用するのが基本です。ですが、このAndroid Studioは、実はすでにみなさんが利用しているIntelliJをベースにしており、IntelliJでもまったく同様にAndroidの開発が行なえるようになっているのです。

　こうしたことから、すでにIntelliJがあるなら、今すぐにでもAndroid開発をスタートさせることが可能です。

### ◉ SDK は必要？

　Androidの開発を行なうとき、必ず必要となるのが**「SDK」**です。Kotlinには、標準でAndroidのSDKが用意されているわけではありません。そもそもAndroidは細かくAPIがバージョンアップされており、それに応じてSDKもバージョンごとに用意されています。ですから、自分が開発するAndroidのAPIに応じて対応SDKをインストールして利用する、というのが一般的な使い方です。

　では、開発の前にそうした準備をしなければいけないのか？　というと、そうでもありません。SDKの管理は、実はIntelliJ（Android Studioでも）内から可能です。プロジェクトの作成などをしながら必要に応じて環境を整えていくことも可能なのです。ですから、今すぐ何か作業をしなければAndroid開発はできない、ということはありません。IntelliJさえあれば、開発はスタートできるのです。

## ◉何を学ぶべき？

　この章では、KotlinによるAndroidアプリの開発について説明を行ないます。が、正直にいえば、Androidアプリの開発はとても短い章で説明できるようなものではありません。基本的な機能の説明だけでも分厚い本一冊分ぐらいにはなるでしょう。

　では、この章の説明を読んだだけでは何も得るものはない？ いいえ、そんなことはありません（というより、そんな説明にはしないつもりです）。限られたページ数の中でも、Android開発の基本をきちんと説明できると信じていますし、それなりの知識をみなさんが得ることは可能と考えています。

　ここで理解すべきは、細々としたメソッドなどの使い方ではなく、**「Androidのアプリとはどのように作られているのか」**という点です。どのようなクラスをベースにして、どう組み立てられているのか。画面のレイアウトはどう作成し、プログラム内からどう利用するのか。アプリ内ではどのようにデータ管理されているのか。そういった**「アプリの基本的な仕組み」**をKotlinでどのようにプログラミングするのか。それを理解してください。

　こうした基本的な部分がしっかり理解できれば、基本的なUIを組み合わせたようなアプリならばすぐにでも作成できるようになるはずです。また、そうした基本的なアプリが作れるようになれば、そこからさらにステップアップしていくことは決して難しくはないでしょう。

# Androidプロジェクトを作成する

　では、実際にAndroidアプリの開発を行ないながら、そのプログラムの内容について説明していきましょう。

　「New」メニューから「Project...」メニューを選んでプロジェクト作成のウィンドウを呼び出してください。あるいは、プロジェクトを閉じているならばWelcomeウィンドウから「**New Project**」リンクをクリックしましょう。

## ✚1.「New Project」ウィンドウ

　新たなプロジェクトを作成する「**New Project**」ウィンドウが呼び出されます。この左側のリストから「**Android**」を選んでください。これがAndroid開発のための項目になります。

　まだAndroidの開発に関するセットアップなどを一切行っていない場合は、「**Install SDK**」というボタンが一つだけ表示されます。これをクリックしましょう。

◉図5-1：「Android」項目を選択し、「Install SDK」ボタンをクリックする。

## ✚2. SDK Setup

画面に「**SDK Setup**」という表示が現れます。まだSDKがない場合は「**Missing SDK**」と表示されるでしょう。このまま「**Next**」ボタンで次に進みます。

◉図5-2：SDK Setup の画面。そのまま次に進む。

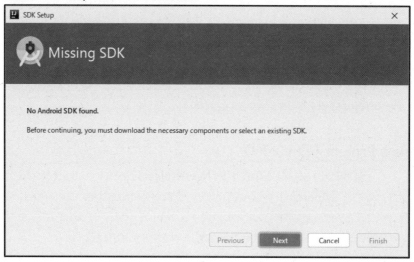

## ✚3. SDK Component Setup

画面に「**SDK Component Setup**」という表示が現れます。左側にいくつかの項目が表示され、いくつかのチェックがONになっています。これらは、インストールするSDK関連の項目です。基本的にデフォルトのままで問題ありませんので、そのまま次に進みましょう。

◉図5-3：SDK Component Setup。チェックの状態はデフォルトのままでOK。

## ✚4. Verify Settings

「**Verify Settings**」と表示されます。これはインストールする内容を一覧表示するものです。そのまま「**Finish**」ボタンでインストールを開始します。後はひたすら待つだけです。

完了したら「**Finish**」ボタンで閉じてください。Androidプロジェクト作成の図5-2の画面に戻りますので、そのまま次に進みましょう。

◉図5-4：Verify Settings 画面。内容を確認し、「Finish」ボタンで実行する。

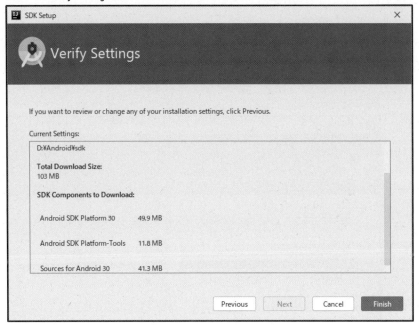

　(※ここまでの部分は、初めてAndroid開発を行なうときに必要な作業です。すでにAndroid
開発を行なったことがあれば、新しいプロジェクトの作成で次の画面からスタートします)

## ✚5. Select a Project Template

　SDKがインストールされると、「**Select a Project Template**」という画面になります。ここ
から作成するアプリのタイプを選択します。
　選択したテンプレートによって、デフォルトで用意されるファイルや表示などが変わります。
ここでは、「**Fragment + VewModel**」というテンプレートを選ぶことにしましょう。

◉図5-5：「Fragment + VewModel」を選ぶ。

## ✚6. Configure Your Project

　プロジェクトの設定を行ないます。以下の項目を入力していきますが、基本的にすべてデフォルトのままで問題ないと考えてください。設定を確認したら**「Finish」**ボタンを押せばプロジェクトが作成されます。

| Name | My Application |
|---|---|
| Package Name | com.example.myapplication |
| Save location | デフォルト |
| Language | Kotlin |
| Minimum SDK | API 26: Android 8.0(Oreo) 選択 |

�図5-6：プロジェクトの設定を行なう。

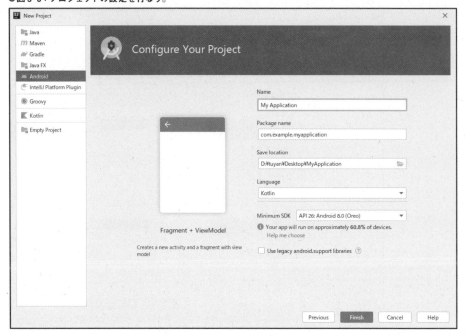

## エミュレータを設定する

　　作成されたプロジェクトは、Androidの実機をPCにつないでアプリを動かすこともできますが、SDKに用意されているエミュレータを使ってPC内で実行することもできます。

　　「**Tools**」メニューの「**Android**」内から「**AVD Manager**」というメニューを選んでください。画面にウィンドウが現れます。ここで、エミュレータの設定を作成管理します。まだ起動した段階では、エミュレータは用意されていないので何も表示されていないでしょう。では、ウィンドウの中央に見える「**Create Virtual Device...**」というボタンをクリックしましょう。

　　（※なお、現在のAndroid SDKでは高速化のためHAXMを利用しているため、HAXMに対応していないPCではエミュレータが動作しません。必ずHAXMに対応したPCを利用下さい。対応していないPCを利用している場合、エミュレータを使わず実機を接続して動作確認して下さい）

● 図5-7：AVD Manager のウィンドウ。

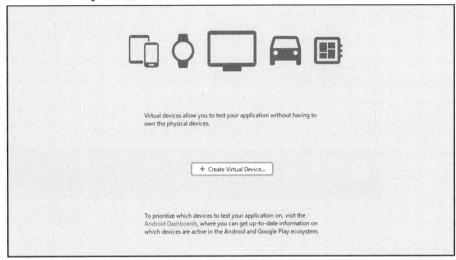

Virtual devices allow you to test your application without having to own the physical devices.

+ Create Virtual Device...

To prioritize which devices to test your application on, visit the Android Dashboards, where you can get up-to-date information on which devices are active in the Android and Google Play ecosystem.

## ✚1. Select Hardware

画面に、ハードウェアを選択するウィンドウが現れます。左側に「**TV**」「**Phone**」というようにデバイスの種類が表示され、そこからエミュレートするデバイスを選びます。

ここでは「**Phone**」から「**Pixel 3a**」を選んで次に進みます。

● 図5-8：ハードウェアの選択。Pixel 3a を選ぶ。

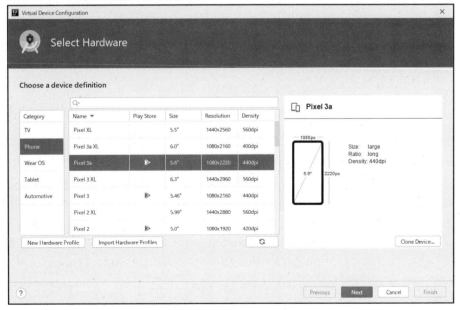

## ╋2. System Image

システムのイメージファイルを指定します。リストから使いたいシステムを選択しましょう。
ここでは「**Q**」（API 29）を使うことにします。なお、まだシステムイメージがない場合は、
「**Download**」というリンクをクリックしてください。システムイメージをダウンロードし使える
ようにしてくれます。

◉図5-9：システムイメージの選択。「Q」を選んでおく。

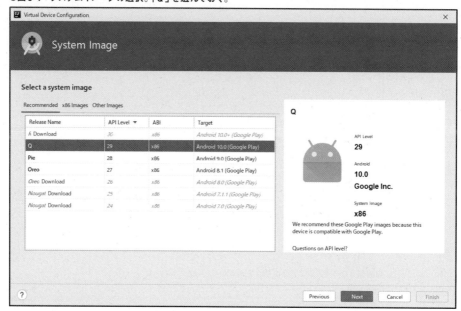

## ╋3. Android Virtual Device

仮想デバイスの設定を行なう画面になります。ここで細かな設定を入力していきます。基本
的には、デフォルトの状態のままでいいでしょう。

| AVD Name | 仮想デバイス名。「Pixel 3a API 29」となっているのでそのままでOK。 |
|---|---|
| Startup Orientation | 起動時のデバイスの向き。縦（Portrait）にしておく。 |
| Device Frame | デバイスのフレーム（機器のイメージ）の表示。ONにしておく。 |

この他、「**Show Advanced Settings**」ボタンをクリックすれば、さらに細かな設定が現
れますが、上記の3点だけチェックすれば問題はありません。「**Finish**」ボタンをクリックすれ
ば仮想デバイスの設定が作成されます。

●図5-10：仮想デバイスの設定。

これで「**Pixel 3a API 29**」という仮想デバイスが作成されました。同様の手順でAPIバージョンや画面サイズなどが異なる仮想デバイスをいくつか作成しておくとよいでしょう。

●図5-11：作成された仮想デバイス。

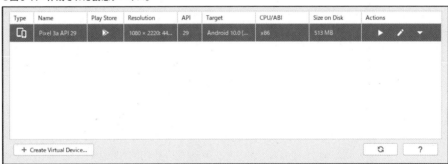

## エミュレータで実行する

では、プロジェクトのアプリをエミュレータで実行してみましょう。ウィンドウの右上を見てください。「**Pixel 3a API 29**」という表示が見えるでしょう。これをクリックすると、利用可能なデバイスがプルダウンして表示されます。実機を接続した場合は、ここに表示されます。ここからアプリを実行したいデバイスを選択します。

そしてその右側にある「**Run**」（実行）ボタンをクリックすると、アプリをビルドし、選択した
デバイスで実行します。エミュレータを選択した場合は起動まで少し時間がかかるでしょう。

●図5-12：デバイスを選び、実行ボタンをクリックする。

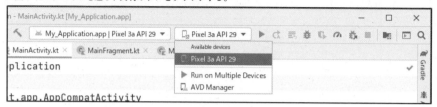

エミュレータが起動すると、画面に「**My Application**」と表示されたアプリが現れます。こ
れが、プロジェクトで作成されたアプリです。これは、ただ画面が表示されるだけでなんの機
能も持っていません。が、「**プロジェクトを作成し、そのアプリをエミュレータで実行する**」
という開発の基本的な操作はこれでできるようになりました。

●図5-13：起動したアプリ。

# アプリを構成するファイル

では、作成されたプロジェクトに目を向けましょう。プロジェクトには多数のファイルが用意されています。これらはもちろん、すべてアプリ開発に必要なものですが、しかし開発者がアプリを作る上で編集するものはそう多くはありません。

では、アプリを構成するファイルはどのようなものなのでしょうか。以下」にかんたんにまとめておきましょう。

## ✚ソースコードファイル

Kotlinのソースコード類は、「**app**」フォルダ内の「**src**」フォルダにまとめられています。この中の「**main**」フォルダ内にある「**java**」フォルダの中に、Kotlinのアプリで使うソースコードファイルがあります。「**java**」というフォルダになっていますが、中身はKotlinのソースコードファイルです。ここに、パッケージのフォルダが用意され、それらの中に各パッケージに配置されるクラスのファイルが保管されます。

デフォルトでは以下のファイルが用意されています。

| | |
|---|---|
| **MainActivity.kt** | これは「**アクティビティ**」と呼ばれるアプリのメインプログラム部分です。ここにアプリを起動してから実行される処理が用意されます。 |
| **MainFragment.kt** | これは「**フラグメント**」と呼ばれる、アプリ画面に組み込まれ表示されるアプリの本体部分の処理です。 |
| **MainViewModel.kt** | これは「**ビューモデル**」というデータ管理のための処理です。 |

## ✚リソースファイル

ソースコード以外にも、アプリでは多数のリソースファイルが使われます。これは「**app**」フォルダの「**src**」フォルダにある「**main**」フォルダの中に、「**res**」フォルダとしてまとめられています。

その多くはXMLデータのファイルと、一部イメージファイルがあるだけでそう難しいものは使っていません。ただし、XMLのデータはすべて同じわけではなく、用途によっていくつか種類が分かれます。「**res**」フォルダ内にあるいくつかのフォルダは、用途ごとにファイルが整理されているものだと考えればいいでしょう。それぞれのフォルダの役割は以下のようになります。

| | |
|---|---|
| 「**drawable(-v24)**」フォルダ | ここには、グラフィックのベクターデータを記述したXMLファイルが用意されています。 |
| 「**layout**」フォルダ | これはアプリのレイアウトを記述したXMLファイルがまとめてあります。 |

| 「mipmap-xxx」フォルダ | mipmap- で始まるフォルダ名のものは、png ファイルなどのイメージファイルが解像度ごとにまとめられています。 |
|---|---|
| 「values」フォルダ | ここにはプログラム内から利用する各種の値（色、スタイル、テキスト）を XML で記述したものがまとめてあります。 |

　アプリの開発で利用するファイルは、以上のものです。それ以外は、アプリやプロジェクトに関するさまざまな設定やビルドに関する情報などに関するもので、アプリの中で直接利用するわけではありません。

　これらはすべて「src」フォルダの「main」フォルダ内にまとめられています。アプリ開発は、この「main」フォルダ内にあるファイルの使い方を学ぶことと考えてもいいでしょう。

# MainActivity クラスについて

　では、作成されているファイルについて見ていきましょう。まずは、Kotlin のソースコードファイルからです。

　ソースコードの中で、アプリ起動時にまず実行されるのは「**MainActivity.kt**」というファイルです。これは以下のように記述されています。

○リスト 5-1

```
package com.example.myapplication

import androidx.appcompat.app.AppCompatActivity
import android.os.Bundle
import com.example.myapplication.ui.main.MainFragment

class MainActivity : AppCompatActivity() {

  override fun onCreate(savedInstanceState: Bundle?) {
    super.onCreate(savedInstanceState)
    setContentView(R.layout.main_activity)
    if (savedInstanceState == null) {
      supportFragmentManager.beginTransaction()
        .replace(R.id.container, MainFragment.newInstance())
        .commitNow()
    }
  }
}
```

最初にpackage com.example.myapplicationと記述がされていますね。この「**package ○○**」という記述は、このクラスがどのパッケージに配置されるかを示すものです。これは、com.example.myapplicationというパッケージに配置されたことを示します。

そしてその後に「**MainActivity**」というクラスが定義されています。これは以下のように記述をします。

```
class MainActivity : AppCompatActivity() {

  override fun onCreate(savedInstanceState: Bundle?) {
    ……実行する処理……
  }

}
```

MainActivityクラスは、「**AppCompatActivity**」というクラスを継承して作られています。これが、アプリの基本といえます。以前は、アプリの基本は「**Activity**」クラスというものであり、Androidの入門書の多くにはそう書かれていることでしょう。Androidのアプリは、この「**アクティビティ**」と呼ばれる画面に表示されるクラスとして作成するのです。

このAppCompatActivityというクラスは、androidx.appcompat.appというパッケージに配置されるクラスです。これまで、Androidの基本的なクラスは「**android**」で始まる名前のパッケージにおかれていました。「**androidx**」という名前のパッケージは、Androidの基本的な部分を再構築して新たに作り直したクラス類がまとめられているところです。この新たに作り直したパッケージ類は「**Jetpack（ジェットパック）**」と呼ばれており、新しいAndroid開発で重要な役割を果たしています。

AppCompatActivityクラスは、Jetpack時代の新しいアクティビティのクラスといってよいでしょう。これはバージョンごとに分断されたアクティビティの機能などを取り込み、どのAPIバージョンでもだいたい同じようなコードで開発できるようにしています。現在、Androidのアプリを開発するなら、このAppCompatActivityを継承してクラスを作るのが基本といってもいいでしょう。

## ◉ onCreate メソッド

このMainActivityクラスには「**onCreate**」というメソッドが一つだけ用意されています。これは以下のように記述されています。

```
override fun onCreate(savedInstanceState: Bundle?) {……}
```

このonCreateは名前の通り、このアクティビティのインスタンスが生成される際に呼び出されます。ここで、画面に表示する内容や機能などを用意していくのがMainActivityの仕事といっていいでしょう。ここでは、まずスーパークラスにあるonCreateメソッドを呼び出します。

```
super.onCreate(savedInstanceState)
```

superのonCreateを呼び出すことで、スーパークラスのonCreateが実行されます。onCreateはスーパークラスでもそれぞれに必要な処理を実行していることが多いので、最初にこうしてスーパークラスのonCreateを呼び出しておきます。

## ◉ レイアウトの表示

その次に実行しているのが、「コンテントビュー」というものにmain_activity.xmlのレイアウトを組み込む作業です。コンテントビューとは、画面に表示するコンテンツを設定しておくためのものです。アクティビティにはこのコンテントビューというものが用意されており、ここに設定された内容がそのまま画面に表示されます。

```
setContentView(R.layout.main_activity)
```

setContentViewはAppCompatActivityの表示内容を設定するものです。引数には、用意されている値（定数）を設定します。

先ほど「アプリにはリソースファイルとしてXMLファイルが多数用意されており、それらの中にはレイアウトを定義したファイルもある」と説明しましたね。それを利用しているのが、このsetContentViewの引数です。R.layout.main_activityというのは、「layout」フォルダにある「main_activity.xml」というファイルのリソースを示します。このファイルから生成されたレイアウトの情報をsetContentViewで画面に表示していたわけですね。

## ◉ MainFragment の設定

その後に、if (savedInstanceState == null) という条件文がありますね。これは引数に設定されたBundleというものがnullかどうかをチェックするものです。Bundleというのは、例えば他のところからアクティビティが呼び出されたりしたときに必要な情報がまとめて送られるものです。これがnullというのは、つまりアプリを起動したときに必要な処理を行なうようにしている、ということです。

ここでは、以下のようなかなりわかりにくい文を実行しています。

```
supportFragmentManager.beginTransaction()
  .replace(R.id.container, MainFragment.newInstance())
  .commitNow()
```

長いですが、すべてひとつづきになっている文です。これはオブジェクトからメソッドを呼び出し、そこからさらにメソッドを……というようにメソッドを連続して呼び出しています（メソッドチェーンといいます）。ざっと流れをまとめておきましょう。

| supportFragmentManager | フラグメントを管理するクラスのインスタンス |
| --- | --- |
| beginTransaction() | 一連の処理を開始する |
| replace(……) | container という id に MainFragment を置き換える |
| commitNow() | 処理を実行 |

わかりやすくいえば、コンテントビューに設定されたmain_activityのレイアウトの中からcontainerというIDの部分を調べて、それをMainFragmentの内容に置き換える、という作業を行なっているのですね。

これは「フラグメント」と呼ばれるレイアウトの機能のためのものです。これについては後述するので、ここでは「フラグメントというものを組み込んでいるんだ」ということだけわかっていれば十分です。

以上、MainActivityというクラスのソースコードは、「onCreateで、アクティビティが生成されたらmain_activityのリソースによるレイアウトをコンテントビューに設定し、さらにその中のcontainerというところにMainFragmentというフラグ面を組み込む」ということを行なっていたのですね。

## レイアウトファイルについて

基本的な流れがわかると、「それじゃ、main_activityというのはどうやってレイアウトを定義しているのだろう」ということに興味がいくでしょう。では「layout」フォルダにあるmain_activity.xmlファイルを開いてみましょう。画面に、図5-14のような表示が現れたことでしょう（XMLのソースコードが表示された人もいるはずです。これについては後述します）。

これは、Android開発のプラグインに組み込まれているレイアウトのデザイナです。このデザイナでは、左側にUIコンポーネントを並べたパレット、中央にデザインするエリア、そして右側にコンポーネントの設定（属性）といったものがビジュアルに表示されています。左側のパレットからコンポーネントを中央のデザインエリアにドラッグ＆ドロップして配置し、右側の属性を編集することでさまざまな部品を配置しレイアウトできるようになっているのです。

◉図5-14：レイアウトのデザイナ画面。

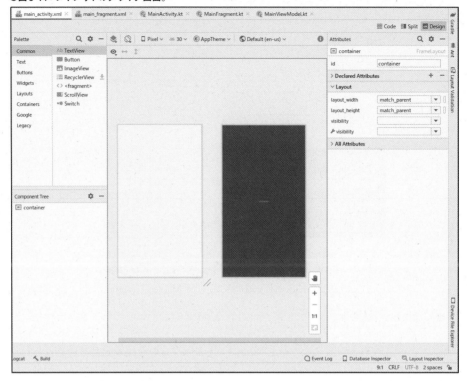

## ◉ デザインとコードの切り替え

このデザイナの右上に「**Code**」「**Split**」「**Design**」というボタンが見えるでしょう。これ
は、エディタのモードを切り替えるためのものです。

| Code | ソースコードエディタ。XMLを直接編集します。 |
|---|---|
| Split | ソースコードエディタとデザイナを分けて表示します。 |
| Design | デザイナ。マウスでビジュアルにデザインするものです。 |

これらは、どのモードで編集しても構いません。レイアウトファイルはXMLファイルであり、デザ
イナはビジュアルに操作することでXMLのソースコードを書き換えているだけです。どのモードで
あっても、ソースコードのXMLを修正しているという点では同じことをしているのです。

**◎図5-15：Splitモードにしたところ。XMLのソースコードエディタとデザイナが表示される。**

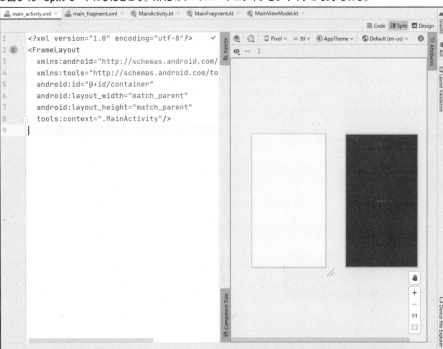

# レイアウトのソースコード

では、「**Code**」ボタンをクリックしてソースコードエディタに切り替えましょう。そして記述されているXMLのソースコードを見てみましょう。するとこのようになっているのがわかります。

**◎リスト5-2**

```
<?xml version="1.0" encoding="utf-8"?>
<FrameLayout
  xmlns:android="http://schemas.android.com/apk/res/android"
  xmlns:tools="http://schemas.android.com/tools"
  android:id="@+id/container"
  android:layout_width="match_parent"
  android:layout_height="match_parent"
  tools:context=".MainActivity"/>
```

<FrameLayout>というタグが一つ用意されているだけです。ここに細かな属性が用意されているのがわかるでしょう。この中で重要なのは以下の3つの属性です。

## ✚コンポーネントの ID

```
android:id="@+id/container"
```

配置されているコンポーネント (UIの部品) には、IDが割り当てられます。このIDは、"@+id/名前"という形式になっています。ここでは、containerというIDを割り当てていたわけです。

## ✚横幅／高さの調整方式

```
android:layout_width="match_parent"
android:layout_height="match_parent"
```

コンポーネントの幅は、「**match_parent**」と「**wrap_content**」のいずれかで設定します。

| match_parent | コンポーネントが表示されるエリアに合わせて調整します |
|---|---|
| wrap_content | コンポーネントの表示に応じて自動調整します |

このように、コンポーネントのタグには、そのコンポーネントがどのように表示され振る舞うかを示す属性が多数用意されています。それらを必要に応じて追加していくことでコンポーネントを設定していくのです。

これで、アクティビティとレイアウトというもっとも基本的な部分がわかりました。まだ説明していないものもありますが、とりあえずここまでのことがわかれば、アプリの基本は理解できたと考えていいでしょう。

## コンポーネントを追加する

では、基本的なコンポーネントを追加してかんたんな操作をしてみることにしましょう。activity_main.xmlを開き、その内容を以下のように変更してください。

●リスト5-3

```xml
<?xml version="1.0" encoding="utf-8"?>
<androidx.constraintlayout.widget.ConstraintLayout
    xmlns:android="http://schemas.android.com/apk/res/android"
    xmlns:app="http://schemas.android.com/apk/res-auto"
    xmlns:tools="http://schemas.android.com/tools"
    android:id="@+id/main"
    android:layout_width="match_parent"
    android:layout_height="match_parent"
    tools:context=".ui.main.MainFragment">

    <TextView
        android:id="@+id/message"
        android:layout_width="match_parent"
        android:layout_height="wrap_content"
        android:text="Hello"
        app:layout_constraintVertical_bias="0.05"
        android:textSize="30sp"
        android:padding="10sp"/>
    <EditText
        android:id="@+id/editText"
        android:layout_width="match_parent"
        android:layout_height="wrap_content"
        android:inputType="text"
        android:text=""
        android:ems="10"
        app:layout_constraintTop_toBottomOf="@id/message"
```

```
        android:textSize="24sp"
        android:padding="10dp"
        tools:ignore="MissingConstraints" />
    <Button
        android:id="@+id/button"
        android:text="Button"
        android:layout_width="match_parent"
        android:layout_height="wrap_content"
        app:layout_constraintTop_toBottomOf="@id/editText"
        android:padding="20dp"
        tools:layout_editor_absoluteX="0dp"
        android:layout_marginTop="20dp"
        tools:ignore="MissingConstraints" />

</androidx.constraintlayout.widget.ConstraintLayout>
```

　　ここでは、レイアウトに関するコンポーネントと、基本的な**「テキスト表示」「テキスト入力」「ボタン」**といったUIのコンポーネントを用意してみました。

`<androidx.constraintlayout.widget.ConstraintLayout>`

　　ここでは、`<?xml>`の後にConstraintLayoutというコンポーネントのタグを配置しています。`<FrameLayout>`というフラグメントのタグは今回は使っていません。つまり、フラグメントは使わず、レイアウトしたものを直接表示するようにしました。

　　このConstraintLayoutというレイアウトは**「コンテナ」**と呼ばれる種類の部品です。コンテナは、自身の中にコンポーネントを組み込み配置するためのものです。このConstraintLayoutは、内部のコンポーネントの配置や関連などをもとに全体をレイアウトするためのものです。うまくレイアウトするためには細かな属性をいろいろと用意しないといけないのですが、画面サイズなどが異なってもうまくレイアウトを調整できるため、よく利用されます。

`<TextView>`

　　これは、テキストを表示するためのコンポーネントです。android:textという属性に表示するテキストを設定します。また、android:textSizeというものでフォントサイズも調整することができます。

`<EditText>`

1行だけのテキストを入力するフィールドのコンポーネントです。入力したテキストは android:textで設定できます。またフォントサイズもandroid:textSizeで設定でき、基本的なテキストの設定はTextViewとほぼ同じです。

<Button>

タップして処理を実行する、いわゆるプッシュボタンのコンポーネントです。

# ボタンクリックの処理を作成する

では、新しく用意したレイアウトを利用するプログラムを作成しましょう。MainActivity.ktを開き、以下のように内容を修正してください。

**⦿リスト5-4**

```
package com.example.myapplication

import androidx.appcompat.app.AppCompatActivity
import android.os.Bundle
import com.example.myapplication.ui.main.MainFragment
import kotlinx.android.synthetic.main.main_fragment.*

class MainActivity : AppCompatActivity() {

  override fun onCreate(savedInstanceState: Bundle?) {
    super.onCreate(savedInstanceState)
    setContentView(R.layout.main_activity)
    // ☆ボタンタップ処理
    button.setOnClickListener {
      val txt = editText.text
      message.text = "Hello, ${txt}!"
    }
  }
}
```

◉図5-16：EditText に名前を記入し、ボタンをタップすると、「Hello,○○！」とメッセージを表示する。

修正できたらプロジェクトをエミュレータで実行しましょう。アプリにはテキストの入力フィールドとボタンが表示されます。フィールドに名前を記入してボタンをタップすると、「**Hello, ○○！**」とメッセージが表示されます。ごく単純ですが、ボタンタップでコンポーネントの値を操作する処理が実行されていることがわかりますね。

## ◉ ボタンのクリックイベント

では、ここで行っている「**ボタンをタップするとメッセージを表示する**」という処理がどうなっているのか見てみましょう。これは、onCreateメソッドに用意している、このような処理で行っています。

```
button.setOnClickListener {……}
```

buttonというのは、<Button>で作成したコンポーネントのインスタンスが代入された定数です。<Button>タグにandroid:id="@+id/button"というようにIDを指定していたのを思い出してください。

レイアウトに配置したコンポーネント類は、ID名の定数として用意されます。ここでは、以下の3つの定数が用意されています。

| button | android:id="@+id/button" の <Button> |
| editText | android:id="@+id/editText" の <EditText> |
| message | android:id="@+id/message" の <TextView> |

## ◉ ClickListener の組み込み

そして、「**setOnClickListener**」というのは、このButtonに「**ClickListener**」というものを設定するメソッドです。ClickListenerとは、クリック（スマホではタップ）したときのイベント処理を行なうための専用クラスです。

このClickListenerは、インターフェイスとして用意されています。そしてそこには、クリック時に呼び出されるメソッドが一つだけ用意されています。インターフェイスにメソッドが一つ——何か思い出しませんか？ そう、「**SAM（Single Abstract Method）インターフェイス**」というものですね。

SAMでは、インスタンスにそのままメソッドの処理をブロックとして記述することができました。つまり、button.setOnClickListener {……} とすれば、ボタンをタップしたときの処理が作成できるわけです。

## ◉ EditText と TextView のテキスト

ここでは、EditTextから入力されたテキストを取り出し、それを使ったメッセージをTextViewに表示する、ということを行なっています。

```
val txt = editText.text
message.text = "Hello, ${txt}!"
```

EditTextもTextViewも、テキストはandroid:textという属性として用意されました。これは、そのままtextというプロパティとしてコンポーネントクラスに用意されるのです。android:○○といった属性は、そのままandroid:を取り除いた名前でプロパティとして用意されているのですね。

# フラグメントを使う

これで、レイアウトにUIコンポーネントを配置し、タップして操作する、といった基本的な処理はできました。ここでは、すべてmain_activity.xmlに配置し、MainActivityの中で処理をしていましたね。

が、プロジェクトで作成されたアプリは、本来、フラグメントという機能を使うようになっていたはずです。今度は、このフラグメントを利用して動くようにしてみましょう。

## ◉ フラグメントとは？

このフラグメントというのは一体どういうものなのか？　それは、アクティビティの画面内に組み込まれる表示のための部品のようなものです。

今作成したやり方は、アクティビティにレイアウトを読み込んでそのまま表示する、というものでした。これはかんたんに表示を作れますが、しかし画面サイズなどに応じた調整などは難しくなります。

例えば、スマホとタブレットで同じアプリを動かすことを考えてみましょう。そのとき、まったく同じレイアウトではあまり使いやすくはならないでしょう。画面サイズや縦横比に応じて表示も変わるようにしたほうがはるかに使いやすくなるはずです。例えばGmailのようなメールアプリは、スマホでは**「メールの一覧リストをタップするとメールの内容が表示される」**というように表示を切り替えているものが多いでしょう。が、タブレットならば**「左側にメールのリストを表示して選択すると右側に内容が表示される」**というような作りが可能です。

このように、画面に応じてレイアウトを変えるためには、アプリに表示される内容をいくつかの部品に分割し、必要に応じてそれらを組み合わせて表示するような仕組みを用意しないといけません。それが**「フラグメント」**なのです。

フラグメントにより、一つの画面内に複数の部品を並べて配置したりすることも可能になります。サンプルで作成したアプリには一つしかフラグメントが用意されていませんが、使い方の基本がわかればいろいろと応用が利く技術なのです。

●図5-17：フラグメントで表示を部品に分割し、スマホとタブレットでレイアウトを変更すると使いやすいアプリになる。

※スマートフォン　　　　　　　　　　　　　※タブレット

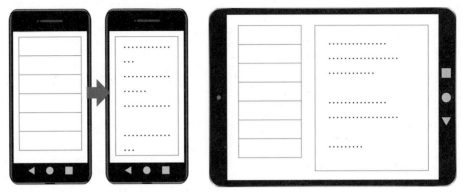

## ◉ レイアウトを修正する

では、レイアウトを修正しましょう。先ほど作ったレイアウトを再利用する形で考えることにします。

| main_activity.xml | 初期状態のリスト5-2に戻す。 |
|---|---|
| main_fragment.xml | 先ほどのリスト5-3を記述する。 |

## ◉ MainActivityをもとに戻す

続いて、先ほど修正したMainActivity.ktの内容を、初期状態のリスト5-1に戻してください。これで、main_activity.xmlの＜Fragment＞タグにmain_fragment.xmlの内容がはめ込まれて表示される、という最初の状態に戻りました。

後は、フラグメント側のプログラムを作成するだけです。

# MainFragmentでフラグメントの処理を行なう

main_fragment.xmlのフラグメントで行なわれる処理は、「**MainFragment.kt**」というソースコードファイルに用意されています。ここにはデフォルトでフラグメントのための基本的なコードが書かれています。これをベースに、コンポーネントを利用する処理を追記しましょう。

●リスト5-5

```
package com.example.myapplication.ui.main
```

```
import android.os.Bundle
import androidx.fragment.app.Fragment
import android.view.LayoutInflater
import android.view.View
import android.view.ViewGroup
import com.example.myapplication.R
import kotlinx.android.synthetic.main.main_fragment.*

class MainFragment : Fragment() {

  companion object {
    fun newInstance() = MainFragment()
  }

  override fun onCreateView(inflater: LayoutInflater, container: ViewGroup?,
    savedInstanceState: Bundle?): View {
      return inflater.inflate(R.layout.main_fragment, container, false)
  }

  override fun onActivityCreated(savedInstanceState: Bundle?) {
    super.onActivityCreated(savedInstanceState)
    // ※ボタンのイベント処理
    button.setOnClickListener {
      val txt = editText.text
      message.text = "you typed:'${txt}'."
    }
  }
}
```

　ここでは、MainFragmentクラスのonActivityCreatedというメソッドにボタン操作のイベント処理を用意してあります。他、いくつか修正しているところがありますが、基本的な内容はデフォルトのソースコードとそれほど大きく違ってはいません。
　修正できたら、実際にアプリを実行して動作を確認しておきましょう。

⊕図5-18：アプリを実行する。表示や動作は先のサンプルとだいたい同じだ。

## Fragmentクラスの基本処理

では、MainFragmentクラスがどのようになっているのか、内容を見てみましょう。まず、この
クラスがどのような形で宣言されているのか確認しておきましょう。

```
class MainFragment : Fragment()
```

「**Fragment**」というクラスを継承していることがわかります。これが、フラグメントのベース
となるものです。フラグメントのクラスは、すべてこのFragmentを継承して作られます。

## ◉ コンパニオンオブジェクト

最初に、以下のようなコンパニオンオブジェクトが用意されていますね。これは、この MainFragment 自身のインスタンスを作成するためのものです。

```
companion object {
  fun newInstance() = MainFragment()
}
```

これで、newInstance で MainFragment インスタンスが得られるようになりました。このメソッドはコンパニオンオブジェクト内にありますから、MainFragment から直接呼び出して使えます。

# ◉ onCreateView メソッド

クラス内には、Fragment に用意されているメソッドのオーバーライドが2つ用意されています。一つは、「**onCreateView**」というメソッドで、以下のものです。

```
override fun onCreateView(inflater: LayoutInflater, container: ViewGroup?,
        savedInstanceState: Bundle?): View {
    return inflater.inflate(R.layout.main_fragment, container, false)
}
```

引数に見たことのないものがいくつも使われていて難しそうに感じるでしょうが、このメソッドでは return……という文を実行しているだけです。これは、main_fragment.xml のリソースからフラグメントのレイアウトをロードし表示として設定しているものです。

難しそうに見えますが、実をいえばこのメソッドはデフォルトの状態のままで書き換えたりすることはほとんどありません。そのままにしておけばいい、そういうメソッドなのです。ですから、慣れないうちは1つ1つの引数やメソッドの働きなどまで深く理解する必要はありません。「**よくわからないが、デフォルトのままにしておけばフラグメントの表示をちゃんと作ってくれるらしい**」ということだけわかればいいのです。

# ◉ onActivityCreated メソッド

開発者が使うのは、もう一つの「**onActivityCreated**」というメソッドです。これがフラグメントを使う際に必要な処理などを用意しておくところになります。MainActivity にあった onCreated に相当するようなものと考えればいいでしょう。

このメソッドは、以下のような形をしています。

```
override fun onActivityCreated(savedInstanceState: Bundle?) {……}
```

引数には、Bundleというインスタンスが渡されています。これ、MainActivityのonCreatedでも用意されていましたね？ 他からこのフラグメントがアクティブにされたようなときに、必要な情報をこのBundleで渡します。そういう状況が来たら使いますが、そうなるまでは特に利用することはないでしょう。

ここでは、まずスーパークラスにあるonActivityCreatedメソッドを呼び出しています。

```
super.onActivityCreated(savedInstanceState)
```

これは、「**最初にやっておくこと**」と考えてください。これでスーパークラスにあるonActivityCreatedの処理が実行されます。後は、このフラグメントに必要な機能などをここに記述していくだけです。

今回は、ボタンのイベント処理を以下のように追加してあります。

```
button.setOnClickListener {
  val txt = editText.text
  message.text = "you typed:'${txt}'."
}
```

内容的には、先にMainActivityに用意したものとほとんど同じですからだいたいわかるでしょう。editTextからテキストを取り出して、messageに表示しているだけですね。

## ◉ フラグメント利用のポイント

以上でMainFragmentクラスの処理は終わりです。よくわからなかったかも知れないので、かんたんに整理しておきましょう。

まず、フラグメントクラスの基本形を頭に入れておきましょう。このクラスはこういう形をしています。

```
class クラス : Fragment() {

  // インスタンスを作るnewInstanceを用意
  companion object {
    fun newInstance() = MainFragment()
```

```
  }

  // フラグメントを作る。このまま触る必要なし！
  override fun onCreateView(inflater: LayoutInflater, container: ViewGroup?,
    savedInstanceState: Bundle?): View {
      return inflater.inflate(R.layout.main_fragment, container, false)
  }

  override fun onActivityCreated(savedInstanceState: Bundle?) {
    super.onActivityCreated(savedInstanceState)
    ……ここに、必要な処理を書いていく……
  }
}
```

とても難しそうに見えますが、その大半は「**触る必要も、すぐに理解する必要もないもの**」です。「**onActivityCreatedメソッドのsuper.onActivityCreatedの後に必要な処理を書く**」ということさえわかっていれば、フラグメントクラスは使えるのです。

# トーストを表示する

基本がわかったところで、Androidでよく利用される基本的な機能をいくつか使ってみましょう。まずは「**トースト**」からです。

トーストは、ちょっとしたメッセージを画面に表示するためのものです。かんたんな文を実行するだけで、画面の下部にメッセージを表示させることができます。このトーストは以下のように利用します。

## ✚インスタンス作成

```
Toast.makeText(《Context》, テキスト, 長さ )
```

## ✚トースト表示

```
《Toast》.show()
```

Toastは、まず「**makeText**」でインスタンスを作成します。引数は3つあります。これらはそれぞれ以下のようなものを指定します。

| Context | トーストを表示する画面と考えてください。通常はアクティビティを指定します。 |
| テキスト | 表示するテキストです。 |
| 長さ | どのぐらいの間、メッセージを表示するかです。Toastクラスにある「LENGTH_SHORT」「LENGTH_LONG」のいずれかを指定します。 |

これらを指定してインスタンスを作成し、showメソッドを呼び出せば、画面下部にメッセージが表示されます。

## ◉ トーストを表示する

では、実際にトーストを呼び出してみましょう。MainFragmentクラスのonActivityCreatedメソッドを以下のように修正してください。

**●リスト5-6**

```
// import android.widget.Toast 追記

override fun onActivityCreated(savedInstanceState: Bundle?) {
  super.onActivityCreated(savedInstanceState)
  button.setOnClickListener {
    val txt = editText.text
    Toast.makeText(
      activity, "こんにちは、${txt}さん。",
      Toast.LENGTH_SHORT
    ).show()
  }
}
```

◎図5-19：ボタンをタップすると、メッセージがトーストで表示される。

　先ほどと同じように入力フィールドに名前を書いてボタンをタップすると、画面の下部にメッセージが表示されます。これがトーストです。ここでは、以下のように呼び出していますね。

```
Toast.makeText(
    activity, "こんにちは、${txt}さん。",
    Toast.LENGTH_SHORT
).show()
```

　第1引数のアクティビティは、activityプロパティで得ることができます。後は表示するテキストと長さを示す値を指定し、showを呼び出すだけです。
　トーストは、ちょっとしたメッセージを画面に表示するのに多用されます。Androidのメッセージ表示の基本といっていいでしょう。

# その他の入力コンポーネント

　基本的なUIコンポーネントの使い方がわかったところで、その他の入力に使うコンポーネントの使い方についても見ておきましょう。ここでは比較的よく利用されるものとして、**「スイッチ」「ラジオボタン」「シークバー」** を使ってみます。

　まず、レイアウトにこれらのコンポーネントを追加しましょう。main_fragment.xmlの内容を以下のように書き換えます。

● リスト5-7

```
<?xml version="1.0" encoding="utf-8"?>
<androidx.constraintlayout.widget.ConstraintLayout
    xmlns:android="http://schemas.android.com/apk/res/android"
    xmlns:app="http://schemas.android.com/apk/res-auto"
    xmlns:tools="http://schemas.android.com/tools"
    android:id="@+id/main"
    android:layout_width="match_parent"
    android:layout_height="match_parent"
    tools:context=".ui.main.MainFragment">

    <TextView
        android:id="@+id/message"
        android:layout_width="match_parent"
        android:layout_height="wrap_content"
        android:text="Hello"
        app:layout_constraintVertical_bias="0.05"
        android:textSize="30sp"
        android:padding="10sp"/>

    <Switch
        android:text="Switch"
        android:layout_width="match_parent"
        android:layout_height="wrap_content"
        android:id="@+id/switch1"
        app:layout_constraintTop_toBottomOf="@id/message"
        android:padding="10sp"
        android:textSize="20sp"
        tools:ignore="MissingConstraints" />

    <RadioGroup
        android:id="@+id/radioGroup"
```

```
        android:layout_width="match_parent"
        android:layout_height="wrap_content"
        app:layout_constraintTop_toBottomOf="@id/switch1"
        android:padding="10sp"
        android:textSize="20sp"
        tools:ignore="MissingConstraints" >
        <RadioButton
          android:text="Radio A"
          android:padding="10sp"
          android:textSize="20sp"
          android:layout_width="match_parent"
          android:layout_height="wrap_content"
          android:id="@+id/radio1"/>
        <RadioButton
          android:text="Radio B"
          android:padding="10sp"
          android:textSize="20sp"
          android:layout_width="match_parent"
          android:layout_height="wrap_content"
          android:id="@+id/radio2"/>
    </RadioGroup>

    <SeekBar
        android:layout_width="match_parent"
        android:layout_height="wrap_content"
        android:id="@+id/seekBar"
        app:layout_constraintTop_toBottomOf="@id/radioGroup"
        android:padding="10sp"
        tools:ignore="MissingConstraints" />

</androidx.constraintlayout.widget.ConstraintLayout>
```

◉図5-20：スイッチ、ラジオボタン、シークバーを配置したところ。

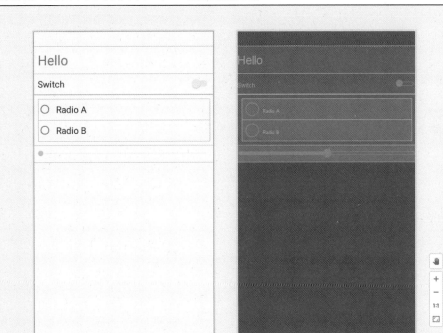

## ✚ スイッチ

スイッチは、〈Switch〉というタグで記述します。タップしてON/OFFする、いわゆるパソコンのチェックボックスのような使い方をするものです。チェックの状態はandroid:checkedという属性で設定でき、trueにするとONになります。

## ✚ ラジオボタン

ラジオボタンは、「ラジオグループ (RadioGroup)」という複数のラジオボタンをグループとして扱うためのコンテナを用意し、その中に「ラジオボタン (RadioButton)」を配置して作成します。ざっと以下のような形ですね。

```
<RadioGroup>
  <RadioButton>
  <RadioButton>
  ……略……
</ RadioGroup>
```

選択状態は、スイッチと同様、ラジオボタンのandroid:checkedの属性で設定できます。

## ✚シークバー

パソコンなどではスライダーと呼ばれることが多いでしょう。バーに操作用のノブが付いていて、これをドラッグして値を入力します。値の範囲は、デフォルトで0〜100に設定されています。この範囲は、android:minとandroid:maxで下限と上限を設定することができます。また現在の値は、android:progressという属性で設定できます。

## ◉MainFragmentクラスの修正

では、これらのUIコンポーネントを操作した際の処理を用意しましょう。MainFragmentクラスのonActivityCreatedメソッドを以下のように書き換えてください。

◉リスト5-8

```
// import android.widget.*
// import android.widget.SeekBar.OnSeekBarChangeListener 追記

override fun onActivityCreated(savedInstanceState: Bundle?) {
  super.onActivityCreated(savedInstanceState)

  switch1.setOnCheckedChangeListener { btn: CompoundButton, f: Boolean ->
    message.text = "checked: ${f}."
  }

  radioGroup.setOnCheckedChangeListener { group:RadioGroup, id:Int ->
    val ob = activity?.findViewById<RadioButton>(id)
    message.text = "checked: ${ob?.text}"
  }

  seekBar.setOnSeekBarChangeListener (object: OnSeekBarChangeListener {
    override fun onProgressChanged(sb: SeekBar, value: Int, f: Boolean) {
      message.text = "seek value: ${sb.progress}."
    }

    override fun onStartTrackingTouch(sb: SeekBar) {}

    override fun onStopTrackingTouch(sb: SeekBar) {}
  })
}
```

○図5-21：スイッチ、ラジオボタン、シークバー。それぞれを操作すると、変更された値が表示される。

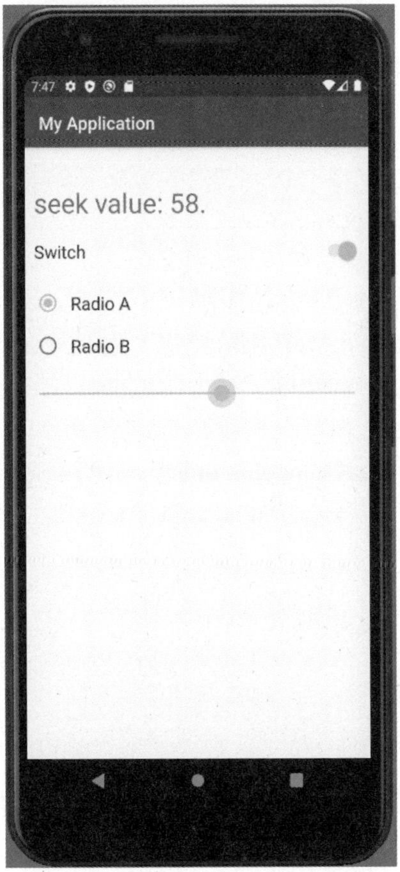

アプリを実行すると、スイッチ、2つのラジオボタン、シークバーが表示されます。これらを操作すると、上のテキスト表示部分に現在の値が表示されます。

## ◉ Switch の操作イベント

スイッチをタップして操作したときに何かを実行させたい場合は、「**setOnChecked ChangeListener**」というメソッドを利用します。これは以下のように記述します。

```
《Switch》.setOnCheckedChangeListener { btn: CompoundButton, f: Boolean ->
    ……実行する処理……
}
```

ブロック部分（‖内）に、実行する処理を関数として用意します。これには引数が2つ用意さ

れており、イベントが発生したCompoundButtonと、変更された状態（ON／OFF状態）が渡されます。CompoundButtonというのは、SwitchのようにON/OFFするタイプのボタンのベースとなるクラスです。スイッチをONにすると、引数の真偽値はtrueが渡され、OFFだとfalseが渡されます。

## ◉ RadioGroup のイベント処理

　ラジオボタンは、RadioGroupという全体をグループにまとめるコンテナの中にRadioButtonを組み込んで作成されていました。このラジオボタンを操作したときのイベントは、操作するRadioButtonではなく、グループであるRadioGroupに用意します（RadioButtonにも設定できますが、すべてのRadioButtonにイベント処理を用意するよりもRadioGroupに一つだけ用意したほうがはるかにかんたんなんです）。

　このイベント処理は、「setOnCheckedChangeListener」メソッドを使います。Switchで使ったのと同じメソッドですが、ブロック部分の引数が少し違っています。

```
radioGroup.setOnCheckedChangeListener { group:RadioGroup, id:Int ->
    ……実行する処理……
}
```

　ブロックに用意する関数の引数には、RadioGroupインスタンスと、操作したコンポーネントのIDが渡されます。このIDの値をもとに、操作したRadioButtonを取り出して利用することができます。

　ここで作成したソースコードでは、以下のようにしてRadioButtonを取り出していました。

```
val ob = activity?.findViewById<RadioButton>(id)
```

　Activityの「findViewById」メソッドは、引数に指定したIDのコンポーネントを取得するものです。ただし、得られる値はコンポーネントのスーパークラスである「View」というものになっています。そこで、総称型を使い<RadioButton>と指定することで、RadioButtonインスタンスとして値を返すようにします。

　後は、取り出せたRadioButtonから、表示されているテキストを利用するなりすればいいわけです。

## ◉ SeekBarのイベント処理

　　　最後はSeekBarのイベント処理です。これは、少しだけ面倒です。基本的な処理の組み込み方は同じなのですが、SeekBarのイベント処理には最低限用意しなければいけないメソッドが3つもあるのです。

　　　SeekBarを操作した際のイベント処理は「**setOnSeeKBarChangeListener**」というメソッドで組み込みます。これには、OnSeekBarChangeListenerというインスタンスが必要になります。これはインターフェイスとして用意されており、このインターフェイスには3つのメソッドが用意されていて、これらをすべてオーバーライドする必要があります。

　　　では、SeekBarの操作用イベントの組み込みがどのようになるか、ざっと整理しておきましょう。

```
《SeekBar》.setOnSeekBarChangeListener (object: OnSeekBarChangeListener {

  override fun onProgressChanged(sb: SeekBar, value: Int, f: Boolean) {
     ……操作中の処理……
  }


  override fun onStartTrackingTouch(sb: SeekBar) {
     ……開始時の処理……
  }


  override fun onStopTrackingTouch(sb: SeekBar) {
     ……終了時の処理……
  }
})
```

　　　OnSeekBarChangeListenerでは、引数にOnSeekBarChangeListenerというクラスを用意しています。これはインターフェイスであるため、その実装部分をブロック内に用意しておきます。用意されるのは以下の3つのメソッドです。

## ➕onStartTrackingTouch

　　　ノブの部分をタップして操作を開始するときに一度だけ呼び出されるメソッドです。引数には、イベント発生したSeekBarが渡されます。

## ➕onStopTrackingTouch

　　　操作を終えるときに一度だけ呼び出されるメソッドです。引数は、やはりイベントが発生したSeekBarインスタンスが渡されます。

### ╋onProgressChanged

シークバーのノブを操作して値が変更されている間、繰り返し呼び出されます。引数はイベント発生のSeekBarの他に、現在の値を示すInt値、そしてコンポーネント自身を操作して発生したイベントかどうかを示す真偽値が用意されます。

OnSeekBarChangeListenerがインターフェイスであるため、これらのメソッドはすべて用意しておく必要があります。ただし、すべてに処理を用意する必要はありません。先ほどのサンプルのように、onProgressChangedメソッドだけ処理を用意しておき、残る2つはメソッドだけ用意して中身は空のままにしておけばいいでしょう。

onProgressChangedでは、現在の値が引数で渡されるので、それを利用できますが、それ以外のメソッドでは現在の値は渡されません。SeekBarのprogressプロパティで値を取得し利用すればいいでしょう。

## タップのイベントと「値」がポイント

この他にもAndroidにはさまざまな入力用のコンポーネントが用意されています。が、ここまででいくつかコンポーネントを利用してきて、どのように利用すればいいのかだいたいわかってきたのではないでしょうか。

コンポーネント利用のポイントを上げるなら、**「タップして操作したときのイベント処理」** と**「コンポーネントの値」** の2点でしょう。タップしたときのイベント処理は、たいていのコンポーネントに用意されおり、どれもほぼ同じようなやり方で処理します。すなわち、**「setOn○○Listener」** というメソッドで、On○○Listenerというインターフェイスを組み込み、そこに用意されているメソッドをオーバーライドして処理をします。

いくつかのコンポーネントについて利用例を見てきました。まずは、これまで紹介したコンポーネントだけでも使えるようになりましょう。それだけで、ごくかんたんなアプリであればもう十分作ることができるようになっているはずです。

# ビューモデルとデータバインディング

Section
5-3

## データの扱いを考える

ある程度複雑なことを行なおうとすると、**「データの扱い」**について考えなければいけなくなります。データをどこで保管すればいいのか、それをどう操作すればいいか。そうしたことを考えてアプリを作らないといけません。

この**「データの扱い」**は、実は意外と面倒なのです。これは実際に動かしながらその面倒さを実感してもらうのが一番でしょう。

では、ごく単純なアプリを作ってみます。先ほどまでMainFragmentを使って表示や処理を作成してきましたから、ここでも同じやり方をしていきましょう。ではレイアウトから作成をします。main_fragment.xmlを開いて以下のように内容を書き換えてください。

⦿リスト5-9

```xml
<?xml version="1.0" encoding="utf-8"?>
<androidx.constraintlayout.widget.ConstraintLayout
    xmlns:android="http://schemas.android.com/apk/res/android"
    xmlns:app="http://schemas.android.com/apk/res-auto"
    xmlns:tools="http://schemas.android.com/tools"
    android:id="@+id/main"
    android:layout_width="match_parent"
    android:layout_height="match_parent"
    tools:context=".ui.main.MainFragment">

    <EditText
        android:id="@+id/editText"
        android:layout_width="match_parent"
        android:layout_height="wrap_content"
        android:inputType="text"
        android:text=""
        android:ems="10"
        app:layout_constraintBottom_toBottomOf="parent"
        app:layout_constraintEnd_toEndOf="parent"
```

```
            app:layout_constraintStart_toStartOf="parent"
            app:layout_constraintTop_toTopOf="parent"
            app:layout_constraintVertical_bias="0.05"
            android:textSize="24sp"
            android:padding="10dp"
            tools:ignore="MissingConstraints" />
    <Button
            android:id="@+id/button"
            android:text="Add"
            android:layout_width="match_parent"
            android:layout_height="wrap_content"
            app:layout_constraintTop_toBottomOf="@id/editText"
            android:padding="20dp"
            android:textSize="30sp"
            tools:layout_editor_absoluteX="0dp"
            android:layout_marginTop="20dp"
            tools:ignore="MissingConstraints" />

    <TextView
            android:id="@+id/message"
            android:layout_width="match_parent"
            android:layout_height="wrap_content"
            android:text="Hello"
            app:layout_constraintTop_toBottomOf="@id/button"
            android:textSize="24sp"
            android:padding="10sp"
            android:layout_marginTop="20dp" />

</androidx.constraintlayout.widget.ConstraintLayout>
```

⊕ 図5-22：main_fragment.xmlの修正。EditText、Button、TextViewの3つを配置する。

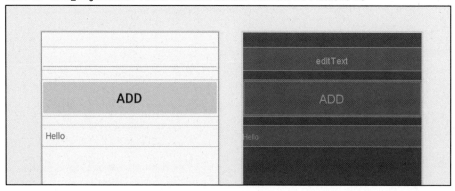

　ここではConstraintLayoutの中に、EditText, Button, TextViewの3つのコンポーネントを並べました。いずれもすでに使ったことのあるものですからどういうものかはわかりますね。

# MainFragmentクラスを修正する

　では、MainFragmentクラスを修正して、かんたんなデータを利用するサンプルを考えてみましょう。

**◯ リスト5-10**

```
package com.example.myapplication.ui.main

import android.os.Bundle
import androidx.fragment.app.Fragment
import android.view.LayoutInflater
import android.view.View
import android.view.ViewGroup
import android.widget.*
import com.example.myapplication.R
import kotlinx.android.synthetic.main.main_fragment.*

class MainFragment : Fragment() {
  private var data = arrayOf("Taro", "Hanako")

  companion object {
    fun newInstance() = MainFragment()
  }

  override fun onCreateView(inflater: LayoutInflater, container: ViewGroup?,
      savedInstanceState: Bundle?): View {
    return inflater.inflate(R.layout.main_fragment, container, false)
  }

  override fun onActivityCreated(savedInstanceState: Bundle?) {
    super.onActivityCreated(savedInstanceState)
    updateData()
    button.setOnClickListener {
      val txt = editText.text
      add(txt.toString())
      editText.text = null
```

```kotlin
      updateData()
      Toast.makeText(
        activity, "「${txt}を追加しました。",
        Toast.LENGTH_SHORT
      ).show()
    }
  }

  fun getAll():String {
    return data.joinToString("¥n")
  }

  fun add(s:String) {
    data = data.plus(s)
  }

  fun updateData() {
    message.text = getAll()
  }
}
```

◉図5-23：名前を書いてボタンをタップすると追加される。

アプリを実行すると、「**Taro**」「**Jiro**」「**Hanako**」「**Sachiko**」といったサンプルデータ
が表示されます。入力フィールドに名前を書いてボタンをタップすると、さらにその下にデータ
が追加されます。ごく単純なものですが、データを利用したアプリができました。

## ◉ データの扱い

ではデータがどのように扱われているか見てみましょう。ここでは、String配列のdataプロパ
ティを用意し、そこにデータを保管しています。

```
private var data = arrayOf("Taro","Hanako")
```

そして、このデータを扱うためのメソッドをいくつか用意してあります。基本的な操作を行な
うだけのシンプルなものです。

```kotlin
fun getAll():String {
  return data.joinToString("¥n")
}
```

　全データをテキストで得るためのものです。joinToStringは、引数に指定したテキストで配列の各要素をつないで一つのテキストにまとめたものを返します。

```kotlin
fun add(s:String) {
  data = data.plus(s)
}
```

　データの追加を行ないます。配列のplusメソッドで引数のテキストを配列に付け足したものをdataプロパティに再設定しています。

```kotlin
fun updateData() {
  message.text = getAll()
}
```

　表示の更新を行ないます。getAllで得たテキストをmessageに表示するだけのものです。

## ◉ ボタンのイベント処理

　これらを利用して、ボタンをタップしたら入力フィールドのテキストをdata配列に追加して表示を更新するようにしています。

```kotlin
button.setOnClickListener {
  val txt = editText.text
  add(txt.toString())
  editText.text = null
  updateData()
  ……略……
```

　それほど難しいことはしていないのでだいたい理解できるでしょう。editTextのtextプロパティをaddメソッドでdata配列に追加し、editTextのテキストを空にしてupdateDataで表示を更新しています。単純ですが、データを扱う基本的な処理はこれでできました。

# 追加したデータが消える！

　これでデータの利用はできたと考えるかも知れません。が、しかし作成した処理には大きな問題が潜んでいるのです。

　どんな問題なのか、実際に確認してみましょう。アプリを実行し、いくつかデータを追加してください。そして追加できたら、デバイスを90度回転させ横にしてみましょう。エミュレータの場合は、右側のツールパレットから「Rotate left」または「Rotate right」のアイコンをクリックすると回転できます。もし、横にしても表示が縦の状態のままだった場合は、画面の上からステータスバーを引き下ろし、そこにある「Auto-rotate」のアイコンをタップしてONにするとアプリの表示が回転するようになります。

⊕図5-24：ステータスバーにある「Auto-rotate」アイコンをONにしておく。

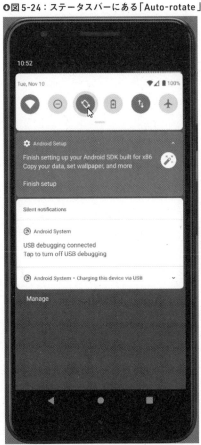

　実際にデバイスを回転し、アプリの表示が90度回転した状態になると、追加したはずのデータが消え、初期状態に戻っていることがわかるでしょう。横の状態のままデータを追加し、

また縦に戻しても同じです。つまり、画面が回転すると、保存したデータが消えて初期状態に戻ってしまうのです。

◎図5-25：デバイスを回転させると、追加したデータが消え初期状態に戻る。

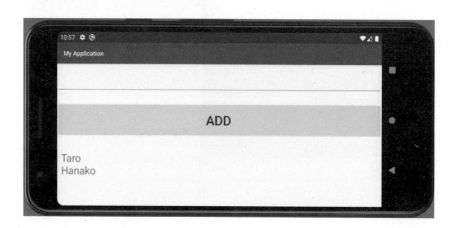

## ◉ なぜ、データが消える？

なぜ、回転させるとデータが消えてしまうのか。それは、回転する際に**「アクティビティが作り直される」**からです。

アクティビティは、実はアプリを起動してからずっとインスタンスが保持されているわけではありません。必要に応じて新しいインスタンスが作られ、古いアクティビティは破棄されています。画面を回転させると、90度回転した新しいアクティビティが作られ、それが画面に表示されるのです。もちろん、アクティビティに組み込まれているフラグメントも新たに作り直されています。そのために、回転するとデータが初期状態に戻っていたのです。

このことは、**「アプリでデータを保管したいなら、アクティビティやそこに組み込まれるフラグメントを使ってはダメ」**ということがわかります。データの保管は、アクティビティとは別のものとして用意しなければいけないのです。

## ビューモデル（ViewModel）について

そこで登場するのが**「ビューモデル」**というものです。ビューモデルは、ビュー（画面の表示）で使われるデータ（モデル）を管理するために用意された機能です。これはアクティビティとは別に用意され、必要に応じてアクティビティからそのインスタンスを取得して利用できるようになっています。このビューモデルを利用することで、アクティビティが再起動しても消えないデータ管理が行なえるようになります。

## ◉ ViewModel クラスの基本形

プロジェクトの中には、まだ触れていないソースコードファイルが一つだけありましたね。そう、**「MainViewModel.kt」**というファイルです。これが、ビューモデルのクラスを記述したソースコードファイルです。

ビューモデルは、以下のようなクラスとして定義されます。

```
lass MainViewModel : ViewModel() {
    ……内容……
}
```

ビューモデルは、androidx.lifecycleというパッケージにある**「ViewModel」**というクラスを継承して作成します。これには、特に用意しなければいけないメソッドやプロパティなどはありません。ただ継承するだけで、そのクラスはビューモデルとして使えるようになります。

後は、ここにデータを保管するプロパティやデータを利用するメソッドなどを用意していくだけです。

# MainViewModelを利用する

　では、MainViewModelクラスを作成しましょう。先ほどMainFragmentクラスに用意したデータとメソッドをそのままMainViewModelに移すことにします。

**○リスト5-11**

```
package com.example.myapplication.ui.main

import androidx.lifecycle.ViewModel

class MainViewModel : ViewModel() {
  private var data = arrayOf("Taro", "Hanako")

  fun getAll():String {
    return data.joinToString("¥n")
  }

  fun add(s:String) {
    data = data.plus(s)
  }
}
```

　特別なことは何もやっていません。dataプロパティを用意し、それにアクセスするgetAllとaddメソッドを用意しただけです。

## ◉ MainFragmentクラスの修正

　では、MainFragmentクラスを修正して、MainViewModelのデータを利用するように書き換えてみましょう。

**○リスト5-12**

```
package com.example.myapplication.ui.main

import androidx.lifecycle.ViewModelProvider
import android.os.Bundle
import androidx.fragment.app.Fragment
import android.view.LayoutInflater
import android.view.View
import android.view.ViewGroup
```

```kotlin
import android.widget.*
import com.example.myapplication.R
import kotlinx.android.synthetic.main.main_fragment.*

class MainFragment : Fragment() {

  companion object {
    fun newInstance() = MainFragment()
  }

  private lateinit var viewModel: MainViewModel

  override fun onCreateView(inflater: LayoutInflater,
      container: ViewGroup?,
      savedInstanceState: Bundle?): View {
    return inflater.inflate(R.layout.main_fragment, container, false)
  }

  override fun onActivityCreated(savedInstanceState: Bundle?) {
    super.onActivityCreated(savedInstanceState)
    viewModel = ViewModelProvider(this).get(MainViewModel::class.java)
    updateData()
    button.setOnClickListener {
      val txt = editText.text
      viewModel.add(txt.toString())
      editText.text = null
      updateData()
      Toast.makeText(
        activity, "「${txt}」を追加しました。",
        Toast.LENGTH_SHORT
      ).show()
    }
  }

  fun updateData() {
    message.text = viewModel.getAll()
  }
}
```

●図 5-26：デバイスを回転しても追加データは消えず保持されるようになった。

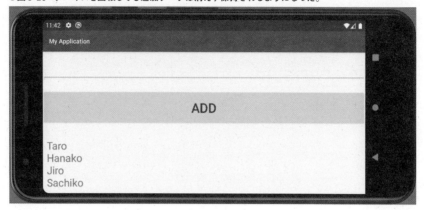

　　修正ができたらアプリを実行し、動作を確かめてみましょう。データを追加してからデバイスを回転させてみてください。回転しても追加したデータは消えずにちゃんと残るようになりました！

## ◎ MainViewModel の扱い

　　ここでは、ビューモデルのインスタンスを viewModel というプロパティに保管し利用しています。この部分ですね。

```
private lateinit var viewModel: MainViewModel
```

　　この変数への代入は、onActivityCreated メソッドで行っています。「lateinit」という見慣れないキーワードが使われていますが、これは「後で初期化する」ことを示します。この後にある onActivityCreated メソッドの中で、以下のように viewModel が初期化されていますね。

```
viewModel = ViewModelProvider(this).get(MainViewModel::class.java)
```

　　「ViewModelProvider」というのは、ビューモデルを利用するためのクラスです。その後の get で、特定のクラスのビューモデルが取得できます。ここでは、

**「ビューモデルの取得は、ViewModelProvider(this).get(クラス)と実行する」**

　　ということだけ覚えておいてください。これで MainViewModel インスタンスが取り出せます。後は、ここから必要な値を取り出して使うだけです。

# データバインディングの利用

　これで、データを常に保持することはできるようになりました。さらに一歩進めて、データと表示を関連付ける方法を考えましょう。

　これには、「**データバインディング**」という機能を利用する方法があります。データバインディングとは、レイアウトとアプリのデータ（ビューモデルなど）を関連付けるための技術です。データバインディングを利用することで、レイアウトファイルにビューモデルなどのデータを用意し、その値をコンポーネントの表示やスタイルなどに関連付けることができます。これにより、ビューモデルのプロパティやメソッドを操作することで、関連付けられるコンポーネントの表示を自動的に更新できるようになります。

## ◉ データバインディングをONにする

　このデータバインディングは標準では設定されておらず、利用の際にはビルドファイルに追記をする必要があります。プロジェクトの「**app**」フォルダ内にある「**buiid.gradle.kt**」ファイルを開いてください（プロジェクトフォルダ内にも同名のbuild.gradle.ktファイルがあるので間違えないように！）。

　このファイルの中に、android ¦……¦といった記述があります。このブロック内（‖部分）に以下の文を追記してください。

**⊕リスト5-13**

```
buildFeatures {
dataBinding = true
}
```

　場所はどこでも構いません。android ¦……¦の最後の綴じタグ（¦記号）の手前を改行して追記するとよいでしょう。

　記述後、エディタの右上に「**Sync Now**」というリンクが表示されるので、これをクリックしてください。修正したビルドファイルをもとにプロジェクトに用意されるパッケージなどが更新され、データバインディングが使えるようになります。

# ビューモデルを修正する

　データバインディングは、「**ビューモデル**」「**レイアウト**」「**アクティビティあるいはフラグメント**」の3つの部分を修正する必要があります。主な修正の内容を整理すると以下のようになるでしょう。

| ビューモデル | 表示に利用する値を「**オブザーバブル**」と呼ばれるデータとして用意する。 |
|---|---|
| レイアウト | ビューモデルのデータを扱う部品を追加し、その表示を行なうコンポーネントの属性を修正する。 |
| アクティビティ | データバインディング機能を使ってビューモデルとコンポーネント類を関連付ける。 |

これらの修正により、ビューモデルのデータが変更されると、レイアウトに用意したコンポーネントの表示が自動的に更新される仕組みが実現できます。

## ◉ MainViewModel の修正

では、データバインディングを利用するようにプロジェクトを修正していきましょう。MainViewModel.ktを開いて以下のように書き換えてください。

◉ リスト5-14

```kotlin
package com.example.myapplication.ui.main

import androidx.databinding.ObservableArrayList
import androidx.databinding.ObservableField
import androidx.lifecycle.ViewModel

class MainViewModel : ViewModel() {
  val data: ObservableArrayList<String> = ObservableArrayList<String>()

  val alltext: ObservableField<String> = ObservableField()

  fun getAll():String {
    return data.joinToString("¥n")
  }

  fun add(s:String) {
    data.add(s)
    alltext.set(getAll())
  }

  init {
    data.add("Taro")
    data.add("Hanako")
    alltext.set(getAll())
```

```
    }
}
```

　ここでは、テキスト配列を保管するdataプロパティとそれをテキストにしたalltext、そしてプロパティを操作するgetAllとadd、初期化処理のinitといったものが用意されています。用意されている機能はこれまでとそれほど違いはありませんが、扱う値の内容が変わっています。androidx.databindingパッケージに用意されている**「オブザーバブル」**と呼ばれるデータバインディングのための専用のクラスを利用しているのです。

# ◉ ObservableArrayListについて

　まず、データを保管するdataプロパティから見ていきましょう。ここでは以下のように用意されていますね。

```
val data: ObservableArrayList<String> = ObservableArrayList<String>()
```

　**「ObservableArrayList」**というクラスは、リストを扱うためのオブサーバブルです。ここでは<String>を指定して、テキストの値を保管するリストのオブサーバブルとしています。配列などのように多数の値をまとめて扱うようなプロパティは、このObservableArrayListを使うのが基本です。

# ◉ ObservableFieldについて

　もう一つ、dataのデータを一つのテキストにまとめたプロパティとして**「alltext」**というものを用意しています。これは以下のようになっていますね。

```
val alltext: ObservableField<String> = ObservableField()
```

　**「ObservableField」**というクラスは、一般的な値を扱うためのオブサーバブルです。配列のようなものでなく、一つの値だけを扱うときは、このObservableFieldを使うのが基本と考えていいでしょう。

　これも、<String>と総称型を使い、保管される値の型を指定します。

# ◉ 初期化処理について

　これらのプロパティは、初期化処理を用意するinitの中で値の初期化処理が行なわれています。以下がinitの処理です。

```
init {
  data.add("Taro")
  data.add("Hanako")
  alltext.set(getAll())
}
```

dataは、「**add**」というメソッドで値を追加しています。ObservableArrayListは、MutableListと同じようなメソッドが用意されており、それらを呼び出して値の追加などが行なえます。

そしてdataに初期データを追加したら、alltextの「**set**」というメソッドを使ってgetAllで得られたテキストをalltextに設定しています。ObservableFieldは、保管している値を「**get**」「**set**」といったメソッドでやり取りするようになっています。setで値を設定し、getで値を取り出せるのですね。

## レイアウトファイルを修正する

続いて、レイアウトの修正を行ないましょう。main_fragment.xmlを開き、その内容を以下のように修正してください。

⊙リスト5-15

```xml
<?xml version="1.0" encoding="utf-8"?>
<layout xmlns:android="http://schemas.android.com/apk/res/android"
        xmlns:app="http://schemas.android.com/apk/res-auto"
        xmlns:tools="http://schemas.android.com/tools">
  <data>
    <variable name="viewmodel"
      type="com.example.myapplication.ui.main.MainViewModel"/>
  </data>

  <androidx.constraintlayout.widget.ConstraintLayout
    android:id="@+id/main"
    android:layout_width="match_parent"
    android:layout_height="match_parent"
    tools:context=".ui.main.MainFragment">
  <EditText
      android:id="@+id/editText"
      android:layout_width="match_parent"
      android:layout_height="wrap_content"
```

```
        android:inputType="text"
        android:text=""
        android:ems="10"
        app:layout_constraintVertical_bias="0.05"
        android:textSize="24sp"
        android:padding="10dp"
        tools:ignore="MissingConstraints" />
    <Button
        android:id="@+id/button"
        android:text="Add"
        android:layout_width="match_parent"
        android:layout_height="wrap_content"
        app:layout_constraintTop_toBottomOf="@id/editText"
        android:padding="20dp"
        android:textSize="30sp"
        tools:layout_editor_absoluteX="0dp"
        android:layout_marginTop="20dp"
        tools:ignore="MissingConstraints" />
    <TextView
        android:id="@+id/message"
        android:text="@{viewmodel.alltext}"
        android:layout_width="match_parent"
        android:layout_height="wrap_content"
        app:layout_constraintTop_toBottomOf="@id/button"
        android:textSize="24sp"
        android:padding="10sp"
        android:layout_marginTop="20dp" />
    </androidx.constraintlayout.widget.ConstraintLayout>
</layout>
```

これで完成です。先に作成したのと同じく、EditText, Button, TextViewといったコンポーネントを並べているだけですが、これまでにはない新たなタグがいくつか使われていますね。

## ◉ ルートをlayoutに変更する

まずは、<?xml>の後にある、一番ベースとなっているタグ（ルートタグ）を見てください。以下のようなタグで始まっているのがわかるでしょう。

```
<layout xmlns:android="http://schemas.android.com/apk/res/android"
    xmlns:app="http://schemas.android.com/apk/res-auto"
```

297

```
    xmlns:tools="http://schemas.android.com/tools">
```

　　&lt;layout&gt;というタグが一番ベースのタグになり、その中に実際のレイアウトを行なう&lt;ConstraintLayout&gt;タグが用意されています。なぜ、こういう形になっているのか?　といえば、画面表示を行なう&lt;ConstraintLayout&gt;の他に、&lt;data&gt;というタグが用意されているからです。

```
<data>
  <variable name="viewmodel"
    type="com.example.myapplication.ui.main.MainViewModel"/>
</data>
```

　　この&lt;data&gt;は、その名の通りデータのためのタグです。ここでは、&lt;variable&gt;というタグを用意してあります。これは、変数を定義するためのものです。nameに変数名を、typeに値の型をそれぞれ指定します。ここでは、MainViewModelインスタンスの変数viewmodelを用意してあります。

　　この変数は、その後のコンポーネント内で利用しています。&lt;TextView&gt;タグを見てください。このように記述されていますね。

```
<TextView
    android:id="@+id/message"
    android:text="@{viewmodel.alltext}"
```

　　android:textには、@{viewmodel.alltext}という値が設定されています。この@{……}というのは、ブロック内に四季を指定するためのものです。ここでは、viewmodel.alltextと指定していますね。これにより、変数viewmodelのalltextプロパティの値がandroid:textに設定されるようになります。

　　このように、データバインディングでは、&lt;data&gt;タグに用意した値を使ってUIコンポーネントの属性を設定しています。こうすることで、指定された値が自動的に属性に設定されるようになるのです。

## MainFragmentを修正する

　　これでレイアウトとビューモデルの準備はできました。後は、これらを実際にアプリ内で利用するだけです。では、MainFragment.ktを開いてソースコードを以下のように書き換えましょう。

●リスト5-16

```
package com.example.myapplication.ui.main

import android.app.Activity
import androidx.lifecycle.ViewModelProvider
import android.os.Bundle
import androidx.fragment.app.Fragment
import android.view.LayoutInflater
import android.view.*
import android.widget.*
import androidx.databinding.DataBindingUtil
import com.example.myapplication.R
import com.example.myapplication.databinding.MainFragmentBinding

class MainFragment : Fragment() {

  companion object {
    fun newInstance() = MainFragment()
  }

  private lateinit var viewModel: MainViewModel
  private lateinit var binding:MainFragmentBinding

  override fun onCreateView(inflater: LayoutInflater,
      container: ViewGroup?,
      savedInstanceState: Bundle?): View {
    viewModel = ViewModelProvider(this)
        .get(MainViewModel::class.java)
    binding = DataBindingUtil.setContentView
        (activity as Activity, R.layout.main_fragment)
    return inflater.inflate(R.layout.main_fragment, container, false)
  }

  override fun onActivityCreated(savedInstanceState: Bundle?) {
    super.onActivityCreated(savedInstanceState)
    binding.viewmodel = viewModel
    binding.button.setOnClickListener {
      val txt = binding.editText.text
      viewModel?.add(txt.toString())
      binding.editText.text = null
      Toast.makeText(
```

```
     activity, "「${txt}」を追加しました。",
     Toast.LENGTH_SHORT
   ).show()
  }
 }
}
```

◉図5-27：入力フィールドにテキストを書いてボタンをタップすると表示データが更新される。

　アプリを実行すると、デフォルトで用意されている「Taro」「Hanako」といったデータが画面に表示されます。入力フィールドに名前を書いてボタンをタップすると、そのテキストがデータに追加表示されます。これはデバイスの向きを変えたりしても消えずに表示されます。

## ● データバインディングの利用をチェック

では、作成されたソースコードがどうなっているのか見ていきましょう。ここでは、MainViewModelとMainFragmentBindingというクラスのプロパティを以下のように用意しています。

```
private lateinit var viewModel: MainViewModel
private lateinit var binding:MainFragmentBinding
```

MainViewModelは、すでに登場しましたね。lateinitというキーワードも使いました（後で初期化を行なうためのものでした）。

もう一つの「**binding**」というプロパティがここでのポイントです。これは、MainFragmentBindingというクラスのインスタンスです。「**一体、どこにこんなクラスがあったんだ？**」と思った人。これは、オンデマンドで生成される「**バインディングクラス**」なのです。

データバインディングの機能により、レイアウトファイルの<layout>内に記述された内容は自動的にバインディングクラスとして生成されます。例えば、ここではmain_fragment.xmlというレイアウトファイルを用意していましたね。これに関連付けられるMainFragmentBindingというクラスが生成されていたのです。データバインディングでは、このように「**レイアウトBinding**」という名前のクラスが自動生成されます。レイアウトの名前は、main_fragmentがMainFragmentとなるように、アンダーバーで区切られた各単語の最初の1文字目だけを大文字にして一つにつなげた名前になります。

このバインディングクラスには、レイアウトファイル内に記述したタグの内容がそのままプロパティとして用意されています。<data>タグに用意した<variable>タグは、そのままnameに指定した名前のプロパティとして用意されますし、UIコンポーネント関係もandroid:idで指定したID名のプロパティとして用意されます。

ビューモデルとバインディングクラスがそれぞれ用意できたら、バインディングクラスのviewmodelプロパティにMainViewModelインスタンスを設定します。

```
binding.viewmodel = viewModel
```

これで、<variable>として用意しておいたviewmodelプロパティに値が設定されました。<TextView>ではviewmodel変数を使ってandroid:text="@{viewmodel.alltext}"とテキストが設定されていましたね。binding.viewmodelにviewModelを設定したことで、android:textには自動的にviewModelのalltextプロパティの値が設定されます。これにより、viewModelに用意されているtextallプロパティの値がそのままTextViewに表示されるようになるのです。

## ◉ ボタンのイベント処理

この他、ボタンをタップしたときのイベント処理も用意しています。が、書き方が少し変わっているので注意が必要です。

```
binding.button.setOnClickListener {
  val txt = binding.editText.text
  viewModel?.add(txt.toString())
  binding.editText.text = null
  Toast.makeText(
    activity, "「${txt}」を追加しました。",
    Toast.LENGTH_SHORT
  ).show()
}
```

buttonやeditTextは、binding.buttonやbinding.editTextというようにbinding内にあるプロパティを利用するように修正されています。

これで、ボタンをタップすると、viewModel?.add(txt.toString())によりviewModelのデータに入力フィールドのテキストが追加されるようになります。これにより、alltextプロパティの値も更新され、それがバインドされたTextViewの表示も自動的に更新されるようになります。

データバインディングを使うと、このように「**ビューモデルの値を操作すると、それをバインドした画面の表示も自動的に更新される**」ようになります。いちいち「**これを操作したらこの部分の表示を更新して……**」などといったことは考えず、純粋に「**データを操作すること**」だけを考えればいいのです。

# これより先の学習について

これでAndroidアプリの基本となる「**アクティビティ**」「**フラグメント**」「**主要UIコンポーネント**」「**ビューモデル**」といったものの使い方がだいたいわかりました。これらが一通り使えるようになれば、かんたんなアプリは作れるようになります。実際にこれらを組み合わせて自分なりのアプリを作成してみると、アンドロイドアプリ開発の基本的なやり方が少しずつ身についてくることでしょう。

もちろん、Androidにはこの他にも膨大なライブラリが用意されており、それらを少しずつマスターしていかなければ本格的なアプリ開発は行なえないでしょう。

Androidの機能は、従来ある基本的なものの他に、ここ最近に刷新された「**Jetpack**」と呼ばれる新しいAPIの機能も用意されています。Android開発は、まず基本的な機能の使い方を一通り学んだら、このJetpackの使い方についても学んでいくと、かなり本格的な開発が行

なえるようになるでしょう。

　Jetpackについては、「**Android Jetpackプログラミング**」（秀和システム）という書籍を上梓していますので、より本格的にAndroid開発を学んでいきたい人は参考にしてください。

# Chapter 6

# デスクトップ
# アプリケーション開発

Kotlinは、パソコンのデスクトップアプリケーション
開発も行なうことができます。
そのためには、GUI利用のライブラリを
マスターする必要があります。
ここでは「TornadoFX」と「Compose for Desktop」
というライブラリについて説明しましょう。

# Section 6-1 TornadoFXの基本

## デスクトップアプリケーションの開発

パソコンでKotlinを使ったプログラムを作成したい、と思ったとき、多くはコンソールアプリのようなものをイメージするのではないでしょうか。Kotlinのプログラミング言語自体に高度なGUIライブラリが用意されているわけではないので、**「Kotlinでは、本格的なGUIアプリは作れないのだろう」**と考えているかも知れません。

が、そんなことはありません。Kotlinでも、ウィンドウやメニューを駆使したアプリを作ることが可能です。

思い出してほしいのですが、KotlinはJavaのクラスライブラリをそのまますべて利用できるのです。ならば、JavaのGUIライブラリだって利用できるはずでしょう?

Javaのパソコン用エディションであるJava SEには、いくつかのGUIライブラリが用意されています。それらの中で、現在、標準的なGUIとして利用されるようになっているのが**「JavaFX」**と呼ばれるライブラリです。このJavaFXの基本的な使い方がわかれば、パソコンのデスクトップアプリの開発は十分可能になるでしょう。

ただし、IntelliJでは、JavaFXのプロジェクトはJava言語をベースとするものしか用意されていません。KotlinからJavaFXを利用するには、すべて手作業でプロジェクトを作り直す必要があり、ちょっと面倒です。またJavaFXは、あくまでJavaのために作られたものですから、そのまま利用しようとすると、Kotlinでも冗長な記述を強いられることが多いでしょう。

JavaFXを、Kotlinでフル活用するためには、JavaFXをそのまま利用するのではなく、Kotlin向けにアレンジしたライブラリを利用するのが最適です。その**「KotlinのためのJavaFX」**としてもっとも広く使われているのが**「TornadoFX」**です。

TornadoFXは、JavaFXをKotlin向けに最適化したライブラリです。Kotlinを使い、必要最小限のコードでJavaFXアプリケーションを実装できることを考え最適化を図っています。このため、TornadoFXを利用すると、Java + JavaFXの場合よりも格段に少ないコードで開発が行なえます。

## ◉ TornadoFXプラグインのインストール

TornadoFXをIntelliJで利用するためには、専用プラグインをインストールする必要があります。「**File**」メニューの「**Settings...**」を選んでIntelliJの設定ウィンドウを開いてください。そして左側にある項目の一覧リストから「**Plugins**」を選択します。

右側にプラグインのリストが表示されます。上部に見える「**Marketplace**」という項目をクリックし、入力フィールドに「**tornadefx**」とタイプすると、TornadeFXプラグインが見つかります。これを選択して「**Install**」ボタンをクリックするとインストールできます。

◉図6-1：設定ウィンドウの「Plugins」からTornadoFXを検索しインストールする。

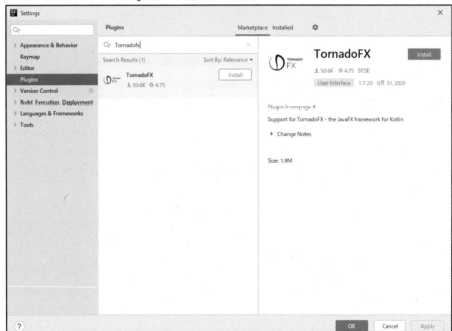

すでにプロジェクトを閉じてWelcomeウィンドウに戻っている場合は、ウィンドウ下部にある「**Configure**」をクリックし、「**Plugins**」を選ぶとプラグインの管理ウィンドウが現れます。ここで「**TornadoFX**」を検索してインストールしてください。

◎図6-2：PluginsウィンドウでTornadoFXを検索しインストールする。

　いずれも、最初にインストールするときは、画面に「**Third-Party Plugins Privacy Note**」というアラートが現れます。ここで「**Accept**」ボタンをクリックするとプラグインがインストールできます。インストール後、IntelliJを再起動すると、次回起動時よりプラグインが有効になります。

◎図6-3：プラグインのプライバシーに関する注意アラートが現れる。「Accept」を選択する。

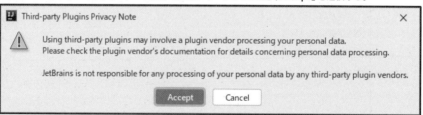

# TornadoFXプロジェクトの作成

　では、実際にTornadoFXのプロジェクトを作成してみましょう。「**File**」メニューの「**New**」から「**New Project...**」メニューを選んでください。プロジェクトを閉じている場合はWelcomeウィンドウの「**New Project**」リンクをクリックしましょう。

　これで画面に「**New Project**」ウィンドウが現れます。左側のリストには「**TornadoFX**」という項目が追加されているでしょう。これを選択し、右側の一覧から「**tornadofx-gradle-project-kt**」を選択してください。

◉図6-4：New ProjectウィンドウでTornadoFXのtornadofx-gradle-project-ktを選択する。

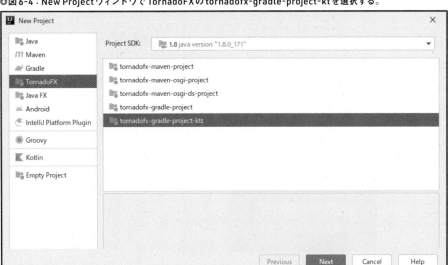

次に進むと、プロジェクト名と保存場所を指定する表示が現れます。ここでは「**SampleFXApp**」というプロジェクト名にしておきます。保存場所はデフォルトのままで構いません。そのまま「**Finish**」ボタンを押せばプロジェクトが作成されます。

◉図6-5：SampleFXAppという名前でプロジェクトを作成する。

## ◉ プロジェクトを実行する

　プロジェクトができたら、実際に実行してみましょう。「**main.kt**」ファイルを開くと、fun main()の左側に実行アイコンが表示されます。これをクリックし、「**Run 'Main.kt'**」を選べば、main関数が実行され、アプリケーションが起動します。

　画面に「**Hello TornadoFX**」と表示された小さなウィンドウが現れるでしょう。これが実行したアプリの画面です。ウィンドウを閉じればアプリは終了します。

◉**図6-6：画面に小さなウィンドウが現れる。**

# TornadoFXプロジェクトの構成

　作成されたプロジェクトには多数のファイルやフォルダが用意されています。が、そのほとんどのものは、先に作成したコンソールアプリのプロジェクトとだいたい同じです。「**src**」フォルダ内の「**main**」フォルダの中に「**kotlin**」フォルダがあり、ここにアプリケーションのソースコードファイル類がまとめられています。

　デフォルトで作成されているソースコードファイルは4つあります。それぞれ以下のようになります。

| main.kt | これがメインプログラムです。アプリはこれを実行します。 |
| --- | --- |
| MyApp.kt | アプリケーションのクラスを定義するファイルです。 |
| Styles.kt | スタイル情報を記述するファイルです。 |
| MainView.kt | アプリケーションで表示されるウィンドウの表示を定義するファイルです。 |

　見ればわかるように、TornadoFXでは「**メインプログラム**」「**アプリケーション**」「**ウィンドウ**」といったものがそれぞれ分かれて記述されています。アプリケーションとウィンドウはクラスの形で定義されており、これらをメインプログラムから呼び出すことでアプリケーションが起動し、ウィンドウが表示されるのです。

## メインプログラムについて

では、用意されているソースコードファイルを見ながらTronadoFXのプログラムについて理解していくことにしましょう。まずは、メインプログラムである「**main.kt**」からです。

⦿リスト6-1

```
package com.example

import tornadofx.launch

fun main() {
    launch<MyApp>()
}
```

これが全ソースコードです。ここで行っているのは、main関数で「**launch**」という関数を呼び出すことだけです。このlaunchはTornadoFXに用意されているもので、総称型で指定したアプリケーションクラスを起動するものです。

アプリの起動は、実はこの1文だけで行なえます。

## MyAppクラスについて

では、launchで起動しているMyAppクラスはどのようなものなのか見てみましょう。実はこれも非常にシンプルです。

⦿リスト6-2

```
package com.example

import com.example.view.MainView
import tornadofx.App

class MyApp: App(MainView::class, Styles::class)
```

なんと、クラスの実装となるブロック部分がありません。Appクラスを継承してMyAppクラスを定義している、ただそれだけです。

Appクラスは、プライマリコンストラクタにMainViewとStylesのclassをそれぞれ指定しています。これで、MainViewとStylesのクラスをメインウィンドウとスタイルに設定したMyAppのインスタンスが用意されるようになります。アプリケーションで必要となる処理などが特にないなら、わずか1行で済んでしまうのです。

# MainViewクラスについて

　　画面に表示されるウィンドウの内容を定義するのがMainView.ktです。実質的に、このクラスがアプリケーションの中身と考えていいでしょう。これは以下のように記述されています。

◉リスト6-3

```
package com.example.view

import com.example.Styles
import tornadofx.*

class MainView : View("Hello TornadoFX") {
    override val root = hbox {
        label(title) {
            addClass(Styles.heading)
        }
    }
}
```

　　ようやく、Kotlinのプログラムらしいものになりました。が、それでもウィンドウを表示するにしてはかなり短いですね。これでウィンドウの中にラベル（テキストを表示するもの）を一つだけ組み込んだものが定義されます。

## ◉ Viewクラスの定義

　　ここでは、MainViewというクラスを定義しています。このクラスは、以下のような形で記述されていることがわかるでしょう。

```
class クラス : View( 引数 ) {
    override val root = ○○
}
```

　　表示されるウィンドウは、Viewというクラスを継承して作成します。このViewクラスには**「root」**というプロパティが用意されており、これをオーバーライドして値を設定しています。このrootは、ウィンドウに組み込まれるコンポーネントを指定する定数です。これに設定したものがウィンドウに表示されるのです。

## ◉ HBoxについて

ここでは、rootに「**HBox**」というクラスが設定されています。これは、複数のコンポーネントを一つにまとめて配置する「**コンテナ**」と呼ばれる部品です。

この「**HBox**」は、内部に用意したコンポーネントを水平に並べて配置するコンテナです。これは以下のような形で記述されます。

```
hbox {……組み込むコンポーネント……}
```

hbox関数でHBoxは作成されます。ブロック部分に、組み込むコンポーネントを記述しておくと、それらを横に並べて配置してくれるわけです。

同じようなレイアウト用のコンテナに「**VBox**」というものもあります。これは、ブロック内に用意したコンポーネントを立てに並べるもので、「**vbox**」という巻数で作成します。使い方はHBoxとほぼ同じです。この2つは、レイアウトの基本として覚えておくとよいでしょう。

## ◉ Labelについて

実際にウィンドウ内に表示され操作される具体的な部品は「**コントロール**」と呼ばれます。今回、HBoxの中に用意しているのが「**Label**」というコントロールです。これはラベル (テキストを表示するもの) のコントロールクラスで、以下のような形で記述します。

```
label( 表示テキスト) {……設定……}
```

label関数の引数に表示するテキストを指定します。ブロック部分では、作成するlabelインスタンスの設定などを記述しておきます。今回は、以下の一文が用意されていましたね。

```
addClass(Styles.heading)
```

このaddClassは、コントロールにスタイルクラスを追加するメソッドです。引数に、追加するクラスを指定します。ここでは、Styles.headingという値を設定していますね。これは、この後で説明するStylesというクラスに用意されているスタイルの値です。これにより、ラベルに表示されるテキストのスタイルを設定していたのですね。

# Styles クラスについて

最後に「**Styles.kt**」というファイルについてです。これは、スタイルを用意するための専用クラスで、以下のように記述されています。

⊕ リスト6-4

```
package com.example

import javafx.scene.text.FontWeight
import tornadofx.Stylesheet
import tornadofx.box
import tornadofx.cssclass
import tornadofx.px

class Styles : Stylesheet() {
    companion object {
        val heading by cssclass()
    }

    init {
        label and heading {
            padding = box(10.px)
            fontSize = 20.px
            fontWeight = FontWeight.BOLD
        }
    }
}
```

　　Stylesクラスは、「**Stylesheet**」というクラスを継承して作成されています。このStylesheetが、スタイルを扱うための基本的な機能を提供するクラスです。

　　ここでは、コンパニオンオブジェクトに「**heading**」という値を用意していますね。これはcssclassという関数を利用して用意されています。

　　初期化を行なっているinitでは、labelとheadingにブロックで各種のプロパティが設定されていますね。labelは、Labelコントロールのスタイルを設定するための値です。これにより、labelとheadingにスタイルが設定されます。

　　設定内容は、padding, fontSize, fontWeightといった項目が用意されています。これらは、Webページなどで使われるスタイルシートと同じと考えていいでしょう。fontSizeやfontWeightなどは、Webのスタイルシートではfont-size, font-weightとなっていましたね。このようにハイフ

ンで複数の単語をつなげたものは、つなげる単語の1文字目を大文字にして一つにつなげた形
で表現されます。

## 表示をカスタマイズする

これでTornadoFXによるGUI表示の基本がわかりました。では、ここまでの復習も兼ねて、
表示をカスタマイズしてみましょう。

まず、Stylesクラスを修正して新たなスタイルを用意してみます。

⊕ リスト6-5

```
// import javafx.scene.paint.Color
// import javafx.scene.text.TextAlignment 追記

class Styles : Stylesheet() {
  companion object {
    val heading by cssclass()
    val content by cssclass()
  }

  init {
    heading {
      padding = box(20.px)
      fontSize = 24.px
      fontWeight = FontWeight.BOLD
      textAlignment = TextAlignment.CENTER
      textFill = Color.RED
    }
    content {
      padding = box(10.px)
      fontSize = 18.px
      fontWeight = FontWeight.BOLD
    }
  }
}
```

ここでは、headingとcontentというプロパティを用意しました。headingには、新たに
fontAlignmentとtextFillという項目を追加しています。これらは、それぞれ**「テキストの位置
揃え」「テキストカラー」**を示すもので、それぞれTextAlignmentとColorという値で設定さ
れています。

## ◉ MainViewにラベルを追加する

続いて、MainViewクラスを修正します。hboxをvboxに変更し、複数のlabelを並べて表示させてみましょう。

◉リスト6-6

```
class MainView : View("Hello TornadoFX") {
  override val root = vbox {
    label(title) {
      addClass(Styles.heading)
    }
    label("This is sample label.") {
      addClass(Styles.content)
    }
    label("これは、サンプルで用意されたラベルです。") {
      addClass(Styles.content)
    }
  }
}
```

◉図6-7：表示されるウィンドウ。

実行すると、赤いテキストのタイトルと、その下に英文と日本語のメッセージが表示されます。ここでは3つのLabelを作成して表示してあります。最初のLabelにはStyles.headingをスタイル設定し、下の2つはStyles.contentを設定しています。スタイルを変更することで、同じLabelでもこのようにいろいろな表現が行なえるようになります。

## 入力フィールドとプッシュボタン

では、ラベル以外のコントロールを使ってみましょう。もっともよく利用されるコントロールは、入力フィールドとプッシュボタンです。これらを使ってみることにします。

まず、入力フィールドから。これは「**TextField**」というコントロールで、以下のように記述します。

```
textfield( テキスト ) {……設定……}
```

引数にはデフォルトで入力されているテキストを指定します。スタイルなどの設定は、ラベルと同様ブロック部分で行なえます。

もう一つのプッシュボタンは「**Button**」というコントロールとして用意されています。これはbutton関数を使って以下のように作成します。

```
button( テキスト ) {……設定……}
```

引数にはボタンに表示するテキストを指定します。そしてブロック部分にボタンの細かな設定などが用意されます。

## ◉ MainViewを修正する

では、これらを実際に使って表示させてみましょう。MainViewクラスを以下のように書き換えてください。

◉ リスト6-7

```
class MainView : View("Hello TornadoFX") {
  override val root = vbox {
    label("Hello.") {
      addClass(Styles.heading)
    }
    textfield {
      addClass((Styles.content))
    }
    button("click") {
      prefWidth = 200.0
      addClass(Styles.content)
    }
  }
```

```
}
```

🔵 図6-8：Label, TextField, Button を表示する。

　　実行すると、ラベルのテキストの下に入力フィールド、さらにその下にプッシュボタンが表示されます。vboxのブロック内にlabel, textfield, buttonが順に用意されているのがわかるでしょう。これらがそのまま縦一列にレイアウトされ表示されています。複数のコントロールを利用する場合は、常に「**どのコンテナを使ってどう配置するか**」を考えるようにしましょう。

## フォームの利用

　　TextFieldコントロールは確かに便利ですが、見た目にかなり見づらい表示になってしまいますね。また複数の入力フィールドを用意するような場合は、それぞれにラベルなどを付けておかないと何を記入するのかわからなくなってしまいます。

　　TornadoFXには、こうした入力関係を整理する「**フォーム**」というコンテナも用意されています。これは以下のように記述します。

```
form {
  fieldset {
    field( ラベル) {
      textfield {……}
    }
    ……必要なだけフィールドを用意……
    button { ……}
  }
}
```

　　フォームは、「**form**」「**fieldset**」「**field**」といった関数を組み合わせて作成をします。これらはそれぞれ「**Form**」「**Fieldset**」「**Field**」といったクラスのインスタンスを生成します。

| Form | フォーム全体をまとめるコンテナです。この中にフォーム関連の部品をまとめていきます。 |
|---|---|
| Fieldset | 入力フィールド類をまとめるコンテナです。この中に各フィールドの内容が記述されます。 |
| Field | 入力フィールドのコンテナです。引数に、そのフィールドのラベルを指定します。そしてブロック内に表示するフィールドを用意します。これによりラベルとフィールドがセットになってレイアウトされるようになります。 |

このように「Form」「Fieldset」「Field」といったものを組み合わせ、その中にTextFieldやButtonを配置することで、入力関係をきれいにまとめたフォームが作成されるようになります。

## ◉ フォームを表示する

では、先ほど作成したかんたんなレイアウトを、フォーム利用の形に書き換えてみましょう。MainView.ktを以下のように修正してください。

◆リスト6-8

```
package com.example.view

import com.example.Styles
import javafx.geometry.Pos
import tornadofx.*

class MainView : View("Hello TornadoFX") {
  override val root = vbox {
    label("Hello.") {
      addClass(Styles.heading)
    }
    form {
      fieldset {
        alignment = Pos.CENTER
        field("Name:") {
          textfield {
            addClass((Styles.content))
          }
        }
        button("click") {
          maxWidth = 2000.0
          addClass(Styles.content)
```

319

```
        }
      }
    }
  }
}
```

⬤図6-9：フォームを利用して入力関係をレイアウトする。

　先ほどと同じ入力コントロールですが、フォームを使ってレイアウトし直しています。入力フィールドには「**Name:**」とラベルが付けられているのがわかるでしょう。

　ちょっとした入力程度なら直接コントロールを配置してレイアウトしてもいいでしょうが、複数の入力コントロールを利用するようになったら、フォームを使ってレイアウトしたほうが見やすく使いやすく表示できるようになります。

# プロパティとコントローラー

　プッシュボタンを使う場合、ただ表示するだけでなく、「**クリックして何かを実行する**」といった処理も考えなければいけません。また、入力フィールドなどの値も取り出して利用できるようにする必要があるでしょう。

　このような場合、「**プロパティ**」と「**コントローラー**」というものの使い方を理解する必要があります。順に説明しましょう。

## ◉ プロパティについて

　プロパティは、Viewクラスに用意される、値を保管しておくためのものです。クラスは、プロパティを使って値を保管しておくことができますね。TornadoFXでは、コントロールなどの値を保管するために専用のクラスを用意しています。これは、

Simple《型》Property

このような名前になっています。例えばString値を保管するプロパティならば、SimpleStringPropertyというクラスが用意されます。

このプロパティクラスは、コントロールと双方向に値を保管します。例えばTextFieldにSimpleStringPropertyを設定すると、TextFieldにテキストを入力すればそれがSimpleStringPropertyに設定されますし、SimpleStringPropertyの値を変更するとTextFieldの入力テキストが変わる、というように双方向に値が更新されるようになります。

## ◉ コントローラーについて

コントローラーは、コントロールなどから呼び出される各種の処理をまとめて扱うためのクラスです。これは以下のような形で定義されます。

```
class 名前 :Controller() {
  ……メソッドを用意……
}
```

Controllerクラスを継承することで、そのクラスはコントローラークラスと認識されます。この中にメソッドを用意し、それをコントロールのイベントなどに割り当てることで、コントロールの操作に応じて処理が実行できるようになります。

## ◉ ボタンクリックで処理を実行する

では、これらを使って「クリックして処理を実行するボタン」を作成してみましょう。MainView.ktを以下のように書き換えてください。

◉リスト6-9

```
package com.example.view

import com.example.Styles
import javafx.beans.property.SimpleStringProperty
import javafx.geometry.Pos
import tornadofx.*

class MainView : View("Hello TornadoFX") {
  val controller: MainViewController by inject()
  val msgdata = SimpleStringProperty()
  val fielddata = SimpleStringProperty()
```

```
override val root = vbox {
  label(msgdata) {
    addClass(Styles.heading)
  }
  form {
    fieldset {
      alignment = Pos.CENTER
      field("Name:") {
        textfield(fielddata) {
          addClass((Styles.content))
        }
      }
      button("click") {
        maxWidth = 2000.0
        addClass(Styles.content)
        action {
          controller.doButtonAction(fielddata, msgdata)
        }
      }
    }
  }
}

init {
  msgdata.value = "お名前は?"
}
}

class MainViewController: Controller() {
  fun doButtonAction(field: SimpleStringProperty,
      msg: SimpleStringProperty) {
    msg.value = "こんにちは, ${field.value}さん!"
    field.value = ""
  }
}
```

◎図6-10：フィールドに名前を書いてボタンをクリックするとメッセージが表示される。

実行したら、入力フィールドに名前を書いてボタンをクリックしてください。「**こんにちは、○○さん!**」とメッセージが表示されます。ごく単純なものですが、ちゃんとボタンや入力フィールドの値がきのうしていることがわかるでしょう。

## ◎ プロパティの利用

MainViewクラスには、今回、3つのプロパティを追加してあります。それぞれ以下のようになっていましたね。

```
val controller: MainViewController by inject()
val msgdata = SimpleStringProperty()
val fielddata = SimpleStringProperty()
```

最初のMainViewControllerというのは、今回作成するコントローラークラスです (この後で説明します)。そして、後の2つはテキストの値を扱うSimpleStringPropertyです。

SimpleStringPropertyは、LabelとTextFieldのテキストに設定しています。これらのコントロールを作成している部分を見ると以下のように記述されているのがわかるでしょう。

```
label(msgdata) {……}
textfield(fielddata) {……}
```

こんな具合に、SimpleStringPropertyインスタンスをコントロールの引数に指定することで、これらの値がSimpleStringPropertyのプロパティによって管理されるようになります。

## ◉ コントローラーの利用

コントローラーは、MainViewクラスの下にMainViewControllerというクラスとして用意されています。ここでは以下のように記述されていますね。

```
class MainViewController: Controller() {
  fun doButtonAction(field: SimpleStringProperty,
       msg: SimpleStringProperty) {
    msg.value = "こんにちは, ${field.value}さん!"
    field.value = ""
  }
}
```

doButton Actionというメソッドを一つだけ用意してあります。引数には、2つのSimpleStringPropertyを用意しています。これらを利用し、field.valueの値を利用したメッセージをmsg.valueに設定し、そしてfield.valueを空にしています。

SimpleStringPropertyに保管されている値は、**「value」**プロパティとして用意されています。TextFieldに設定したプロパティのvalueを取り出せば、入力されたテキストが得られます。またLabelに設定したプロパティのvalueを変更すれば、表示されるテキストが変更されます。

こんな具合に、TornadoFXではコントローラーでプロパティの値を操作することで、コントロールの表示を操作できるようになっているのです。

# FXMLを利用する

## FXMLについて

TornadoFXを利用したアプリケーションの基本についてだいぶ理解できたことでしょう。すでに述べたように、TornadoFXは、JavaのGUIライブラリであるJavaFXをベースにKotlinの機能を最大限引き出せるように改良したものです。ですから、基本的なところはJavaFXの知識やリソースが活かせるようになっています。

ただし、これまでの説明部分は、そうした**「JavaFXのリソースを活かす」**ようにはなっていませんでした。見ればわかるように、基本的にはすべてTornadoFXのパッケージにあるクラスを組み合わせて作成しており、JavaFXの機能はそれほど活用していません。

また、GUIアプリの作成でありながら、すべてをコードで作成していくというところに違和感を覚えた人もいるかも知れません。昨今、多くの開発環境では、GUIの作成とロジック部分を切り離し、ツールを使ってGUIを構築できるようにしています。すべてをコードで書いていくとなると、複雑なGUIになると作成もかなり難しくなるでしょう。もっと効率的に記述できる仕組みがほしいところです。

JavaFXでは、こうした点を考え、GUIには**「FXML」**というものが用いられています。これは、JavaFXのGUIをXMLで記述する技術です。JavaFXに対応した開発ツールなどでは、このFXMLをビジュアルに作成できるデザインツールなどを用意し、ノンコーディングで画面設計が行なえるようになっているものもあります。

このFXMLがTornadoFXでも利用できれば、デザインツールを使ってGUIを設計できるようになるでしょうし、JavaFX用に作られた多くのサンプルなどが利用できるようになります。

FXMLのファイルはプロジェクトに標準では用意されていませんが、自分で作成することでTornadoFXから両できるようになります。FXMLを使ったTornadoFXアプリの作成について説明していくことにしましょう。

## TornadoFX Viewを作成する

では、FXMLを使ってみましょう。FXMLは、画面の表示をXMLで記述するものです。これは、プロジェクトにあるMainViewのような**「View」**に相当する部品となります。新たな

TornadoFXのViewを作成する際、FXMLを使うようにすることで、FXMLベースのViewを用意することができます。

では、実際にFXMLを使ったViewを作ってみましょう。「**File**」メニューの「**New**」内にある「**TornadoFX View**」メニューを選んでください。画面に「**New TornadoFX View**」というダイアログウィンドウが現れます。ここで、以下のように設定を行ないます。

| | |
|---|---|
| **Name** | Viewの名前です。「**MyFXView**」と入力します。 |
| **Kind** | 作成するViewの種類です。デフォルトのCodeはソースコードでViewを作成するものです。これを「**FXML**」に変更します。 |
| **Type** | 作成するViewの種類です。「**View**」のままにしておきます。 |
| **Root** | ルートに設定されるコンテナを指定します。デフォルトでは「**javafx.scene.layout.BorderPane**」になっているので、そのままにしておきます。 |

これらを一通り設定したら、「**OK**」ボタンをクリックしてください。これで新しいViewのファイルが作成されます。

◎図6-11：新しいViewを作成する。

## ◉ MyFXViewについて

作成されるファイルは2つあります。それぞれの役割をかんたんに整理しておきましょう。

| | |
|---|---|
| **MyFXView.kt** | 「kotlin」フォルダのパッケージフォルダ内（ここでは「com.example」内）に作成されています。Viewの継承クラスで、MainViewなどと同じ役割のものです。 |
| **MyFXView.fxml** | 「resources」フォルダ内のパッケージフォルダ内に作成されています。これが、MyFXViewからロードして使われるFXMLファイルになります。 |

FXMLを利用する場合も、Viewクラスは必要です。View内で、Kotlinのコードで作成していたGUIの部分を、FXMLファイルをロードすることで作成されるようにしているのです。

# MyFXViewの基本コードについて

では、作成されたファイルのソースコードを見てみましょう。まずは、MyFXView.ktからです。これは以下のように記述されています。

**◎リスト6-10**

```
package com.example

import javafx.scene.layout.BorderPane
import tornadofx.*

class MyFXView : View("My View") {
    override val root: BorderPane by fxml()
}
```

非常にシンプルですね。MainViewと同じようにViewクラスを継承して作られています。そしてrootプロパティには、override val root: BorderPane by fxml()と値が用意されています。これは、BorderPaneというコンテナをrootに設定するものです。これは、fxml関数を使って作成されます。

このfxml関数は、このViewクラスと同じ名前のFXMLファイルをロードしてGUIのインスタンスを作成するものです。引数を省略すると、**「resources」**フォルダ内の同じパッケージにある同名のFXMLファイルをロードしてインスタンスを返します。ここでは、BorderPaneというコンテナクラスとしてFXMLの内容がrootに設定されるようになっています。

## ◎ MyFXView.fxmlの基本コードについて

では、**「resources」**フォルダに作成されているMyFXView.fxmlの中身を見てみましょう。これは以下のようになっています。

**◎リスト6-11**

```
<?import javafx.scene.layout.BorderPane?>
<BorderPane xmlns="http://javafx.com/javafx/null"
  xmlns:fx="http://javafx.com/fxml/1">
</BorderPane>
```

最初にある<?import javafx.scene.layout.BorderPane?>という文は、javafx.scene.layout.BorderPaneをimportするものです。そしてその後にある<BorderPane>というタグが、ここで

作成されるコンテナになります。このBorderPaneというのは、コンテナの領域を上下左右中央の5つに分け、それぞれにコントロールを配置してレイアウトするものです。アプリケーションでは、ツールバーやフッター、サイドバーなど上下左右に部品を配置することが多いので、よく利用されます。

# FXMLのデザインについて

このMyFXView.fxmlを開くと、XMLのソースコードが表示されたことでしょう。このエディタの左下を見てください。「**Text**」「**Scene Builder**」というリンクが見えるはずです。これは、エディタの種類を切り替えるものです。「**Text**」ではXMLのソースコードを直接編集し、「**Scene Builder**」にすると専用のデザインツールを使って編集できるようになります。Scene Builderというのは、JavaFX用のGUIデザインツールです。これを利用してビジュアルにFXMLがデザインできるようになります。

では、「**Scene Builder**」をクリックして表示を切り替えてください。ビジュアルにデザインするツールに切り替わります。もっとも、初めて利用する際は、まだScene Builderが用意されていないかも知れません。この場合は、エディタ上部にScene Builderをダウンロードするボタンが表示されるので、これをクリックするとScene Builderがインストールされ使えるようになります。

**◉図6-12：Scene Builderの画面。ビジュアルにGUIをデザインできる。**

**Column** **Scene Builderが動作しない！**

　Scene Builderがうまく機能してくれない場合は、手作業でJavaFXの設定にScene Builderを設定しましょう。Scene Builderは、以下のアドレスで配布されています。

　　https://gluonhq.com/products/scene-builder/

　ここからScene Builderをダウンロードしインストールをしてください。そして、IntelliJの「**File**」メニューから「**Settings…**」を選び、現れたウィンドウから「**Language & Frameworks**」内にある「**JavaFX**」を選択します。これで右側に「**Path to Scene Builder**」という項目が表示されるので、ここにインストールしたScene Builderのパスを入力してください。これでScene Builderが使えるようになります。

●図6-13：「JavaFX」の「Path to Scene Builder」にパスを入力する。

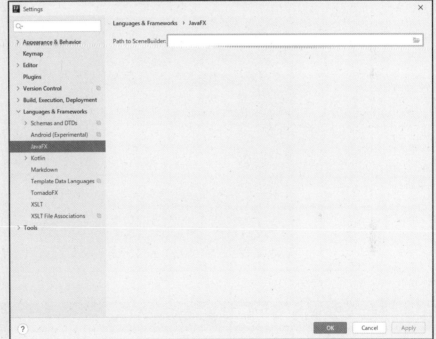

## ◉ コントロールの配置

　このScene Builderは、左側にコンテナやコントロール類がリストにまとめられて表示されています。ここから使いたい部品をドラッグし配置したいところにドロップすれば、その場所に部品が組み込まれます。

　追加された部品を選択すると、右側にプロパティが一覧表示されます。ここからプロパティ

の値を編集することで表示などを変更できます。

　中央のエリアはGUIのプレビューになっており、配置した部品の位置や大きさを調整することができます。部品の四隅や上下左右の端の部分をマウスでドラッグすることで大きさが変更されます。

　このScene Builderは、決して複雑なツールではありません。**「左に部品」「中央にデザインエリア」「右にプロパティ」**という基本をよく理解し、**「部品をデザインエリアにドラッグ＆ドロップして配置し、プロパティを編集する」**という手順さえわかれば使えるようになります。

　ここでは、Scene Builderの詳細についてこれ以上は説明しません。実際にいろいろな部品を配置して表示を確かめながらScene Builderの使い方を覚えていくようにしましょう。

⊕図6-14：左側のリストからコントロールを中央にドラッグ＆ドロップすると部品を配置できる。右側のプロパティを編集すれば表示を変更できる。

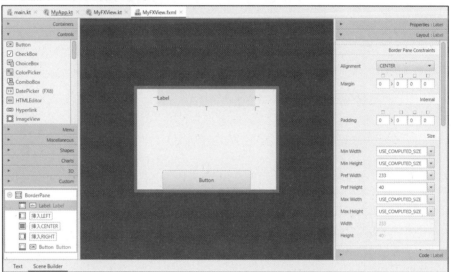

# FXMLファイルを編集する

　では、かんたんなサンプルを作成してみましょう。FXMLにコントロールをいくつか配置し、それを操作するプログラムを用意してみます。

　まずFXMLファイルから作っていきます。MyFXView.fxmlを開き、表示モードを**「Code」**に切り替えて以下のように内容を記述してください。

⊕リスト6-12

```
<?xml version="1.0" encoding="UTF-8"?>
```

```
<?import javafx.scene.control.*?>
<?import javafx.scene.layout.*?>
<?import javafx.scene.text.*?>

<BorderPane xmlns="http://javafx.com/javafx/11.0.1"
    xmlns:fx="http://javafx.com/fxml/1"
    prefHeight="200.0" prefWidth="394.0"
    BorderPane.alignment="CENTER">
  <top>
    <Label text="This is sample.l" BorderPane.alignment="CENTER">
      <font>
        <Font size="24.0" />
      </font>
    </Label>
  </top>
  <bottom>
    <Button maxWidth="Infinity" minWidth="-Infinity"
        onAction="#doButtonAction" text="Button">
      <font>
        <Font size="18.0" />
      </font>
    </Button>
  </bottom>
</BorderPane>
```

◉図6-15：作成したFXML。「Scene Builder」にモードを切り替えると、このような表示になる。

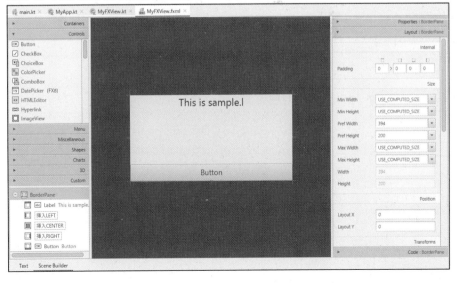

## ◉ BorderPane のレイアウト

では、作成したFXMLのソースコードをチェックしましょう。ここでは、BorderPaneというコンテナを使っていました。これは、以下のような形でコントロールを組み込みます。

```
<BorderPane>
  <top>
    ……上部の表示……
  </top>
  <bottom>
    ……下部の表示……
  </button>
  <left>
    ……左側の表示……
  </left>
  <right>
    ……右側の表示……
  </right>
  <center>
    ……中央の表示……
  </center>
</BorderPane>
```

　　<BorderPane>の中に、<top>, <bottom>, <left>, <right>, <center>という5つのタグが用意できます。この中にコントロールなどを配置することで、指定の場所にコントロールが組み込まれます。

　　これらのタグは、順番は特になく、自由に並べて記述できます。また使わないものは省略しても構いません。サンプルでは、<top>と<bottom>だけを用意しておきました。

## ◉ コントロールについて

　　BorderPaneに組み込んでいるのはLabelとButtonのコントロールです。これらはすでに使っていますが、FXMLのタグとして作成するのはこれが初めてですね。

　　まずは、Labelです。これは以下のように書かれていました。

```
<Label text="This is sample.l" BorderPane.alignment="CENTER">
  <font>
    <Font size="24.0" />
  </font>
```

```
</Label>
```

   \<Label\>〜\</Label\>という形でラベルを定義しています。この中には、\<font\>タグがあり、そこで\<Font\>を使ったフォントサイズの設定を行なっています。こんな具合に、コントロールの設定なども、すべてその内部に専用のタグを使って記述していきます。

   もう一つのButtonについても見てみましょう。ここでは以下のように記述されています。

```
<Button maxWidth="Infinity" minWidth="-Infinity"
    onAction="#doButtonAction" text="Button">
  <font>
    <Font size="18.0" />
  </font>
</Button>
```

   やはり、内部に\<font\>でフォントの設定がされていますね。が、ここでのポイントは、\<Button\>タグの属性です。maxWidth, minWidthはコントロールの最小幅・最大幅を示すものです。Infinityというのは無限大を示します。ここでは**「マイナス無限大〜無限大」**、つまり最小も最大も限界なくできるようにしています。

   そして、onAction="#doButtonAction"というのがボタンをクリックした際の処理を示すものです。これは、対応するViewクラスのdoButtonActionメソッドをしているのです。このように**「#メソッド名」**と記述することで、そのFXMLに対応する（同名の）Viewクラスにあるメソッドを関連付けることができます。

# MyFXViewの修正

   では、MyFXView.fxmlに対応するViewクラス**「MyFXView.kt」**を修正しましょう。以下のように書き換えてください。

**○リスト6-13**

```
package com.example

import javafx.scene.control.Alert
import javafx.scene.layout.BorderPane
import tornadofx.*

class MyFXView : View("My View") {
    override val root: BorderPane by fxml()
```

```
    fun doButtonAction() {
        alert(Alert.AlertType.INFORMATION,"This is sample!")
    }
}
```

　ここでは、doButtonActionというメソッドを用意しています。先に<Button>のonActionに
設定されていたメソッドですね。

　ここでは、「**alert**」という関数を実行しています。これはアラートウィンドウを呼び出すため
のもので、以下のように記述します。

```
alert(《AlertType》, テキスト )
```

　第1引数には、Alert.AlertTypeにあるアラートの種類を示す値を指定します。ここでは
INFORMATIONを指定して、一般的なインフォメーションアラートにしています。そして第2引
数に、アラートで表示するテキストを用意します。

　このalertによるアラート表示は、ちょっとしたメッセージを画面に表示するのに結構使える
ので、ぜひここで覚えておきましょう。

## ◉ MyAppクラスを修正する

　これでMyFXViewは完成しました。が、まだ「**アプリを起動したらMyFXViewを表示す
る**」ようにはなっていません。最後にMyApp.ktを開き、MyAppクラスを以下のように修正しま
しょう。

**◉リスト6-14**

```
class MyApp: App(MyFXView::class)
```

　これで、アプリケーションを実行するとMyFXViewがウィンドウとして表示されるようになり
ました。では、アプリを実行して見ましょう。そしてウィンドウに表示されるボタンをクリックして
みてください。ちゃんとアラートが表示されましたか?

**◉図6-16:アプリを実行し、現れたウィンドウのボタンをクリックするとアラートが表示される。**

## コントロールの操作

　ボタンクリックの処理は、onAction属性でかんたんに行なえます。では、処理の中で
TextFieldやLabelを利用するにはどうすればいいのでしょうか。

　これは、IDを指定することでFXMLに用意したコントロールをView側で取り出せるように
するのです。そうすることで、View側でコントロールにいろいろな操作が行なえるようになりま
す。

　では、実際にやってみましょう。まずFXMLの修正からです。MyFXView.fxmlの内容を以
下に修正してください。

⊕ リスト6-15

```xml
<?xml version="1.0" encoding="UTF-8"?>

<?import javafx.scene.control.*?>
<?import javafx.scene.layout.*?>
<?import javafx.scene.text.*?>

<BorderPane xmlns="http://javafx.com/javafx/11.0.1"
    xmlns:fx="http://javafx.com/fxml/1"
    prefHeight="200.0" prefWidth="394.0"
    BorderPane.alignment="CENTER">
  <top>
    <Label fx:id="msg" BorderPane.alignment="CENTER">
      <font>
        <Font size="24.0" />
      </font>
    </Label>
  </top>
  <center>
    <TextField fx:id="field">
      <font>
        <Font size="16.0" />
      </font>
    </TextField>
  </center>
  <bottom>
    <Button maxWidth="Infinity" minWidth="-Infinity"
        onAction="#doButtonAction" text="Button">
      <font>
```

```
        <Font size="16.0" />
      </font>
    </Button>
  </bottom>
</BorderPane>
```

今回は、<center>に<TextField>を用意しました。これは、TextFieldのタグですね。<font>を用意してフォントサイズを設定してあります。

そして、それとは別に<Label>と<TextField>に「**fx:id**」という属性が追加されています。以下の部分です。

```
<Label fx:id="msg" ……>
<TextField fx:id="field">
```

このfx:idというのが、コントロールに割り当てられるIDです。これで、Labelには"msg"、TextFieldには"field"というIDが割り当てられました。これを使って、MyFXViewクラス側でコントロールを取得して処理します。

## ◉ MyFXViewクラスを修正する

では、MyFXViewクラスを修正しましょう。MyFXView.ktファイルを開いて以下のように内容を修正してください。

⊕ リスト6-16

```
package com.example

import javafx.beans.property.SimpleStringProperty
import javafx.scene.control.Alert
import javafx.scene.control.Label
import javafx.scene.control.TextField
import javafx.scene.layout.BorderPane
import tornadofx.*

class MyFXView : View("My View") {
    override val root: BorderPane by fxml()

    val msg:Label by fxid("msg")
    val field:TextField by fxid("field")
    val msgValue = SimpleStringProperty()
```

```
    val fieldValue = SimpleStringProperty()

    fun doButtonAction() {
        msgValue.value = "こんにちは、${fieldValue.value}さん!"
        fieldValue.value = ""
    }

    init {
        msg.bind(msgValue)
        field.bind(fieldValue)
        msgValue.value = "お名前は?"
    }
}
```

◉図6-17：入力フィールドに名前を書いてボタンをクリックするとメッセージが表示される。

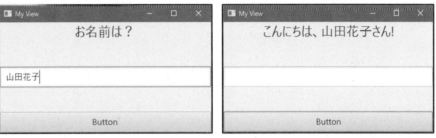

修正できたらアプリを実行してみましょう。今回は入力フィールドが追加になっています。ここに名前を書いてボタンをクリックすると、上に「こんにちは、〇〇さん!」とメッセージが表示されます。

## ◉ プロパティの用意

では、作成したソースコードを見てみましょう。ここでは4つのプロパティが追加されていますね。まず、コントロール関係のプロパティです。

```
val msg:Label by fxid("msg")
val field:TextField by fxid("field")
```

LabelとTextFieldのプロパティが用意されています。これらは、それぞれ「by fxid」というものが付けられています。これにより、fxid関数の引数に指定したIDのコントロールが自動的に

バインドされます。つまり、このようにプロパティを用意しておけば、何もしなくとも画面に表示されるLabelとTextFieldがmsgとfieldに割り当てられるのです。

## ◉ プロパティクラスの用意

続いて、プロパティクラスを割り当てるプロパティです。ここでは以下の2つが用意されていますね。

```
val msgValue = SimpleStringProperty()
val fieldValue = SimpleStringProperty()
```

SimpleStringPropertyは、すでに使いました。テキストの値を管理するプロパティクラスでしたね。これらをコントロールの表示に割り当てて使います。

## ◉ 初期化処理

では、これらの初期化をどのように行っているのか、initを見てみましょう。すると以下のように記述されています。

```
init {
  msg.bind(msgValue)
  field.bind(fieldValue)
  msgValue.value = "お名前は？"
}
```

「bind」というのは、コントロールに用意されているメソッドで、引数に指定したプロパティをコントロールに関連付けるためのものです。msg.bind(msgValue)により、fx:id="msg"のLabelの値にmsgValueが関連付けられます。同様に、field.bind(fieldValue)によってfx:id="field"のTextFieldの値にfieldValueが関連付けられます。

## ◉ ボタンアクション

残るは、ボタンアクションのdoButtonAction関数の処理ですね。ここでは以下のように処理を行なっています。

```
fun doButtonAction() {
  msgValue.value = "こんにちは、${fieldValue.value}さん！"
```

```
        fieldValue.value = ""
}
```

この処理、見たことありますね？ そう、FXMLを使わずMainViewで作成したサンプルで、これと同じことをしていました。SimpleStringPropertyの値を操作することで、それが関連付けられているコントロールの表示が自動的に更新されるんでしたね。

FXMLを利用する場合は、initでコントロールとプロパティクラスをbindで関連付ける操作が必要になりますが、そこさえできれば後はプロパティクラスを操作するだけです。コントロールを操作する必要もなくなり、純粋に値の操作だけを考えればいいことになります。

## その他の主なコントロールについて

これでコントロールの基本的な使い方はわかってきました。では、その他のコンポーネントについてもざっと使い方を見てみましょう。コントロールはたくさんのものが用意されていますが、ここでは比較的使用頻度の高い「**チェックボックス**」「**ラジオボタン**」「**コンボボックス**」について使ってみることにします。

まずは、FXMLの記述についてまとめておきましょう。

### ◉ CheckBox について

チェックボックスは「**CheckBox**」というコントロールとして用意されています。これは、以下のような形で記述します。

```
<CheckBox text="ラベル" selected="真偽値">
```

チェックの右側に表示されるテキストはtextで指定できます。またON/OFF状態は、selected属性で設定することができます。

### ◉ RadioButton と ToggleGroup について

ラジオボタンは「**RadioButton**」というコントロールとして用意されます。これは以下のように記述をします。

```
<RadioButton text="ラベル" selected="真偽値">
```

CheckBoxと同様に、textでラジオボタンの右側に表示されるテキストを、そしてselectedでON/OFF状態を設定できます。

ただし、チェックボックスとラジオボタンの大きな違いは、ラジオボタンは**「複数の中で一つだけが選択される」**という点です。<RadioButton>を用意するだけでは、この部分が実装されません。

これには、ON/OFFするコントロールのグループを管理する**「ToggleGroup」**というものを用意する必要があります。これは以下のように記述をします。

```
<ToggleGroup fx:id="IDの指定" />
```

こうして用意したToggleGroupのIDをRadioButtonの**「toggleGroup」**という属性に指定します。IDは、**「$○○」**というように$の後にID値を指定して記述をします。

## ◉ ComboBox と FXCollections について

ComboBoxは、<ComtoBox>として用意されています。これは内部に表示する項目の情報を用意する必要があり、これは<itcms>というもので設定します。

```
<ComboBox>
  <items>
    ……表示する内容……
  </items>
</ComboBox>
```

このような形で記述するのが基本となるでしょう。肝心の表示項目は、<FXCollections>というものを利用するのが一般的でしょう。これは以下のような形で値を記述します。

```
<FXCollections fx:factory="observableArrayList">
  <String fx:value="項目名" />
  ……必要なだけ用意……
</FXCollections>
```

これで必要な項目を用意することができます。この<FXCollections>は、fx:factoryで指定したコレクションを扱うためのもので、ここではObservableArrayListというものを使ってコレクションを作成するものです。

（※ObservableArrayListは前章のAndroid開発のところでも出てきましたが、直接関係はありません。同じ名前ですが、こちらはJavaFXの機能です）

## コントロールを利用する

では、これらのコントロールを実際に利用する例を挙げておきましょう。MyFXView.fxmlの内容を以下に書き換えます。

**○リスト6-17**

```xml
<?xml version="1.0" encoding="UTF-8"?>

<?import java.lang.*?>
<?import javafx.collections.*?>
<?import javafx.geometry.*?>
<?import javafx.scene.control.*?>
<?import javafx.scene.layout.*?>
<?import javafx.scene.text.*?>

<BorderPane prefHeight="200.0" prefWidth="600.0"
    BorderPane.alignment="CENTER"
    xmlns="http://javafx.com/javafx/11.0.1"
    xmlns:fx="http://javafx.com/fxml/1">
  <top>
    <Label fx:id="msg" BorderPane.alignment="CENTER">
      <font><Font size="24.0" /></font>
    </Label>
  </top>
  <center>
    <VBox>
      <padding>
        <Insets topRightBottomLeft="10.0" />
      </padding>
      <CheckBox fx:id="check" text="check box">
        <font><Font size="16.0"/></font>
        <padding><Insets top="10.0"/></padding>
      </CheckBox>
      <RadioButton text="radio A" selected="true">
        <toggleGroup>
          <ToggleGroup fx:id="tg" />
        </toggleGroup>
        <font><Font size="16.0"/></font>
        <padding><Insets top="10.0"/></padding>
      </RadioButton>
```

```
    <RadioButton text="radio B" toggleGroup="$tg">
      <font><Font size="16.0"/></font>
      <padding>
        <Insets top="10.0" bottom="10.0"/>
      </padding>
    </RadioButton>
    <ComboBox fx:id="combo" maxWidth="Infinity">
      <items>
        <FXCollections fx:factory="observableArrayList">
          <String fx:value="Windows" />
          <String fx:value="Mac" />
          <String fx:value="Linux" />
          <String fx:value="Chromebook" />
        </FXCollections>
      </items>
    </ComboBox>
  </VBox>
</center>
<bottom>
  <Button maxWidth="Infinity" minWidth="-Infinity"
      onAction="#doButtonAction" text="Button">
    <font><Font size="16.0"/></font>
    <padding><Insets top="10.0"/></padding>
  </Button>
</bottom>
</BorderPane>
```

FXMLはタグを組み合わせてコントロールを記述していくので、ちょっとしたデザインでも結構長くなってしまいます。間違えないように！

## ◉ paddingについて

ここではコントロール関係のタグの中に\<padding\>というタグが用意されています。これは、スタイルシートのpaddingに相当するもので、コントロールの周囲の余白を指定するものです。これは以下のように記述をします。

```
<padding>
  <Insets …… />
</padding>
```

　　　　　`<Insets>`というタグで余白幅を指定します。top, bottom, left, rightといった属性で上下左右の幅を指定できますし、topRightBottomLeftという属性で周囲をすべて同じ幅に設定することもできます。

## コントロールをViewクラスから操作する

　　　　　では、作成したFXMLを使って画面に表示をし、用意したコントロールを利用してみましょう。MyFXView.ktを以下のように書き換えてください。

⊕ リスト6-18

```kotlin
package com.example

import javafx.beans.property.SimpleStringProperty
import javafx.scene.control.*
import javafx.scene.layout.BorderPane
import tornadofx.*

class MyFXView : View("My View") {
    override val root: BorderPane by fxml()

    val msg:Label by fxid("msg")
    val msgValue = SimpleStringProperty()
    val check:CheckBox by fxid("check")
    val tg:ToggleGroup by fxid("tg")
    val combo:ComboBox<String> by fxid("combo")

    fun doButtonAction() {
        val ck = check.isSelected
        val rb = (tg.selectedToggle as RadioButton).text
        val cb = combo.selectionModel.selectedItem
        msgValue.value = "check=${ck}, radio='${rb}', combo='${cb}'."
    }

    init {
        msg.bind(msgValue)
        msgValue.value = "Hello"
    }
}
```

●図6-18：UIを操作してボタンをクリックすると、選択状態を表示する。

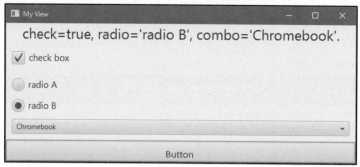

修正できたら実行しましょう。ウィンドウにはチェックボックス、2つのラジオボタン、コンボボックス、プッシュボタンが表示されます。コントロールを操作し、ボタンをクリックすると、それぞれの選択状態が上に表示されます。

## ◉ コントロールのインスタンス取得

ここでは、コントロール関係のインスタンスを用意するのに以下のようなプロパティを追加してあります。

```
val check:CheckBox by fxid("check")
val tg:ToggleGroup by fxid("tg")
val combo:ComboBox<String> by fxid("combo")
```

これで、CheckBox, ToggleGroup, ComboBoxといったクラスのインスタンスがプロパティとして用意できます。ラジオボタンは、選択状態を利用したいならRadioButtonではなく、ToggleGroupを利用するようにします。

そして、ボタンクリックで実行されるdoButtonActionメソッドで、それぞれのコントロールの状態を以下のように変数に取り出します。

```
val ck = check.isSelected
val rb = (tg.selectedToggle as RadioButton).text
val cb = combo.selectionModel.selectedItem
```

CheckBoxは、「**isSelected**」で選択状態が得られます。これは非常にかんたんですね。値は真偽値で得られます。

ラジオボタンの場合、ToggleGroupの「**selectedToggle**」で選択されているコントロール

を得ることができます。ただし、これはRadioButtonではなく、ON/OFFするコンポーネントのベースとなるToggleというクラスのインスタンスとして保管されているので、RadioButtonにキャストして利用する必要があります。

　ComboBoxは、「**selectionModel**」というプロパティに、SingleSelectionModelというクラスのインスタンスが設定されています。これは、項目の選択状態を管理するモデルのクラスです。ここから「**selectedItem**」で選択された項目を取り出すことができます。

　後は、これらの値をテキストにまとめ、msgValueに設定するだけです。

```
msgValue.value = "check=${ck}, radio='${rb}', combo='${cb}'."
```

　これで各コントロールの選択状態が表示できました。msgValueは、Labelに関連付けていますから値を変更すればちゃんと表示されます。

## JavaFXはコントロールが豊富！

　FXMLで使用したコントロールやコンテナは、すべてJavaFXに用意されているものです。TornadoFXを使っているつもりでしたが、気がつけばJavaFXを使ってプログラムを作成していたのですね。

　ここでは、ごく基本的なコントロールだけを使ってみましたが、JavaFXにはこの他にも多数のコントロールが用意されています。またレイアウトを行なうコンテナもたくさんの種類があります。これらを少しずつマスターしていけば、かなり高度な表現も可能になるでしょう。

1
2
3
4
5

Chapter
6

7

## Section 6-3 電卓アプリを作る！

## RPN式電卓を作る

では、実際にTornadoFXを利用したアプリを作ってみましょう。ここでは、ごく基本的な部品の組み合わせで作れるものとして、電卓アプリを作成してみます。

電卓というのは、実際に作ると意外に面倒なものです。数字キーを押し、演算のキーを押し、また数字のキーを押し、次に演算やEnterのキーを押すとようやく前に押した演算キーによる演算を実行します。例えば「100」「+」「200」「=」とタイプしていくと、最後の「=」のところでようやく「100 + 200」の演算結果が表示されるわけですね。つまり、前に入力した値と演算の種類を全部記憶して処理しているわけです。意外と複雑ですね。

そこで、ここではもっと単純な「**RPN式**」という電卓を作ってみます。RPNというのは「**逆ポーランド式**」というもので、数字の後に演算記号を入力する方式のことです。例えば「100 + 200」ならば「**100**」を入力し、それから「**200 +**」と入力すると計算されます。これだと、前に入力した演算の記号を覚えておく必要がないため、処理もシンプルになります。

### ◉RPN電卓の使い方

今回作成する電卓は、さらに処理をシンプルにするため、「**入力用**」と「**結果表示用**」の2つの表示を用意します。そして数字のキーを押して入力用のエリアに数値を入力し、演算キーを押すと結果表示のところに演算結果を表示します。例えば、「**100 + 200**」を計算するならば、こんな具合に実行します。

- ◆1.「100」と入力します。入力エリアに数字が表示されます。
- ◆2.「Enter」をクリックします。これで結果エリアに「100」と表示され、入力エリアはゼロに戻ります。
- ◆3.「200」と入力します。入力エリアに数字が表示されます。
- ◆4.「+」をクリックします。これで結果エリアに「300」と結果が表示され、入力エリアはゼロに戻ります。

こんな具合に、「**数字キーを入力し、演算キーを押す**」というのを繰り返して計算をしていくのです。

⦿図6-19: 作成する電卓アプリ。数字を入力してから演算キーを押して計算する、逆ポーランド式の電卓だ。

# CalcViewを作成する

では、実際に作成してみましょう。これ専用に新しいプロジェクトを作ってもいいのですが、今回は現在使っているプロジェクトに電卓のビューを追加し、それを表示するように修正して利用することにしましょう。

では、IntelliJの「**File**」メニューから「**New**」内の「**TornadoFX View**」メニューを選んでください。そして現れたダイアログで以下のように設定します。

| Name | CalcView |
|------|----------|
| Kind | FXML |
| Type | View |
| Root | javafx.scene.layout.BorderPane |

これで「**OK**」ボタンをクリックすれば、「**main**」フォルダの「**kotlin**」内にある「**com.example**」内に「**CalcView**」が、そして「**resources**」

フォルダの「**com.example**」内に「**CalcView.fxml**」がそれぞれ作成されます。もし、作成された場所が違っていた場合は、ファイルをドラッグして本来の場所に移動しておきましょう。

⬩図6-20：TornadoFX Viewの作成ダイアログで「CalcView」を作る。

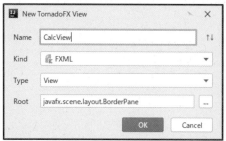

# FXMLを作成する

　では、作成しましょう。ここでは、BorderPaneのレイアウトをベースに、2つのLabelと計16個のButtonを配置していきます。組み込み状態は以下のようになります。

## ✚BorderPane の Top

| VBox | 縦にコントロールを並べるレイアウト用の部品 |
|---|---|
| Label（2個） | VBox内にテキスト表示用の2つのLabel |

## ✚BorderPane の Center

| GridPane | 縦横にグリッド状に分割したそれぞれのマス目にコントロールを組み込んでいくレイアウト用の部品 |
|---|---|
| Button（15個） | 0～9の数字キーと四則演算記号、クリア用のキーの計15個を使いやすい配置を考えて組み込んでいく |

## ✚BoderPane の Bottom

| Button | Enter用のButtonを一つ追加しておく。 |
|---|---|

◉図6-21：CalcViewのレイアウト。BorderPane内にVBoxとGridPaneを追加し、それぞれにButtonとLabelを組み込んでいく。

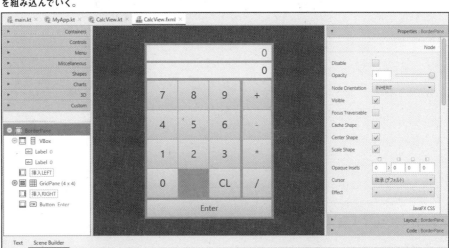

# ◉FXMLのソースコード

　　FXMLのレイアウトは、用意されているツールで作成することもできますが、まったく同じものを作るのはかなり大変です。それよりも、XMLのソースコードを用意し、そのまま記述したほうが確実でしょう。

　　ということで、CalcView.fxmlのソースコードを掲載しておきます。かなり長いものですので、間違えないように記述してください。

◉リスト6-19

```
<?xml version="1.0" encoding="UTF-8"?>

<?import javafx.geometry.*?>
<?import javafx.scene.control.*?>
<?import javafx.scene.layout.*?>
<?import javafx.scene.text.*?>

<BorderPane prefHeight="400.0" prefWidth="300.0"
    style="-fx-background-color: #aaaaaa;"
    xmlns="http://javafx.com/javafx/11.0.1"
    xmlns:fx="http://javafx.com/fxml/1">
  <opaqueInsets>
    <Insets />
  </opaqueInsets>
  <padding>
```

```
              <Insets bottom="5.0" left="5.0" right="5.0" top="5.0" />
          </padding>
          <top>
              <VBox BorderPane.alignment="CENTER">
                  <children>
                      <Label fx:id="result" alignment="TOP_RIGHT"
                          maxWidth="Infinity" style="-fx-background-color:WHITE;"
                          text="0" textFill="RED">
                          <font>
                              <Font size="24.0" />
                          </font>
                          <VBox.margin>
                              <Insets bottom="5.0" />
                          </VBox.margin>
                          <padding>
                              <Insets left="10.0" right="10.0" />
                          </padding>
                      </Label>
                      <Label fx:id="answer" alignment="CENTER_RIGHT"
                          maxWidth="Infinity"
                          style="-fx-background-color: WHITE;" text="0">
                          <font>
                              <Font size="24.0" />
                          </font>
                          <opaqueInsets>
                              <Insets left="5.0" />
                          </opaqueInsets>
                          <padding>
                              <Insets left="10.0" right="10.0" />
                          </padding>
                          <VBox.margin>
                              <Insets bottom="5.0" />
                          </VBox.margin>
                      </Label>
                  </children>
              </VBox>
          </top>
          <center>
              <GridPane BorderPane.alignment="CENTER">
                  <columnConstraints>
                      <ColumnConstraints hgrow="SOMETIMES"
```

```
            minWidth="10.0" prefWidth="100.0" />
    <ColumnConstraints hgrow="SOMETIMES"
            minWidth="10.0" prefWidth="100.0" />
    <ColumnConstraints hgrow="SOMETIMES"
            minWidth="10.0" prefWidth="100.0" />
    <ColumnConstraints hgrow="SOMETIMES"
            minWidth="10.0" prefWidth="100.0" />
</columnConstraints>
<rowConstraints>
    <RowConstraints minHeight="10.0"
            prefHeight="30.0" vgrow="SOMETIMES" />
    <RowConstraints minHeight="10.0"
            prefHeight="30.0" vgrow="SOMETIMES" />
    <RowConstraints minHeight="10.0"
            prefHeight="30.0" vgrow="SOMETIMES" />
    <RowConstraints minHeight="10.0"
            prefHeight="30.0" vgrow="SOMETIMES" />
</rowConstraints>
<children>
    <Button maxHeight="Infinity" maxWidth="Infinity"
            mnemonicParsing="false" onAction="#Do_7"
                text="7" GridPane.columnIndex="0">
        <font>
            <Font size="24.0" />
        </font>
    </Button>
    <Button maxHeight="Infinity" maxWidth="Infinity"
            mnemonicParsing="false" onAction="#Do_8"
            text="8" GridPane.columnIndex="1">
        <font>
            <Font size="24.0" />
        </font>
    </Button>
    <Button maxHeight="Infinity" maxWidth="Infinity"
            mnemonicParsing="false" onAction="#Do_9"
            text="9" GridPane.columnIndex="2">
        <font>
            <Font size="24.0" />
        </font>
    </Button>
    <Button maxHeight="Infinity" maxWidth="Infinity"
```

```
           mnemonicParsing="false" onAction="#Do_plus"
           text="+" GridPane.columnIndex="3">
        <font>
           <Font size="24.0" />
        </font>
        <GridPane.margin>
           <Insets left="5.0" />
        </GridPane.margin>
     </Button>
     <Button maxHeight="Infinity" maxWidth="Infinity"
        mnemonicParsing="false" onAction="#Do_4"
        text="4" GridPane.rowIndex="1">
        <font>
           <Font size="24.0" />
        </font>
     </Button>
     <Button maxHcight="Infinity" maxWidth="Infinity"
        mnemonicParsing="false" onAction="#Do_5" text="5"
        GridPane.columnIndex="1" GridPane.rowIndex="1">
        <font>
           <Font size="24.0" />
        </font>
     </Button>
     <Button maxHeight="Infinity" maxWidth="Infinity"
        mnemonicParsing="false" onAction="#Do_6" text="6"
        GridPane.columnIndex="2" GridPane.rowIndex="1">
        <font>
           <Font size="24.0" />
        </font>
     </Button>
     <Button maxHeight="Infinity" maxWidth="Infinity"
        mnemonicParsing="false" onAction="#Do_minus" text="-"
        GridPane.columnIndex="3" GridPane.rowIndex="1">
        <font>
           <Font size="24.0" />
        </font>
        <GridPane.margin>
           <Insets left="5.0" />
        </GridPane.margin>
     </Button>
     <Button maxHeight="Infinity" maxWidth="Infinity"
```

```
          mnemonicParsing="false" onAction="#Do_1"
          text="1" GridPane.rowIndex="2">
       <font>
          <Font size="24.0" />
       </font>
   </Button>
   <Button maxHeight="Infinity" maxWidth="Infinity"
          mnemonicParsing="false" onAction="#Do_2"
          text="2" GridPane.columnIndex="1" GridPane.rowIndex="2">
       <font>
          <Font size="24.0" />
       </font>
   </Button>
   <Button maxHeight="Infinity" maxWidth="Infinity"
          mnemonicParsing="false" onAction="#Do_3" text="3"
          GridPane.columnIndex="2" GridPane.rowIndex="2">
       <font>
          <Font size="24.0" />
       </font>
   </Button>
   <Button maxHeight="Infinity" maxWidth="Infinity"
          mnemonicParsing="false" onAction="#Do_multi"
          text="*" GridPane.columnIndex="3" GridPane.rowIndex="2">
       <font>
          <Font size="24.0" />
       </font>
       <GridPane.margin>
          <Insets left="5.0" />
       </GridPane.margin>
   </Button>
   <Button maxHeight="Infinity" maxWidth="Infinity"
       mnemonicParsing="false" onAction="#Do_0" text="0"
       GridPane.rowIndex="3">
       <font>
          <Font size="24.0" />
       </font>
   </Button>
   <Button maxHeight="Infinity" maxWidth="Infinity"
          mnemonicParsing="false" onAction="#Do_div"
          text="/" GridPane.columnIndex="3" GridPane.rowIndex="3">
       <font>
```

```
                    <Font size="24.0" />
                </font>
                <GridPane.margin>
                    <Insets left="5.0" />
                </GridPane.margin>
            </Button>
            <Button maxHeight="Infinity" maxWidth="Infinity"
                mnemonicParsing="false" onAction="#DoClear"
                text="CL" GridPane.columnIndex="2" GridPane.rowIndex="3">
                <font>
                    <Font size="24.0" />
                </font></Button>
        </children>
        <padding>
            <Insets bottom="5.0" />
        </padding>
        <opaqueInsets>
            <Insets />
        </opaqueInsets>
    </GridPane>
  </center>
  <bottom>
    <Button maxWidth="Infinity" mnemonicParsing="false"
        onAction="#DoCalc" text="Enter" BorderPane.alignment="CENTER">
        <font>
            <Font size="18.0" />
        </font>
    </Button>
  </bottom>
</BorderPane>
```

## ◉ GridPaneについて

　ここでは、ボタンを配置するのに「**GridPane**」というレイアウト用のコンテナを使っています。これは、エリアを縦横いくつかに分割し、それぞれの場所にコントロールを配置していくものです。

　このGridPaneは、以下のような形になっています。

```
<GridPane>
  <columnConstraints>
```

```
    <ColumnConstraints />
    ……必要なだけ用意……
  </columnConstraints>
  <rowConstraints>
    <RowConstraints />
    ……必要なだけ用意……
  </rowConstraints>
  <children>
    ……コントロールを配置……
  </children>
</GridPane>
```

　　　　＜columnConstraints＞と＜rowConstraints＞というものを用意し、この中に列（縦の分割）と行（横の分割）の情報を用意していきます。これらはそれぞれ＜ColumnConstraints /＞と＜RowConstraints /＞という形で用意されます。これらは、分割する数だけ用意します。例えば、＜ColumnConstraints /＞を2つ用意すればエリアを縦に2つ分割しますし、＜RowConstraints /＞を3つ用意すれば横に3つ分割します。これで、2×3の計6個のエリアに分割されたレイアウトが用意できるわけです。

　　　　この中に組み込むコントロールは、＜children＞タグ内に用意していきますが、コントロールのタグには以下のようにして配置する場所を示す属性を用意しておきます。

```
GridPane.columnIndex="番号" GridPane.rowIndex="番号"
```

　　　　これらは、それぞれゼロから割り振られます。どちらもゼロならば、左上の区画に配置されます。そしてcolumnIndexが増えれば右の列に、rowIndexが増えれば下の行に配置されていきます。

## CalcView の処理を作成する

　　　　では、ビューのコントローラーとなるCalcView.ktのソースコードを記述しましょう。以下のように内容を書き換えてください。

●リスト6-20

```
package com.example

import javafx.beans.property.SimpleStringProperty
import javafx.scene.control.*
```

```
import javafx.scene.layout.BorderPane
import tornadofx.*

class CalcView : View("My View") {
    override val root: BorderPane by fxml() // ルートのコンテナ
    val res:Label by fxid("result")  // 結果表示用Label
    val resValue = SimpleStringProperty() // resLabelの値
    val answer:Label by fxid("answer") // 入力用のLabel
    val answerValue = SimpleStringProperty() // answerLabelの値
    var flag = false // 演算の実行を示すフラグ変数

    // 初期化処理
    init {
        answer.bind(answerValue)
        answerValue.value = "0"
        res.bind(resValue)
        resValue.value = "0"
    }

    // 数字キーのアクション用関数
    fun Do_0() { DoNumber(0) }
    fun Do_1() { DoNumber(1) }
    fun Do_2() { DoNumber(2) }
    fun Do_3() { DoNumber(3) }
    fun Do_4() { DoNumber(4) }
    fun Do_5() { DoNumber(5) }
    fun Do_6() { DoNumber(6) }
    fun Do_7() { DoNumber(7) }
    fun Do_8() { DoNumber(8) }
    fun Do_9() { DoNumber(9) }
    // 演算キーのアクション用関数
    fun Do_plus() { DoOp('+') }
    fun Do_minus() { DoOp('-') }
    fun Do_multi() { DoOp('*') }
    fun Do_div() { DoOp('/') }

    // 数字キーを押したときの処理
    fun DoNumber(n:Int) {
        if (flag) {
            flag = false
            answerValue.value = "0"
```

```
        }
        val s = answerValue.value + n.toString()
        val num = s.toInt()
        answerValue.value = num.toString()
    }

    // 演算キーを押したときの処理
    fun DoOp(n:Char) {
        val newValue = answerValue.value.toInt()
        var lastValue = resValue.value.toInt()
        when(n) {
            '+'-> lastValue += newValue
            '-'-> lastValue -= newValue
            '*'-> lastValue *= newValue
            '/'-> lastValue /= newValue
        }
        resValue.value = lastValue.toString()
        answerValue.value = "0"
        flag = true
    }

    // CLキーの処理
    fun DoClear() {
        if (answerValue.value == "0") {
            resValue.value = "0"
        }
        answerValue.value = "0"
    }

    // Enterキーの処理
    fun DoCalc() {
        resValue.value = answerValue.value
        answerValue.value = "0"
    }
}
```

　　こちらは、レイアウトファイル（FXML）に比べると意外にシンプルです。その大半はキーを押したときの処理ですが、これらは基本的にanswerValueとresValueという2つのLabelの表示テキストを管理する値を操作するだけです。それ以外のことはほとんどしていません。

## ◉ CalcViewをMyAppで実行する

最後に、MyApp.ktを開き、class MyAppの宣言部分を以下のように修正しましょう。

◉ リスト6-21——MyApp.kt

```
class MyApp: App(CalcView::class)
```

これで、実行するとCalcViewが開かれるようになります。実際に動かして動作を確認しましょう。

TornadoFXは、こんな具合に「**ビューを作成し、それをMyAppで表示する**」だけで表示されるウィンドウが変わります。基本的な使い方がわかったら、キーの処理などをいろいろとカスタマイズしてみると面白いでしょう。

# Compose for Desktop による開発

## 新しいGUIライブラリ「Compose for Desktop」

JavaFXは、比較的かんたんにデスクトップアプリケーションを作成できますが、これはもともとJavaのために作られたものであり、Kotlinのためのものではありません。TornadoFXにはKotlinらしく利用できるような工夫が施されていますが、やはり**「Kotlinのための純正GUIライブラリ」**のようなものがほしいところですね。

こうした要望があることはわかっていたのでしょう。Kotlinの開発元であるJetBrainsでは、Kotlin用のオリジナルGUIライブラリの開発を進めています。それが**「Compose for Desktop」**というものです。

**「オリジナル」**といっても、実をいえばこれにはベースとなる技術があります。それは、Androidの新しいGUIライブラリである**「Compose」**というものです。このComposeをベースにして、デスクトップで利用できるようにしたものが**「Compose for Desktop」**です。

これは、2020年11月に初めて開発者向けの α 版がリリースされたばかりという状況ですので、正式にリリースされるのは当分先のことになるでしょう（そもそもベースとなるAndroidのComposeすらまだベータ段階です）。ですが、**「Compose for Desktopを使うとデスクトップアプリケーションがどのように開発できるようになるか」**を体験することはできます。

いずれKotlinのデスクトップ開発の標準となるだろう技術ですから、今のうちに体験しておくのは決して損にはならないでしょう。

### ✚ Compose for Desktop

https://www.jetbrains.com/lp/compose/

◎図6-22：Compose for Desktopのサイト。ここで必要な情報は入手できる。

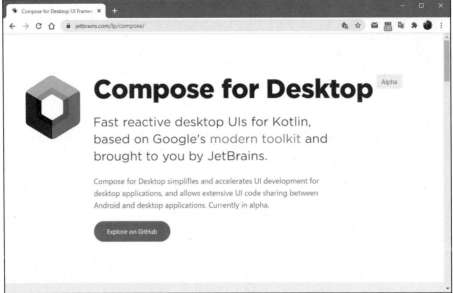

> **Column** JDKのバージョンについて
>
> 　このCompose for Desktopを利用する場合、注意してほしいのが「**JDKのバージョン**」です。このライブラリは、JDK 11以降のものでないと動作しません。あらかじめJDK 11以降をインストールしてから利用してください。

# プロジェクトを作成する

　では、実際にプロジェクトを作成してCompose for Desktopを利用してみましょう。「**File**」メニューの「**New**」にある「**Project...**」メニューを選び、プロジェクト作成のウィンドウを呼び出してください。あるいはWelcomeウィンドウの「**New Project...**」リンクをクリックしても同様です。

　ウィンドウが現れたら、左側のリストから「**Kotlin**」を選択します。そしてNameにプロジェクト名として「**SampleComposeApp**」と入力をします。その下には「**Project Tempaltes**」というリストが表示されています。この中から「**Jetpack Compose for Desktop**」という欄にある「**Desktop use Kotlin xxx（xxxはバージョン）**」という項目を選択してください。

**図6-23：New Project ウィンドウで Kotlin/Multiplatform を選択する。**

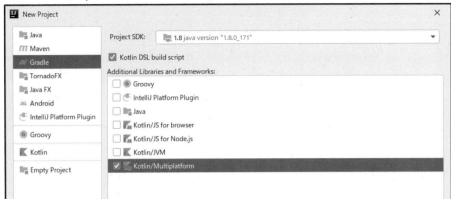

続いて、テンプレートとテストフレームワーク、ターゲットJVMを指定する表示に変わります。これらは、基本的にすべてデフォルトのままにしておいてください。

**図6-24：テンプレート、テストフレームワーク、ターゲットJVMの指定。**

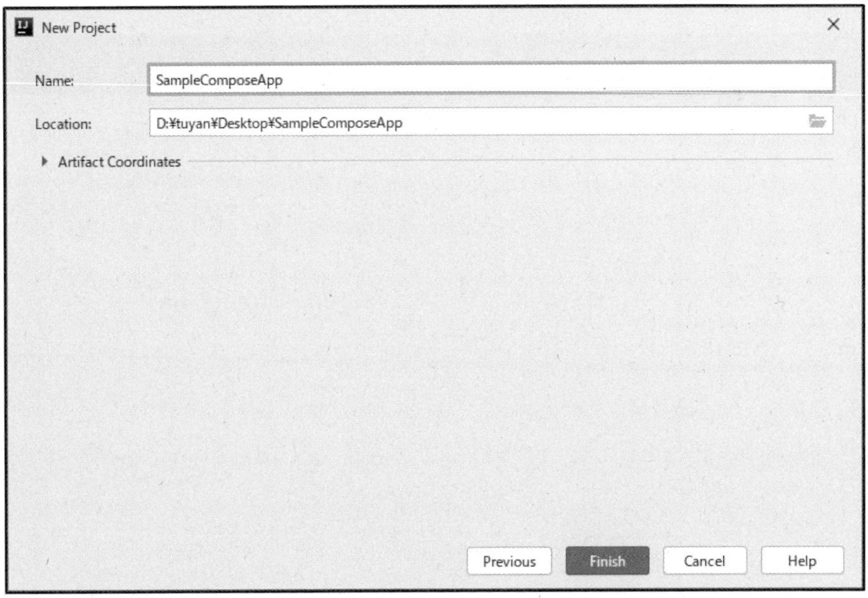

「**Finish**」ボタンをクリックすれば、プロジェクトが作成されます。

作成したら、プロジェクトのJDKを設定しておきましょう。「**File**」メニューの「**Project Structore...**」メニューで設定ダイアログを呼び出し、左側のリストから「**Project**」を選択します。そして「**Project SDK**」をJDK11以降に設定してください。

● 図6-25：プロジェクトのJDKを11以降に変更する。

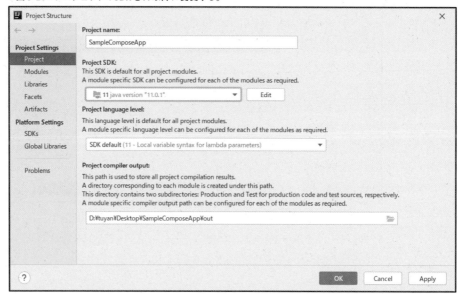

## プロジェクトの内容を確認する

これで、Kotlinのマルチプラットフォーム用プロジェクトが作成できました。見たところ、通常のプロジェクトと同じように見えますが、Compose for Desktopを利用するための設定などが用意されています。では、Compose for Desktopを利用するために、どのような設定が用意されているのか、確認をしておきましょう。

まず、プロジェクトフォルダ内にある「**settings.gradle.kts**」というファイルを開いてください。ここには、以下のように記述されているでしょう。

● リスト6-21

```
pluginManagement {
    repositories {
        gradlePluginPortal()
        mavenCentral()
```

```
        maven { url = uri("https://maven.pkg.jetbrains.space/public/p/compose/dev") }
    }

}
rootProject.name = "SampleComposeApp"
```

pluginManagementのrepositoriesには、利用するリポジトリが記述されています。mavenCentralがJavaのパッケージ類の基本的なリポジトリであり、gradlePluginPortalはGradle関連のリポジトリです。

その下にあるmaven文で、Compose for Desktopの開発中パッケージへのリポジトリが追加されています。これにより、Compose for Desktopが使えるようになります。

## ◉ build.gradle.kts の内容

続いて、ビルドに関する設定を確認しましょう。「**build.gradle.kts**」ファイルを開いて、どのように記述されているのか見てみましょう。なお、IntelliJ IDEAとCompose for Desktopのバージョンによっては内容が一部変わっている場合もあります。

**◉ リスト6-22**

```
import org.jetbrains.compose.compose
import org.jetbrains.compose.desktop.application.dsl.TargetFormat
import org.jetbrains.kotlin.gradle.tasks.KotlinCompile

plugins {
    kotlin("jvm") version "1.4.20" // ☆
    id("org.jetbrains.compose") version "0.2.0-build132" // ☆
}

group = "……グループID……"
version = "1.0"

repositories {
    jcenter()
    mavenCentral()
    maven { url = uri("https://maven.pkg.jetbrains.space/public/p/compose/dev") }
}

dependencies {
    implementation(compose.desktop.currentOs)
```

```
}

tasks.withType<KotlinCompile>() {
    kotlinOptions.jvmTarget = "11"
}

compose.desktop {
    application {
        mainClass = "MainKt"
        nativeDistributions {
            targetFormats(TargetFormat.Dmg, TargetFormat.Msi, TargetFormat.Deb)
            packageName = "SampleComposeApp"
        }
    }
}
```

　ここでは、pluginsというところにKotlinとCompose for Desktopのプラグインバージョンが記述されています。また、compose.desktopというところに、Compose for Desktopのアプリケーションに関する情報が記述されています。これらにより、Compose for Desktopアプリケーションのビルドが行なわれるようになっているのですね。

　なお、Compose for Desktopは現在も日々更新されています。最新バージョンを利用する際は、https://www.jetbrains.com/lp/compose/から最新バージョンの情報を調べ、☆のバージョンを修正することで対応できます。

## main.ktの作成

　作成されたプロジェクトには、ソースコード関連がまだ何もありません。具体的なプログラムを作成していきましょう。

　Projectツールウィンドウで、プロジェクトの「**src**」フォルダ内の「**main**」内にある「**kotlin**」フォルダの中に「**main.kt**」ファイルが作成されています。ここには、デフォルトでかんたんなソースコードが記述されています。このままでもいいのですが、少し修正してアプリを動かしてみることにしましょう。

**○リスト6-23**

```
import androidx.compose.desktop.Window
import androidx.compose.foundation.layout.Arrangement
import androidx.compose.foundation.layout.Column
import androidx.compose.material.Button
```

```
import androidx.compose.material.MaterialTheme
import androidx.compose.material.Text
import androidx.compose.ui.text.TextStyle
import androidx.compose.ui.unit.IntSize
import androidx.compose.ui.unit.dp
import androidx.compose.ui.unit.sp

fun main() = Window(title = "Compose for Desktop",
        size = IntSize(300, 150)) {
  MaterialTheme {
    Column(verticalArrangement = Arrangement.spacedBy(10.dp)) {
      Text("Welcome to Compose!",
            style = TextStyle(fontSize = 20.sp))
      Button(
            onClick = {}) {
        Text("Hello World")
      }
    }
  }
}
```

**◉図6-26：main関数を実行すると、アプリが実行されウィンドウが表示される。**

内容については後で説明するとして、実際に動かしてみましょう。記述すると、main関数の左側に実行のアイコンが表示されるようになります。これをクリックし、「**Run 'Main.kt'**」を選んでプログラムを実行してください。

画面にウィンドウが現れ、メッセージとボタンが表示されます。ボタンは、まだクリックしても何も起こりませんが、とりあえずCompose for Desktopを使ってGUIアプリが作れることはこれでわかりました！

# main関数の処理について

では、作成したソースコードを解説しながら、Compose for Desktopの使い方を見ていくことにしましょう。

main.ktでは、main関数が一つだけ定義されています。これは、整理すると以下のような形で書かれています。

```
fun main() = Window(title = "タイトル", size = 大きさ ) {
    ……表示内容……
}
```

この「**Window**」というクラスが、アプリケーションのウィンドウを扱うためのものです。このWindowを作成することで、画面にウィンドウを表示します。インスタンス作成の際に使えるさまざまな引数が用意されており、ここではtitleとsizeを指定しています。これにより、ウィンドウのタイトルと大きさが設定されます。

sizeについては、「**IntSize**」という関数を使っています。これはIntSizeKtというサイズを扱うクラスのインスタンスを作成するもので、横幅と高さを引数に指定して呼び出します。

## ◉ マテリアルテーマ

Windowのブロック内に、ウィンドウ内に配置する部品類のクラスを記述していきます。ここでは、まず「**MaterialTheme**」というクラスが用意されています。これは以下のように記述していますね。

```
MaterialTheme {……}
```

このMaterialThemeというのは、名前の通り「**マテリアルテーマ**」のコンテナです。この中にGUIのクラスを記述していくと、それらはマテリアルテーマで表示されるようになります。Compose for Desktopの場合、Windows内にまずMaterialThemeを配置する、というのが基本と考えていいでしょう。

## ◉ Columnコンテナ

その中に用意されているのが、GUI部品の配置を管理するコンテナになります。ここでは「**Column**」というコンテナが使われています。これは、以下のように記述しています。

```
Column(verticalArrangement =《Arrangement) {……}
```

引数には、verticalArrangementというものを用意してあります。これは各部品の配置に関するもので、ここでは以下のようなものを値に設定しています。

```
Arrangement.spacedBy( 幅 )
```

これにより、部品の間隔を調整していたのですね。この引数は省略することも可能です。また、この他にもColumnにはいくつかの引数が用意されています。

## ◉ Text コンポーネント

Columnの中には、まずテキストを表示する「**Text**」というコンポーネントクラスが用意されています。これは以下のようにインスタンスを作成します。

```
Text( 表示テキスト )
```

たったこれだけで、テキストを表示するUIが作成できます。先のサンプルでは、この他にstyleという引数も用意していました。

```
style = TextStyle(fontSize = 値 )
```

このstyleはコンポーネントにスタイルを適用するためのものです。ここではTextStyleというテキストスタイルのクラスを指定しています。このTextStyleでは引数にスタイルの設定を用意します。ここでは、fontSizeという値を用意して、表示するテキストのフォントサイズを設定しています。

## ◉ Button コンポーネント

プッシュボタンは「**Button**」というコンポーネントクラスとして用意されています。これは以下のような形で作成します。

```
Button(onClick = {}) {
  Text( テキスト )
}
```

引数にはonClickという値を用意し、これにクリック時に実行する処理を巻数として用意します。このブロック内にはTextが用意されていますね？ これは重要です。

実をいえば、Buttonコンポーネントには、ボタンに表示されるテキストの機能がないのです。Buttonは、あくまで「**ボタンのベースとなる表示とクリックイベントの処理**」などを行なうものです。ボタンの中にテキストを表示させたいなら、Button内にTextで用意するのです。

# ボタンクリックで表示を更新する

　　基本的なコンテナやコンポーネントの組み込み方がわかったところで、コンポーネントの値
を利用した処理を作ってみましょう。入力を行なうTextFieldを追加し、ボタンクリックで計算
をさせてみることにします。

　　では、main.ktを以下のように書き換えましょう。

● リスト6-24

```kotlin
import androidx.compose.desktop.Window
import androidx.compose.foundation.layout.Arrangement
import androidx.compose.foundation.layout.Column
import androidx.compose.foundation.layout.fillMaxSize
import androidx.compose.material.Button
import androidx.compose.material.MaterialTheme
import androidx.compose.material.Text
import androidx.compose.material.TextField
import androidx.compose.runtime.mutableStateOf
import androidx.compose.ui.Alignment
import androidx.compose.ui.Modifier
import androidx.compose.ui.text.TextStyle
import androidx.compose.ui.unit.IntSize
import androidx.compose.ui.unit.dp
import androidx.compose.ui.unit.sp

fun main() = Window(title = "Compose for Desktop",
    size = IntSize(300, 200)) {
  val input = mutableStateOf("")
  val counter = mutableStateOf(if (input.value == "") 0
      else input.value.toInt())
  val message = mutableStateOf("type a integer:")

  MaterialTheme {
    Column(Modifier.fillMaxSize(), verticalArrangement =
        Arrangement.spacedBy(10.dp)) {
      Text("**${message.value}**",
        style = TextStyle(fontSize = 20.sp))
      TextField(
        value = input.value,
        label = { Text(text = "Input") },
        onValueChange = {
```

```
        input.value = it
        counter.value = if (input.value == "") 0
          else input.value.toInt()
      }
    )
    Button(
      modifier = Modifier.align(Alignment.CenterHorizontally),
      onClick = {
          var total = 0
          for (n in 0..counter.value) {
            total += n
          }
          message.value = "${input.value} の合計: ${total} ."
      }) {
      Text("clicke me!",
        style = TextStyle(fontSize = 18.sp))
    }
  }
 }
}
```

◉図6-27：整数を入力してボタンをクリックすると、その数字までの合計を計算し表示する。

プロジェクトを実行すると、入力フィールドが追加されているのがわかります。ここに整数の値を入力してください。そしてボタンをクリックすると、その数字までの合計を計算して表示します。入力、表示、クリックイベントの処理といったものが機能しているのがわかるでしょう。

（なお、Compose for Desktopはまだ開発中のため、動作が不安定です。筆者が試したところ、入力フィールドに表示されている「0」のすぐ後ろをクリックして入力可能な状態にしてからでないと動作しない現象が確認できています）

# MutableStateの利用

ここではコンポーネント類の作成の前に、いくつかプロパティが追加されているのに気がつきます。以下のようなものです。

```
val input = mutableStateOf("")
val counter = mutableStateOf(if (input.value == "") 0
    else input.value.toInt())
val message = mutableStateOf("type a integer:")
```

これらは、mutableStateOfという関数が用意されています。これは「**MutableState**」というクラスのインスタンスを生成する関数です。このMutableStateは、値が変更可能な「**ステート**」というものです。ステートは、プログラムの状態を管理するために用意されているクラスです。コンポーネントでさまざまな値を扱う場合は、それらをこのステートに保管して管理します。

ここでは、以下のようなステートを用意しています。

| input | テキストのステート。TextFieldのテキスト用。 |
|---|---|
| counter | 整数のステート。inputの値が整数として設定される。 |
| message | テキストのステート。画面に表示するメッセージ用。 |

これらのステートは、valueプロパティで保管されている値を利用できます。一般の変数と異なり、このステートをコンポーネントの表示などに指定しておくと、値が変更された際に自動的にその表示も更新されるようになります。そのために、コンポーネントで値を使うときはステートを利用するのです。

## ◉ Textのステート利用

ではコンポーネントを見てみましょう。まずはTextです。今回は以下のようにインスタンスを作成しています。

```
Text("**${message.value}**", style = TextStyle(fontSize = 20.sp))
```

表示テキストの部分では、$|message.value|という値が使われていますね。こうすることで、messageステートの値が変更されるとTextの表示テキストも自動的に更新されるようになります。

## ◉ TextField のステート利用

続いて、TextFieldです。これが、入力フィールドのためのクラスです。ここでは、valueとlabelという引数が用意されています。こんな具合になっていますね。

```
TextField(value = input.value, label = { Text(text = "Input") },
```

valueにはinput.valueを指定し、これによりinputの値が入力値として表示されるようになります。またlabelはtextに指定したテキストをラベルとしてフィールドに表示するものです。

その後に、onValueChangeという値も用意されています。これは、実は必須項目で、値が変更された際の処理を設定します。

ここでは、以下のような処理が用意されていますね。

```
onValueChange = {
  input.value = it
  counter.value = if (input.value == "") 0
    else input.value.toInt()
}
```

ブロック部分では、入力された値が「it」という変数で渡されます。ここでは、これをinput.valueに設定してTextFieldの表示を更新し、counter.valueに整数に変換したものを設定します。

## ◉ Button のイベント処理

Buttonには、クリック師の処理を行なうonClickに計算の処理を用意しています。この部分ですね。

```
onClick = {
  var total = 0
  for (n in 0..counter.value) {
    total += n
  }
  message.value = "${input.value} の合計: ${total} ."
}
```

forを使い、ゼロからcounter.valueまでの合計を計算し、その結果をmessage.valueにまとめています。これにより、message.valueが設定されているTextの表示が更新され、結果が表示されるのです。

このように、Compose for Desktopではステートを活用して表示を操作します。直接コンポーネントのインスタンスを取り出して処理したりすることはまずありません。

# GUIは手続き型から定義型の時代へ

以上、デスクトップアプリケーションの作成について、TornadoFXとCompose for Desktopを使った開発の基本を説明しました。

両者はだいぶ違う構造になっていますが、しかし基本的な部分で共通する点があります。それは、GUIの作成を**「定義する」**ことで行っている、という点です。

従来のGUIプログラムは、基本的に**「手続き型」**でGUIを構築していました。例えば、こんな具合です。

1. ウィンドウを作る。
2. ラベルを作る。
3. ラベルをウィンドウに組み込む。
4. ボタンを作る。
5. ボタンに処理を設定する。
6. ボタンをウィンドウに組み込む。

このように、1つ1つの部品を作成し、設定して組み込む作業を一つずつ命令などで実行していくやり方です。

これに対し、TornadoFXやCompose for Desktopでは、こうした作業は行っていません。これらで行っているのは、**「GUIのコンテナやコンポーネントの構造を定義していくこと」**です。

まずベースとなるコンテナがあり、その中にコンポーネントがあり、コンポーネントには○○といった属性が設定されている。そういう部品の構造や内容を1つ1つ定義していくのです。

最近のGUI開発は、この**「定義型」**が主流となってきています。定義型は、プログラミングの基本である**「実行する手続きを順に書いていく」**というやり方とはだいぶ違うアプローチです。**「何をどういう順番に実行するか」**ではなく、**「どういう部品があり、それはどのような構造になっているか」**を考えていくのです。

考え方が違うため、従来の手続き型に慣れていると、定義型のGUI開発はかなりとっつきにくいかも知れません。が、今後、この方式が広く使われるようになるはずです。TornadoFXやCompose for Desktopで、こうした定義型のGUI開発に少しでも慣れるようにしましょう。

Chapter **7**

# サーバーサイド開発

Kotlinでは、Webのサーバーサイド開発も
行なうことができます。
ここでは「Ktor」というフレームワークを使い、
サーバー開発の基本について説明します。
また、「Expose」というフレームワークで、
データベースアクセスについても説明しましょう。

# Section 7-1　Ktorの基本

## サーバーサイドの開発とは

　プログラミングの分野ではさまざまな用途にプログラムが作成されています。PCやスマートフォンなどのアプリ開発は具体的なイメージが捉えやすいでしょうが、私達の目に直接触れない世界でもプログラムの作成はされています。その代表的なものが**「Webサーバー」**の世界です。

　Webサイトの世界では、単純に**「テキストとグラフィックを表示する」**ということの組み合わせでは考えられないような高度なサービスを提供するWebサイトもたくさんあります。例えばAmazonにサイトにアクセスすると、数千万から億にも達しようという膨大な数の商品の中から希望するものを的確に取り出し表示し、購入処理から配送、クレジットカードによる支払いまですべて行ってくれます。こんな高度なことが可能になっているのは、サーバー側にこれらを処理するプログラムが用意されていて、そこでデータベースにアクセスしたり、信販会社にアクセスして支払い処理をしたりと行ったことを行なっているからです。

　こうした**「サーバー側のプログラム」**は、目には見えませんが着実に広がっています。こうしたサーバーサイド開発の分野でも、Kotlinは活躍しているのです。

　サーバーサイド開発は、大きく2つのやり方が取られています。以下に整理しておきましょう。

### ◉ Webサーバーにプログラムを追加する

　その昔の**「CGI」**と呼ばれるもので多用されていたPerlから、現在広く使われているPHPまで、多くのプログラミング言語がこの方式を採用していました。これはWebサーバーにプログラムを実行するための機能を組み込むことで、Webページと同様にアクセスするだけで処理が実行できるようにするものです。PHPでは、PHPのプログラムをWebサーバーにアップするだけで、アクセスするとその処理が実行できるようになっています。

　もちろん、Webサーバー側で対応していなければこれは使えません。レンタルサーバーなどを利用してWebの開発を行なっているところは、たいていがこの方式でしょう。

## ◉ サーバープログラムそのものを開発

最近、増えつつあるのがこの方式です。これは、**「特定のアドレスにアクセスすると処理を実行してWebページを表示する」**というWebサーバーのプログラムそのものから開発していくものです。サーバーからすべて作るので、どのような処理も実装可能です。

こうしたプログラムは、Webサーバーにアップして動かすことはできません。サーバーマシンにインストールし、プログラムを実行して初めて動作するのです。**「そんな面倒なもの、どこで使うんだ？」**と思うかも知れませんが、使う環境があるのです。それは**「クラウド」**です。

最近は、クラウドにプログラムをデプロイして動かすようなサービスが多数登場しています。こうしたサービスは、Webサーバーは標準では組み込まれていません。開発したプログラムをクラウドにコピーし、実行して利用するのです。こうしたものでは、この**「サーバープログラムそのものを作る方式」**が適しています。

## ◉ Ktorとは？

Kotlinでサーバーサイド開発を行なうとき、おそらく現時点でもっとも多く利用されているのが**「Ktor」**というフレームワークでしょう。これは、Webサーバープログラムそのものを開発するための機能を提供するフレームワークです。一般的なWebサイトの構築の他、Webを利用したサービスなどの開発にも用いられます。

これは**「サーバーそのものを作る方式」**なので、開発自体はPHPなどの**「Webサーバーにプログラムを追加する方式」**に比べると少々大変です。が、基本的な仕組みはKtorに用意されており、それにしたがって処理を追加していくだけなので、みなさんが想像するほど難解ではないでしょう。

また、IntelliJにはKtorを利用するためのプラグインが用意されており、これを利用することでかんたんにプロジェクトを作成することができます。意外とかんたんにサーバープログラムが作成できることに驚くでしょう。

# Ktorを準備する

では、実際にKtorを利用したサーバープログラムの開発を行なっていきましょう。最初に行なうのは、IntelliJへのKtorプラグインのインストールです。

IntelliJの**「File」**メニューから**「Settings...」**メニューを選んでください。そして現れた設定のウィンドウの左側にあるリストから**「Plugins」**を選択します。

● 図7-1：Settingsウィンドウから「Plugins」を選ぶ。

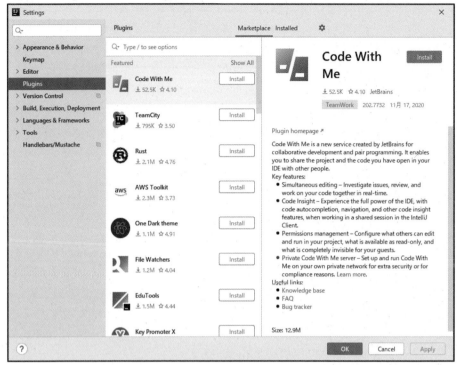

プロジェクトを閉じてWelcomeウィンドウに戻っている場合は、ウィンドウ下部にある**「Configure」**から**「Plugins」**メニューを選びます。

● 図7-2：Welcomeウィンドウの「Plugins」メニューではこのようなウィンドウが表示される。

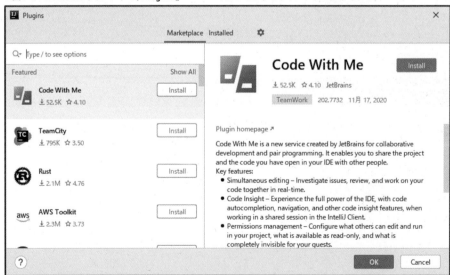

Pluginsの表示になったら、右側上部に見える「**Marketplace**」「**Installed**」のリンクから「**Marketplace**」をクリックして表示を切り替え、その下のフィールドに「**ktor**」とタイプして検索をしてください。Ktorプラグインが見つかります。これを選択し、「**Install**」ボタンでインストールをします。インストール完了後、IntelliJのリスタートを促してくるので、そのままリスタートすればKtorプラグインが使えるようになります。

**◉図7-3：Ktorを検索しインストールする。**

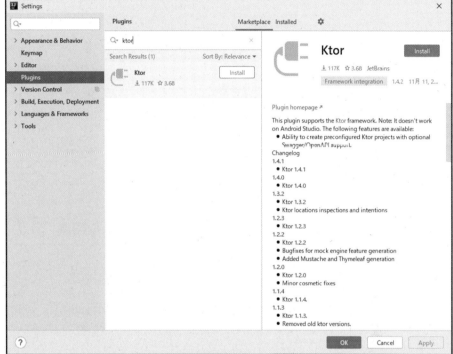

# Ktorプロジェクトを作成する

では、Ktorを利用したサーバー開発を行ないましょう。まずは、プロジェクトを作成します。「**File**」メニューから「**New**」内の「**Project...**」メニューを選ぶか、Welcomeウィンドウの「**New Project..**」リンクをクリックし、プロジェクト作成のウィンドウを呼び出してください。

## ✚1. Ktorプロジェクトの設定

Ktorプラグインがインストールされていると、このウィンドウの左側にあるリストに、「**Ktor**」という項目が追加されています。これを選択しましょう。そして右側の表示から以下の項目を設定して次に進んでください。

| Project: | 「GradleKotlinDsi」を選択する |
| --- | --- |
| Templating > Mustache | ONにする |
| Features > Static Content | ONにする |

◉図7-4：Project: を「GradleKotlinDsi」にし、Mustache と Static Content のチェックを ON にする。

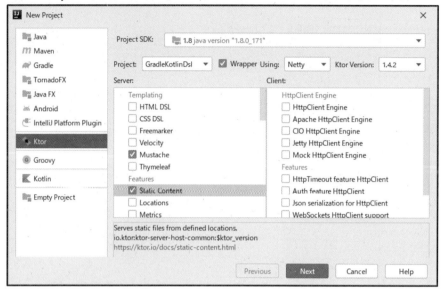

## +2. Group ID と Artifact ID の指定

作成するプロジェクトのIDを指定する表示になります。「**groupId**」と「**artifactId**」、それに「**version**」がそれぞれ以下のように設定されています。とりあえず、そのまま次に進みましょう。

| groupId: | com.example |
| --- | --- |
| artifactId: | example |
| version: | 0.0.1 |

●図7-5：IDの設定。すべてデフォルトのままにしておく。

## ➕3. プロジェクト名と保存場所

続いて、プロジェクト名と保存場所の指定画面になります。これらは以下のように設定をして、「**Finish**」ボタンでプロジェクトを作成しましょう。

| | |
|---|---|
| **Project name:** | SampleServerApp |
| **Project location:** | デフォルトのまま |

●図7-6：Project name を「SampleServerApp」に設定してプロジェクトを作成する。

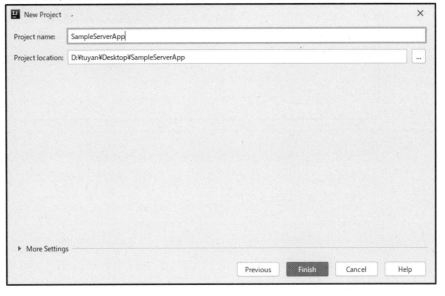

# プロジェクトを実行する

プロジェクトの中身については後で触れるとして、作成したプロジェクトを実行してみましょう。

「**src**」フォルダ内にある「**Application.kt**」というファイルを開いてください。そして、中にある「**main**」関数の左端に実行アイコン（CDなどの再生アイコン）が表示されています。これをクリックし、「**Run 'Application.kt'**」というメニューを選んでください。これでプロジェクトがビルドされ実行されます。

実行されたら、Webブラウザからhttp://localhost:8080/にアクセスしましょう。画面に「**HELLO WORLD!**」と文字が表示されます。シンプルですが、これが作成したプロジェクトで表示されたコンテンツです。

⊕ **図7-7：http://localhost:8080/にアクセスしたところ。**

さらに、http://localhost:8080/html-mustacheというアドレスにアクセスをしてみてください。画面に「**Hello, user1**」と表示されます。これは、Mustacheというテンプレートエンジンを利用したページの表示です。

⊕ **図7-8：http://localhost:8080/html-mustache にアクセスしたところ。**

今度は、http://localhost:8080/static/ktor_logo.svgというアドレスにアクセスをしてみましょう。これで、Ktorのロゴが表示されます。これは、静的ファイルとして用意したSVGファイルというものを表示したところです。

●図7-9：http://localhost:8080/static/ktor_logo.svg にアクセスしたところ。

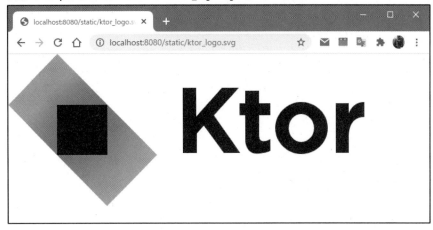

　ごく単純なサンプルですが、「**デフォルトでアクセスした表示**」「**テンプレートエンジン を使った表示**」「**静的ファイルの表示**」といったことが一通り行なえるようになっています。 後は、作成されたプログラムの内容を理解すれば、自分なりにWebページを作成していくこと ができるでしょう。

## プロジェクトの内容

　今回作成したプロジェクトは、Ktorのデフォルト部分に「**Mustache**」と「**静的ファイル**」 の機能を追加したものです。

　Mustache（ムスタッシュ）というのは、テンプレートエンジンと呼ばれるライブラリです。サー バープログラムでWebページを作成する場合、あらかじめ用意しておいた値などを必要に応じ てページ内に埋め込んで表示を作成するのが一般的です。こうした「**Webページに必要な値 を埋め込んだり必要な処理を記述したりする**」のにテンプレートエンジンが使われます。

　テンプレートエンジンを利用することで、サーバープログラムで用意した値や処理をWeb ページの中に埋め込んでページを作成することができるようになります。プログラムからWeb ページを制御するのにテンプレートエンジンは必須といえるでしょう。

　もう一つの「**静的ファイル**」というのは、スタイルシートファイルやイメージファイルなど、 Webアプリケーションで必要となるファイルのことです。こうしたファイルをWebページ内から 読み込んで利用するための仕組みも、今回追加しておきました。

1

2

3

4

5

6

## ◉ プロジェクトのフォルダ構成

では、作成されたプロジェクトがどのような構成になっているのか見てみましょう。ここでも「**.gradle**」「**.idea**」「**gradle**」といったフォルダはアプリケーション開発に使うものではないので忘れて構いません。重要なのは、以下のフォルダとファイルだけです。

### ✚ プロジェクト内のファイル

| | |
|---|---|
| 「src」フォルダ | サーバーで実行されるプログラムのファイル類がまとめられています。サーバープログラムとして用意するものはすべてこの「src」内にまとめられます。 |
| 「resources」フォルダ | プログラム内から利用する静的ファイル類をまとめておくところです。イメージファイルや、テンプレートエンジンで使うテンプレートファイルなどはすべてここに用意されます。 |
| 「nativeTest」フォルダ | ユニットテスト用のファイルがまとめられています。 |

### ✚ その他のファイル

| | |
|---|---|
| buid.gradle.kts | ビルド時の処理に関する記述をしたファイル |
| gradle.property | ビルドツールが利用するプロパティをまとめたもの |

基本的なファイル構成は、これまで作成したプロジェクトそれほど大きく違いはありません。開発時は、「**src**」「**resources**」の2つのフォルダの中身だけ編集する、ということがわかっていれば十分でしょう。

# Application.kt について

Kotlinのソースコードファイルをまとめておくのが、「**src**」フォルダです。このフォルダ内には、「**Applicaiton.kt**」というファイルが一つだけ用意されています。これが、Ktorプロジェクトのメインプログラムになります。

では、このソースコードファイルがどのようになっているのか見てみましょう。

**◉リスト7-1**

```
package com.example

import io.ktor.application.*
import io.ktor.response.*
import io.ktor.request.*
```

```
import io.ktor.routing.*
import io.ktor.http.*
import com.github.mustachejava.DefaultMustacheFactory
import io.ktor.mustache.Mustache
import io.ktor.mustache.MustacheContent
import io.ktor.content.*
import io.ktor.http.content.*

fun main(args: Array<String>): Unit = io.ktor.server.netty.EngineMain.main(args)

@Suppress("unused") // Referenced in application.conf
@kotlin.jvm.JvmOverloads
fun Application.module(testing: Boolean = false) {
    install(Mustache) {
        mustacheFactory = DefaultMustacheFactory("templates/mustache")
    }

    routing {
        get("/") {
            call.respondText("HELLO WORLD!", contentType = ContentType.Text.Plain)
        }

        get("/html-mustache") {
            call.respond(MustacheContent("index.hbs", mapOf("user" to ↵
                MustacheUser(1, "user1"))))
        }

        // Static feature. Try to access `/static/ktor_logo.svg`
        static("/static") {
            resources("static")
        }
    }
}

data class MustacheUser(val id: Int, val name: String)
```

　いろいろと書かれていますが、見たところどれも見覚えのないものばかりでしょう。これは、io.ktorというKtor独自のパッケージに用意されている機能を駆使しているためです。基本的な働きさえわかれば、そう難しいものではありません。では、順に説明していきましょう。

### ◉main関数について

最初にあるのが、main関数です。これが、プログラムを起動するときに実行されるものでしたね。これは以下のように書かれています。

```
fun main(args: Array<String>): Unit = io.ktor.server.netty.EngineMain.main(args)
```

これでもまだ少しわかりにくいですね。ここではパッケージ名などまで細かく指定して書かれているので、それらを省略すると以下のようになります。

```
fun main(args: Array<String>): Unit = EngineMain.main(args)
```

EngineMainというクラスのmainメソッドを呼び出しているだけのものだったのです。これが、Ktorのプログラムの基本です。main関数は必ずこのように書く、と覚えてください。

# Application.moduleについて

その次にあるのは、Applicationクラスの拡張関数（メソッド）**「module」**を定義するものです。これは以下のような形になっています。

```
@Suppress("unused")
@kotlin.jvm.JvmOverloads
fun Application.module(testing: Boolean = false) {
  ……内容……
}
```

見てわかるように、fun Application.moduleの前に@のついた文が書かれていますね。これは**「アノテーション」**と呼ばれるものです。アノテーションは、クラスやメソッドなどに特定の性質を設定するのに使われます。

ここでは、2つのアノテーションが用意されています。これは以下のようなものです。

### ◉ @Suppress("unused")

このアノテーションは、パラメーターによる警告を表示しないようにするためのものです。Kotlinでは、引数などで用意されている値を使わないと警告が出力されるようになっています。これを出さないようにするためのアノテーションです。

## ◉ @kotlin.jvm.JvmOverloads

これは、Java内からKotlinのクラスなどを利用する際に発生するエラーを抑制するためのものです。Kotlinのクラスでは、プライマリコンストラクタで渡された引数をそのままクラスのプロパティとして扱えますが、Javaにはこうした機能がないためKotlin＝Java間でうまく呼び出せない場合が出てきます。それを抑制するのがこのアノテーションです。

まぁ、細かな役割などは今すぐ理解する必要はありません。**「Application.moduleには、この2つのアノテーションを付けておく」**ということだけわかっていれば十分でしょう。

## ◉ Application.moduleとは？

この Application.moduleというものは一体何なのか？ これは、アプリケーションでロードするモジュールを設定するためのものです。

Applicationは、名前の通りこのプログラムのアプリケーションを扱うクラスです。これにmoduleメソッドを追加し、そこで機能拡張モジュールのロードを行なっているのです。

このmoduleメソッド内では、2つのメソッドが用意されています。**「install」**と**「routing」**です。

## ◉ install メソッドについて

最初に実行しているのは、installメソッドです。ここでは、以下のように記述されていますね。

```
install(Mustache) {
    mustacheFactory = DefaultMustacheFactory("templates/mustache")
}
```

このinstallは、引数に指定したモジュールをロードするためのものです。その後のブロック（||部分）にはインストール時に実行される処理が用意されています。すなわち、こういうことです。

```
install( モジュール ){
   ……インストール時の処理……
}
```

ここでは、Mustacheというモジュールをインストールしています。これは、テンプレートエンジンMustacheのモジュールです。installによりこのMustacheを組み込むことで、Mustacheテンプレートエンジンが利用可能になります。

ブロック内では、DefaultMustacheFactoryにより生成されたMustacheFactoryというイン

スタンスをmustacheFactoryに代入しています。このmustacheFactoryという変数は、適当に用意されているものではなく、Mustacheにあらかじめ用意されているプロパティの変数です。したがって、変数名を変更などしてはいけません。

　DefaultMustacheFactoryの引数には、"templates/mustache"という値が設定されていますが、これはテンプレートエンジンが使うテンプレートの配置場所を示します。これにより、「**resources**」フォルダ内の「**templates**」フォルダの中に「**mustache**」フォルダを用意し、その中にテンプレートファイルを保管しておけば、それをMustacheが認識し利用するようになります。

# routingによるルーティング処理

　もう一つの「**routing**」は、Webアプリケーションの動作に関するものです。これは「**ルーティング**」と呼ばれるものを指定するものです。

　ルーティングとは、「**パスと処理の関連付けを行なうもの**」です。Webアプリケーションでは、「**このアドレスにアクセスするとこのページが表示される**」といったことが決まっています。この関連付けを行なっているのが、routingメソッドです。

　これは、以下のような形をしています。

```
routing {
  get( パス ) {
    ……アクセス時の処理……
  }
  ……必要なだけgetを用意……
}
```

　このブロック内に「**get**」というメソッドを使ってルーティングを作成していきます。このgetは、HTTPのGETというメソッドでアクセスした際のルーティングを指定するものです。引数には、アクセスするパスをテキストで指定し、ブロック内にアクセスした際の処理を用意します。

　このgetメソッドを必要なだけ用意することで、さまざまなアドレスにアクセスした際の対応を作っていくのです。

## ◉ トップページのアクセス処理

　では、routing内に用意されているgetメソッドを見ていきましょう。まずはトップページへのアクセス処理です。

```
get("/") {
    call.respondText("HELLO WORLD!", contentType = ContentType.Text.Plain)
}
```

　　　ここでは、call.respondTextというメソッドを呼び出しています。これは、テキストをレスポンスとしてアクセスした相手に返すもので、以下のように呼び出します。

```
call.respondText( 返送するテキスト , contentType =《ContentType》)
```

　　　contentTypeはコンテンツの種類を示す値で、ContentTypeに用意されている値で指定します。ここではText.Plainで標準テキストであることを示します。HTMLならば、ContentType.Text.Htmlとすればいいわけです。

## Mustacheテンプレートの利用

　　　Mustacheテンプレートエンジンを利用する例も用意されています。以下のgetメソッドがその部分です。

```
get("/html-mustache") {
    call.respond(MustacheContent("index.hbs", mapOf("user" to ↵
        MustacheUser(1, "user1"))))
}
```

　　　call.respondメソッド（call.respondTextではないので注意！）というものを利用していますね。引数には、MustacheContentというクラスのインスタンスを用意しています。これは指定のテンプレートファイルをもとに作成され、これをrespondで返すことで、テンプレートをレンダリングし、その結果を表示Webページとしてアクセス先に返信します。

### ◉ MustacheContentの作成

　　　Mustacheの利用は、このMustacheContentをいかに作成するかにかかっています。これは以下のようにインスタンスを作成します。

```
MustacheContent( テンプレートファイルのパス , モデル )
```

　　　第1引数には使用するテンプレートファイルのパスを指定します。これは、DefaultMustacheFactory作成時に指定したパス内から検索されます。"index.hbs"という値は、「resources」

フォルダ内の**「templates」**フォルダの中にある**「mustache」**フォルダにあるindex.hbsファイルを読み込んで利用することを示しています。

第2引数には、**「モデル」**と呼ばれるものを用意します。これは、テンプレートで利用されるさまざまなデータをまとめたものです。ここでは、mapOfを使ってマップとして用意していますが、どんな値であっても構いません。これを受け取ったテンプレート側で、モデルをどう利用するかが重要になります。

## ◉ マップについて

ここでは、mapOfを使い、userというキーにMustacheUser(1, "user1")という値を設定してあります。このMustacheUserというクラスは、ソースコードファイルの最後に用意されていますね。

```
data class MustacheUser(val id: Int, val name: String)
```

これです。dataクラスという、値だけを保持するクラスとして用意されています。これでidとnameの値を持つインスタンスを作成し、mapOfにまとめていたわけです。

この値がどう使われるかは、後ほどテンプレートファイルを見たところで改めて触れることになるでしょう。

# 静的ファイルへのアクセス

最後に、静的ファイルへのアクセスのためのメソッドも用意してありますね。これは、getメソッドではありません。**「static」**というメソッドを使っています。

```
static("/static") {
    resources("static")
}
```

この部分ですね。staticは、静的ファイルへのアクセスを処理するためのメソッドです。これは以下のように呼び出します。

```
static( パス ) {
    resources( パス )
}
```

staticの引数には、アクセスされるアドレスのパスを指定します。ここでは、"/static"としていますね。つまり、/staticというパスにアクセスされたら、このstaticで静的ファイルへのアクセスを行なうわけです。

ブロックにあるresourcesは、引数に指定したパスからリソースファイルを読み込み返す働きをします。resources("static")ならば、「**static**」フォルダからファイルを読み込み返すことになります。

例えば、http://localhost:8080/static/ktor_logo.svgにアクセスをしたとしましょう。これのパスは、/static/ktor_logo.svgとなります。これは、/static内にあるktor_logo.svgへのアクセスであることを示します。/static下ですから、このstaticが処理を行ないます。resourcesにより、「**static**」内にあるktor_logo.svgというファイルをロードし、アクセス先に返送するのです。

こんな具合に、この短い行数で、/static下にアクセスすると「**static**」フォルダにあるすべてのファイルにアクセスできるようになるのです。静的ファイル利用の基本として覚えておきましょう。

## テンプレートファイルについて

これで、Application.ktの処理の流れはわかりました。が、説明の中で、まだ触れていないものが登場していましたね。そう、「**テンプレートファイル**」です。

テンプレートファイルは、Mustacheで利用されるファイルです。Mustacheはテンプレートファイルをロードし、そこに記述されている内容とあらかじめ用意した値を使って実際にWebページとして表示されるHTMLソースコードを生成します（これをレンダリングといいます）。

今回は、「**templates**」フォルダの「**mustache**」内にある「**index.hbs**」というテンプレートファイルを利用しています。これがどのようなものか、中身を見てみましょう。

○リスト7-2

```
<html>
<body>
<p>Hello, {{user.name}}</p>
</body>
</html>
```

非常に単純なHTMLソースコードですが、途中に‖user.name‖というものが書かれていますね。これは、あらかじめ用意されている値からuser.nameというものの値をこの部分に埋め込んでいるのです。このテンプレートをレンダリングすると、この‖user.name‖部分に実際のuser.nameの値がはめ込まれ、ページが完成します。

このuser.nameというのは、先にMustacheContentインスタンスを作成する際、引数として用意した「**モデル**」にある値です。モデルには、mapOfを使ってマップが用意されていま

したね。そこで、"user"というキーにMustacheUserインスタンスが設定されていました。この
MustacheUserのnameの値がここに書き出されていたのです。

　テンプレートファイルは、このようにプログラム側から渡された値をテンプレート内に必要に
応じて埋め込むことができます。これをレンダリングして表示を完成し、アクセスして北側へと
返信するのです。

# application.confについて

　最後にもう一つ、重要なファイルについて触れておきましょう。それは、「application.
conf」というファイルです。

　これは、Webアプリケーションの設定情報を記述したファイルです。ここには以下のような
内容が記述されています。

**○ リスト7-3**

```
ktor {
  deployment {
    port = 8080
    port = ${?PORT}
  }
  application {
    modules = [ com.example.ApplicationKt.module ]
  }
}
```

　ktorというもののブロック内に、アプリケーションの設定が記述されています。これは
「deployment」と「application」という2つの値が用意されています。

## ◉ deploymentについて

　最初にあるdeploymentは、実行時に使われる設定を記述するものです。ここでは「port」と
いう値が用意されています。これは、アプリケーションのポート番号を示す値です。

```
port = 8080
port = ${?PORT}
```

　まず8080を指定し、その後でPORT変数が存在する場合はその値をportに再設定していま
す。これでアプリケーションを特定のポートで実行するようにできます。

## ◉ applicationについて

　　　もう一つのapplicationは、アプリケーションに関する設定です。ここでは、modulesという項目が一つだけ用意されています。

```
modules = [ com.example.ApplicationKt.module ]
```

　　　ApplicationKtクラスにあるmoduleをモジュールに設定しています。ApplicationKtクラスというのは、Application.ktのクラスのことです。Kotlinのクラスは、ビルドするとこのように**「○○Kt」**という名前のクラスに変換されるのです。

　　　ApplicationKt.moduleというのは、先ほどApplication.ktでApplication.moduleとして追加した拡張関数ですね。これにより、アプリケーションのモジュールがApplicationKt.moduleを使って組み込まれるようになります。

　　　このapplication.confの内容を編集することは当分ないことでしょう。が、このアプリケーションに関する細かな設定がここでされているということを知っていれば、これから先、アプリケーションを拡張しようと考えたときにきっと役に立つはずです。

　　　さあ、これでプロジェクトの基本的な内容がわかりました。新しく登場したことばかりでしたが、慣れてしまえば決して難しいことをしているわけではないのです。基本形さえしっかり頭に入っていれば、カスタマイズして自分なりのアプリケーションにしていくことも決して難しくはないはずですよ。

## Section 7-2 さまざまな処理を実装する

## Bootstrapの導入

　　Ktorの基本的なコードの流れがわかったところで、Webアプリケーションに必要となる基本的な機能について考えていくことにしましょう。

　　最初に、「Webページのデザイン」についてです。デザインは、それこそ制作者のセンス次第といってしまえばそれまでですが、誰でもそれなりなデザインにしてくれるCSSフレームワークというものも世の中にはあります。こうしたものを導入することで、それなりに統一感のあるWebアプリケーションを大きな労力を伴わずに作成できるようになります。

　　ここでは、BootstrapというCSSフレームワークを使ってWebページのデザインを行なうことにしましょう。Bootstrapは、クラスを指定するだけで表示やコンポーネントなどを作成できる強力なソフトウェアです。本格的な導入にはそれなりの作業が必要ですが、主なクラスを使えるようにするだけならば、<link>タグを一つ書くだけですぐに使えるようになります。

### ◉ getメソッドの修正

　　では、Bootstrapを利用したWebページ作成について、かんたんなサンプルを作成しながら説明しましょう。まず、ルーティングの設定を変更しておきます。Application.ktのrouting内にあるget("/")の部分を以下のように書き換えておきましょう。

🔵 リスト7-4

```
get("/") {
  val model = mapOf(
    "title" to "Sample Page",
    "message" to "※これは、メッセージです。"
    )
  call.respond(MustacheContent("index.hbs", model))
}
```

　　ここでは、titleとmessageという値を持つマップをモデルとして渡してレンダリングさせています。テンプレート側では、これらを利用する形で表示を用意すればいいでしょう。

## ◉index.hbsを修正する

では、テンプレート側の作成をしましょう。index.hbsを開き、中身を以下のように書き換えてください。

◉リスト7-5

```html
<html>
<head>
  <meta charset='utf-8'>
  <title>{{title}}</title>
  <link rel="stylesheet"
    href="https://stackpath.bootstrapcdn.com/bootstrap/4.5.2/css/bootstrap.min.css"
    crossorigin="anonymous">
</head>
<body>
  <h1 class="bg-primary text-white p-2">{{title}}</h1>
  <div class="container mt-4">
    <p>{{message}}</p>
  </div>
</body>
</html>
```

◉図7-10：http://localhost:8080/にアクセスするとこのような表示がされる。

保存したら、main関数を実行し、http://localhost:8080/にアクセスをしてみましょう。すると、青い背景に「**Sample Page**」とタイトル表示されたWebページが表示されます。タイトルの下には「**※これは、メッセージです。**」とテキストが表示されます。ごくかんたんなものですが、それなりにデザインされたWebページになっていることはわかるでしょう。

## ◉ CDN で Bootstrap を導入する

では、index.hbsを見てみましょう。ここでは、<head>内に以下のような<link>タグが追記されています。

```
<link rel="stylesheet"
   href="https://stackpath.bootstrapcdn.com/bootstrap/4.5.2/css/bootstrap.min.css"
   crossorigin="anonymous">
```

これが、Bootstrapを導入するための記述です。これは「CDN (Content Delivery Network)」というものを利用してBootstrapのクラスを読み込んでいるものです。CDNは、Webで使われるさまざまなコンテンツを配信するサービスです。ここからBootstrapのスタイルシートファイルを読み込むことで、そのクラスが使えるようになるのです。

## ◉ Bootstrap のクラス

では、どのようにBootstrapが利用されているのか、<body>内を見てみましょう。すると、タイトルの表示が以下のように用意されているのがわかります。

```
<h1 class="bg-primary text-white p-2">{{title}}</h1>
```

このclass="bg-primary text-white p-2"というのがBootstrapのクラスです。これらはそれぞれ以下のような役割を果たします。

| bg-primary | 背景をプライマリーカラーにする |
|---|---|
| text-white | テキストを白にする |
| p-2 | 内部の余白を広げる |

プライマリーカラーというのがわかりにくいかも知れません。Bootstrapでは、色は直接色の値を指定して使いません。用途ごとにさまざまな色の名前が用意されており、それを使います。bi-primaryは、bg（バックグラウンド）をprimaryという名前の色にする、というものです。

続いて、その下に表示されるコンテンツの部分を見てみましょう。

```
<div  class="container mt-4">
   <p>{{message}}</p>
</div>
```

`<div>`にclass="container mt-4"とクラスが指定されています。containerは、コンテンツを表示するタグに用意する基本クラスで、mt-4はその上のタイトルとの間にスペースを空けるものです。

このように、Bootstrapでは、タグに専用のクラスを用意することで、表示をかんたんにデザインしていけます。ここではいくつかのクラスを利用しましたが、Bootstrapには膨大なクラスが用意されており、とてもここでそれらについて説明することはできません。

ここでは**「こんな具合にかんたんにデザインを行なえるよ」**という参考例として考えてください。Bootstrapについて興味が湧いた人は、別途学習しましょう。

# クエリーパラメーターについて

基本的な表示がわかったら、次は必要な情報をWebサーバーに渡すことを考えてみましょう。これにはいくつか方法がありますが、もっともかんたんなのは**「クエリーパラメーター」**を利用する方法です。

クエリーパラメーターとは、アドレスの末尾に?を付けて必要な値を記述したものです。GoogleやAmazonなどのサイトにアクセスすると、アドレスの末尾にこんなものがずらっと書かれているのを目にするでしょう。

**https://〇〇/?xxx=△△ &yyy=□□ &zzz=××……**

アドレスの最後の?の後に、**「〇〇=××」**といった形式の記述がずらっと用意されているサイトは結構多いものです。この?以降の部分がクエリーパラメーターです。これは、キーと値をつなげて記述することで、必要な値をサーバーに渡すためのものです。

```
?キー=値&キー=値&キー=値&……
```

こんな具合に、必要なだけ値を用意します。そしてサーバー側で、キーを指定して値を取り出し利用するのです。

## ◉ contextの「parameters」プロパティ

このクエリーパラメーターの値は、getメソッド内で用意されるthisから取り出していきます。getというのは、このような形になっていましたね。

```
get( パス ) { ……処理…… }
```

このブロック部分では、thisでPipelineContextというオブジェクトが渡されるようになっています。このPipelineContextというのは、パイプラインという非同期で実行される処理に関する機能や情報を扱うものです。というと何だか難しそうですが、**「getのブロックでは、サーバーへのアクセスから結果の送信までを扱うオブジェクトがthisで渡されるようになってる」**ということだけわかれば十分です。

このthisには**「context」**というプロパティが用意されています。これは、コンテキストを扱うためのオブジェクトです。ここにある**「parameters」**というプロパティに、クエリーパラメーターの値がまとめられています。

## ✚ クエリーパラメーター

```
?a=123&b=456&c=789
```

## ✚ parameters の値

```
context.parameters["a"]        123
context.parameters["b"]        456
context.parameters["c"]        789
```

こんな具合に、クエリーパラメーターの値はそのままcontext.parametersから取り出すことができるようになっているのです。

## ◉ クエリーパラメーターでIDを渡す

では、実際に利用例を挙げておきましょう。ここでは**「id」**というクエリーパラメーターでユーザーのIDを渡すようにしてみます。まず、Application.ktのroutingのブロック内に用意してあるget("/")メソッドの内容を以下に書き換えます。

◉ リスト7-6

```
get("/") {
  val model = mapOf(
    "title" to "Sample Page",
    "message" to "This is sample message.",
    "id" to context.parameters["id"]
    )
  call.respond(MustacheContent("index.hbs", model))
}
```

　ここでは、model定数の中に、"id" to context.parameters["id"]というようにしてクエリーパラメーターの値を渡しています。これで、idというパラメーターがテンプレート側で使えるようになりました。

　では、index.hbsの<body>部分を以下のように書き換えてみましょう。

●リスト7-7

```
<body>
  <h1 class="bg-primary text-white p-2">{{title}}</h1>
  <div  class="container mt-4">
    <p>{{message}}</p>
    <h3>your ID: {{id}}</h3>
  </div>
</body>
```

●図7-11：http://localhost:8080/?id=hanako とアクセスすると、your ID: hanako と表示される。

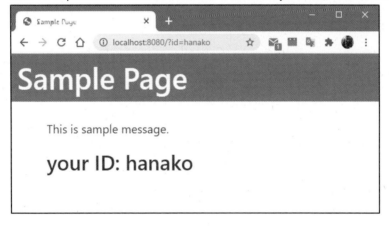

　完成したらアプリケーションを実行し、http://localhost:8080/?id=hanakoというように「**id**」というクエリーパラメーターをつけてアクセスしてみてください。ブラウザに「**your ID: hanako**」と表示されます。?id=の後の部分をいろいろと書き換えて表示を確認してみましょう。

　ここでは、<h3>your ID: {{id}}</h3>というようにしてidの値を表示しています。getメソッドでidにcontext.parameters["id"]の値を渡していますから、後は{{id}}を指定して自由に渡されたパラメーターの値を利用することができます。

# フォーム送信

　本格的に利用者から情報を入力してもらう場合は、フォームを利用するのが一般的でしょう。このフォームの利用の基本について説明しましょう。

　まず、フォームを表示するテンプレートを用意しておくことにします。index.hbsの\<body\>部分を以下のように修正してください。

**◉リスト7-8**

```
<body>
  <h1 class="bg-primary text-white p-2">{{title}}</h1>
  <div  class="container mt-4">
    <p>{{message}}</p>
    <form method="post" action="/">
      <div class="form-group">
        <label for="email">Email</label>
        <input type="email" class-"form-control"
          id="email" name="email" value="{{email}}">
      </div>
      <div class="form-group">
        <label for="pass">Password</label>
        <input type="password" class="form-control"
          id="pass" name="pass" value="{{pass}}">
      </div>
      <button type="submit" class="btn btn-primary">送信</button>
    </form>
  </div>
</body>
```

　ここでは、2つの入力フィールドを持つフォームを用意してあります。フォームの内容を整理すると、こんな形になっていることがわかるでしょう。

```
<form method="post" action="/">
  <input type="email" id="email" name="email" value="{{email}}">
  <input type="password" id="pass" name="pass" value="{{pass}}">
  <button type="submit">送信</button>
</form>
```

　emailとpassという2つの項目があり、"/"にPOST送信をしています。送信先が"/"というのは、つまりサイトのトップページに送信するということですね。

## ● postでフォームを受け取る

では、送信されたフォームはどのように受け取り処理するのでしょうか。これは、これまでのようにgetメソッドは使いません。**「post」**というメソッドを使います。

```
post("/") {……}
```

このような形になります。これは指定のアドレスにPOST送信された際の処理を行なうものです。基本的な使い方はgetと同じで、thisでPipelineContextが渡されるという点も同じです。送信されたフォームの値は、以下のようにして取り出します。

```
変数 = call.receiveParameters()
```

これで、送られてきたパラメーターの内容をまとめて変数に取り出します。後は、そこから必要に応じて値を取り出し処理すればいいのです。例えば、name="a"という項目の値なら、○○["a"]というように指定をすることで値が取り出せます。

## ● ルーティングの処理を用意する

では、フォーム送信のためのルーティング処理を作成しましょう。Application.ktのroutingのブロック内に、get("/")とpost("/")を用意します。

● リスト7-9

```
get("/") {
  val model = mapOf(
    "title" to "Sample Page",
    "message" to "This is sample message.",
    "email" to "",
    "pass" to ""
  )
  call.respond(MustacheContent("index.hbs", model))
}

post("/") {
  val params: Parameters = call.receiveParameters()
  val msg = "EMAIL: ${params["email"]}, PASS: ${params["pass"]?.length} chars."
  val model = mapOf(
    "title" to "Sample Page",
```

```
    "message" to msg,
    "email" to params["email"],
    "pass" to params["pass"]
  )
  call.respond(MustacheContent("index.hbs", model))
}
```

◎図7-12：フォームに入力して送信すると、入力内容をメッセージで表示する。

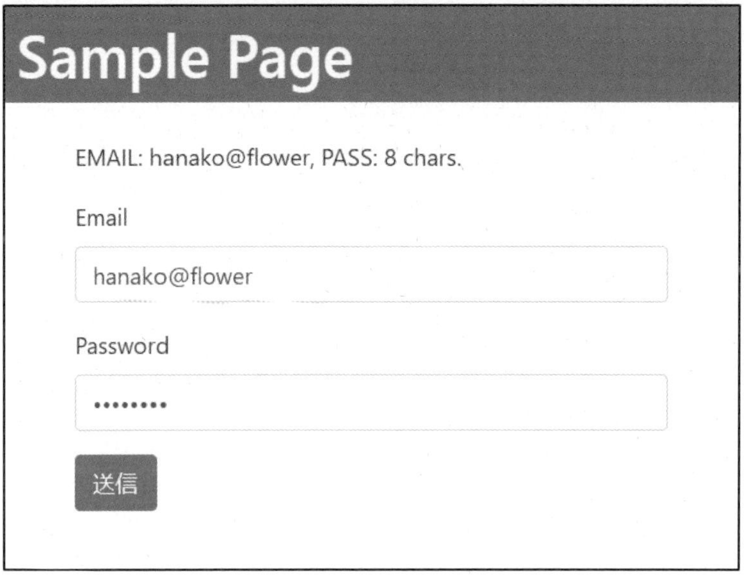

# Sample Page

EMAIL: hanako@flower, PASS: 8 chars.

Email

hanako@flower

Password

••••••••

送信

トップページにアクセスしてフォームに入力し送信してみましょう。すると、「**EMAIL: ○○, PASS: ×× chars.**」とメッセージが表示されます。EMAIL:には入力したメールアドレスが、PASS:にはパスワードの文字数がそれぞれ表示されます。

ここでは、post("/")のブロックで、フォームの内容を定数paramsに取り出しています。

```
val params: Parameters = call.receiveParameters()
```

そして、得られたparamsから必要な値を取り出し、メッセージを作成していきます。

```
val msg = "EMAIL: ${params["email"]}, PASS: ${params["pass"]?.length} chars."
```

ここでは、params["email"]とparams["pass"]?.lengthの値をテキストに埋め込んでメッセージを作成しています。こんな具合に、paramsから名前を指定することで値を取り出すことができます。

call.receiveParametersでまとめて値を取り出すことさえわかっていれば、フォームの処理も非常にかんたんに行なえることがわかるでしょう。

# HTMLを出力する

続いて、テンプレートの使い方についてです。Mustacheでは、||||を使って値を埋め込むことができます。が、ここで埋め込めるのは、実は**「標準的なテキスト」**のみで、HTMLのソースコードは埋め込めないのです。

が、実際にはHTMLのコードを埋め込んで表示させたいこともありますね。このような場合はどうするのか。それは、以下のような書き方をします。

```
{{& 値}}        {{{値}}}
```

このどちらの書き方を使ってもHTMLをそのまま出力することができます。では、やってみましょう。

まず、ルーティング処理を用意しましょう。get("/")メソッドを以下のように修正します。

⊕リスト7-10
```
get("/") {
  val model = mapOf(
    "title" to "Sample Page",
    "message" to "<p class=\"alert alert-primary\">This is sample message.</p>",
  )
  call.respond(MustacheContent("index.hbs", model))
}
```

ここでは、messageに<p>タグを使ったHTMLのコードを設定してあります。これをテンプレートで表示させてみましょう。index.hbsの<body>タグを以下のように書き換えます。

⊕リスト7-11
```
<body>
  <h1 class="bg-primary text-white p-2">{{title}}</h1>
  <div  class="container mt-4">
    <div>{{message}}</div>
    <hr>
    <div>{{&message}}</div>
  </div>
</body>
```

◉図7-13：同じメッセージを2つ出力する。上はHTMLがテキストとして表示され、下はHTMLのタグとして認識される。

# Sample Page

```
<p class="alert alert-primary">This is sample message.
</p>
```

This is sample message.

　これでアクセスすると、messageの値が2つ出力されます。一つ目は、そのまま{{message}}したもので、これはHTMLのタグがそのままテキストとして表示されています。そして2つ目は{{&message}}で、&lt;p&gt;タグがきちんとHTMLのタグとして認識され表示が作られているのがわかります。

# 条件による表示

　プログラミング言語には、条件分岐や繰り返しなど処理の流れを制御する構文が用意されています。Mustacheにも、それに近い機能が用意されているのです。
　まずは、「条件による表示」についてです。モデルに用意した真偽値の値を利用し、それがtrueかfalseかによって表示をON/OFFすることができます。

## ╋値がtrueのとき表示

```
{{#値}}
……表示内容……
{{/値}}
```

## ╋値がfalseのとき表示

```
{{^値}}
……表示内容……
{{/値}}
```

2つの|||の間に表示内容を記述することで、その部分の表示をON/OFFできるようになります。では使ってみましょう。

まずルーティングの処理からです。get("/")メソッドを以下のように書き換えましょう。

●リスト7-12

```
get("/") {
  val model = mapOf(
    "title" to "Sample Page",
    "message" to "This is sample message.",
    "flag" to true // ☆
  )
  call.respond(MustacheContent("index.hbs", model))
}
```

ここでは、"flag" to falseというように値を用意しておきました。このflagの値を伸って、テンプレートの表示をON/OFFしてみます。では、index.hbsの<body>部分を以下のように書き換えましょう。

●リスト7-13

```
<body>
  <h1 class="bg-primary text-white p-2">{{title}}</h1>
  <div  class="container mt-4">
    {{#flag}}
      <p class="alert alert-primary">{{message}}</p>
    {{/flag}}
    {{^flag}}
      <p class="card">{{message}}</p>
    {{/flag}}
  </div>
</body>
```

●図7-14：変数flagがtrueかfalseかによって表示が変わる。

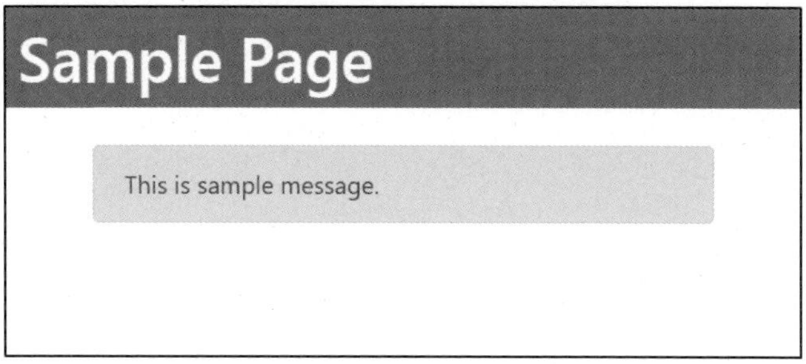

# Sample Page

This is sample message.

# Sample Page

This is sample message.

アクセスすると、青い背景の上にメッセージが表示されます。これはBootstrapの**「アラート」**という表示です。内容を確認したら、リスト7-12の☆の値をfalseに変更して再び実行してみましょう。すると、今度は枠線だけの表示に変わります。

## 繰り返し表示する

繰り返し処理に相当するものとしては、**「配列やリストなどから順に値を取り出して表示する」**というものが用意されています。これは以下のように記述をします。

```
{{#値}}
……表示内容……
{{/値}}
```

見ればわかるように、条件による表示とまったく書き方は同じです。要するに、#で指定する値が真偽値ならば条件による表示とみなし、リストや配列ならば繰り返し表示とみなす、ということですね。

では、これも使ってみましょう。まずget("/")メソッドを修正します。

● リスト7-14

```
get("/") {
  val data = arrayOf(
    mapOf("id" to "Taro", "mail" to "taro@yamada", "age" to 39),
    mapOf("id" to "Hanako", "mail" to "hanako@flower", "age" to 28),
    mapOf("id" to "Sachiko", "mail" to "sachiko@happy", "age" to 17)
  )
  val model = mapOf(
    "title" to "Sample Page",
    "message" to "This is sample message.",
    "data" to data
```

```
  )
  call.respond(MustacheContent("index.hbs", model))
}
```

　ここでは、data定数を用意し、これを"data"という名前でモデルに保管しておきます。data は、マップの配列になっており、mapOf("id" to "Taro", "mail" to "taro@yamada", "age" to 39) というようにid, mail, ageといった値が用意されています。

## ◉ マップをテーブルで表示する

　では、用意されたdataの内容を繰り返し表示してみましょう。index.hbsの<body>タグ部分 を以下のように書き換えてみてください。

◉ リスト7-15

```html
<body>
  <h1 class="bg-primary text-white p-2">{{title}}</h1>
  <div  class="container mt-4">
    <p>{{message}}</p>
    <table class="table">
      <thead>
      <tr>
        <th>ID</th>
        <th>Mail</th>
        <th>Age</th>
      </tr>
      {{#data}}
        <tr>
          <td>{{id}}</td>
          <td>{{mail}}</td>
          <td>{{age}}</td>
        </tr>
      {{/data}}
      </thead>
    </table>
  </div>
</body>
```

●図7-15：dataに用意したデータをテーブルにまとめて表示する。

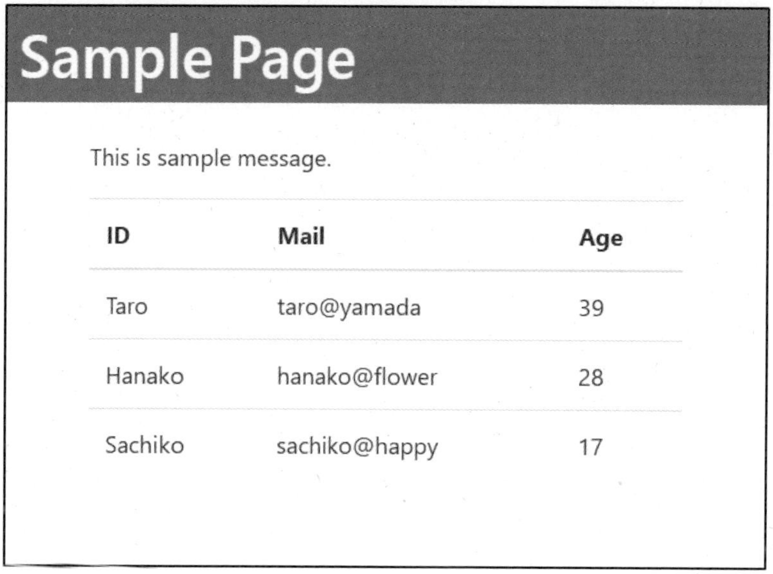

Sample Page

This is sample message.

| ID | Mail | Age |
|----|------|-----|
| Taro | taro@yamada | 39 |
| Hanako | hanako@flower | 28 |
| Sachiko | sachiko@happy | 17 |

　アクセスすると、dataの内容をテーブルにまとめて表示します。dataに用意されていた各マップの内容がそのままテーブルとして表示されているのがわかるでしょう。

　ここでは、<table>タグでデータをテーブル表示しています。dataから順に値を取り出し表示している部分を見ると、このようになっていますね。

```
{{#data}}
  <tr>
    <td>{{id}}</td>
    <td>{{mail}}</td>
    <td>{{age}}</td>
  </tr>
{{/data}}
```

　||#data||で、dataから順に値を取り出して表示を行なっていきます。このdata内に用意されていた値は、例えばこんな形になっていましたね。

```
mapOf("id" to "Taro", "mail" to "taro@yamada", "age" to 39)
```

　このid, mail, ageの値が、そのまま||id||、||mail||、||age||に割り当てられ表示されているのがわかるでしょう。繰り返しで取り出されたマップの値は、キーの名前を使ってこんな具合に利用できるのです。

# Exposedによるデータベースアクセス

## SQLデータベースとExposed

本格的なWebアプリケーションを作ろうとすると、必ず必要となるのが「**データベース**」です。多量のデータを扱うような場合、データベースなしにアプリケーションを作成するのはかなり大変でしょう。

Kotlinにも、データベースを扱うためのパッケージがいろいろと用意されています。ここでは、JetBrainsが開発する「**Exposed**」というソフトウェアを使い、データベースアクセスを行なってみることにしましょう。

Exposedは、いわゆる「**ORM**」と呼ばれるプログラムに似たような働きをするソフトウェアです。ORMは「**Object-Relational Mapping**」の略で、プログラミング言語のオブジェクトとSQLデータベースのSQLクエリやその結果を相互に変換するものです。SQLデータベースは、レコードと呼ばれる形でデータを保管し取り出します。これを、ORMを介することで、データベースから取得したレコードがスムーズにプログラミング言語に渡されるようにします。逆にプログラム側からレコードを追加するような場合も、オブジェクトとして作成したものを自動的にレコードに変換してデータベーステーブルに追加します。このようにSQLデータベースとプログラミング言語の間でデータの相互変換を行なってくれるのがORMです。

Exposedは、Kotlin用のORMの中でも、おそらく現時点でもっとも広く利用されているものでしょう。JetBrains純正であるということも、Exposedを選ぶ一つの理由になっています。純正品なら、Kotlinでデータベースを利用することについてよく考えて設計されているでしょうから。

## ◉ Exposedのインストール

このExposedは、標準ではIntelliJのプロジェクトに組み込まれていません。したがって、Exposedのパッケージをプロジェクトに組み込む作業が必要になります。といっても、これはいくつかのファイルに追記するだけですので、決して難しくはありません。では、順に作業しましょう。

### ✛1. gradle.propertiesにExposedバージョン変数を用意

最初に、プロジェクト内にあるgradle.propertiesというファイルを開いてください。これは、ビ

ルドツールであるGradleが利用する各種の値をまとめておくところです。ここに以下の文を追記します。

**○リスト7-16**

```
exposed_version=0.25.1
```

これがExposedのバージョンになります。ここでは、0.25.1というバージョンのものを利用することにします。今後、新しいバージョンがリリースされた際には、この値を書き換えることで対応できるでしょう。

## ╋2. build.gradle.ktsにバージョンの変数を用意

続いて、プロジェクトのbuild.gradle.ktsを編集します。このファイルを開くと、冒頭のあたりに**「val ◯◯_version: String by project」**といった文がいくつも並んでいるところが見つかるでしょう。ここに以下の文を追記します。

**○リスト7-17**

```
val exposed_version: String by project
```

続いて、build.gradle.ktsファイルの後のほうを見ていくと、**「dependencies {……}」**といった項目が見つかります。この部分に以下を追記してください。

**○リスト7-18**

```
implementation("org.jetbrains.exposed:exposed-core:$exposed_version")
implementation("org.jetbrains.exposed:exposed-dao:$exposed_version")
implementation("org.jetbrains.exposed:exposed-jdbc:$exposed_version")
implementation("org.xerial:sqlite-jdbc:3.30.1")
```

このdependenciesという項目が、このプロジェクトで必要となるパッケージです。これを追記すると、エディタの右上あたりに更新のアイコンが表示されるので、クリックしてプロジェクトを更新します。これで追記したパッケージがインストールされ使えるようになります。

# Exposedでテーブルを用意する

では、Exposedを利用していきましょう。最初に行なうのは、**「テーブル用objectの定義」**です。

SQLデータベースでは、データは**「テーブル」**と呼ばれるものに保管されます。これは、保管

するデータの内容を定義したもので、Exposedではobjectとして用意されます。

では、Application.ktを開いて、最初のimport文の記述されたところに以下を追記してください。

●リスト7-19
```
import org.jetbrains.exposed.dao.id.IntIdTable
import org.jetbrains.exposed.sql.*
import org.jetbrains.exposed.sql.SchemaUtils
import org.jetbrains.exposed.sql.transactions.transaction
```

これらは、Exposedを利用する際に必要となるものです。最初にまとめてimportを用意しておくことにします。

## ◉ SampleTableの作成

では、テーブル用のobjectを用意しましょう。今回は、「SampleTable」という名前で作成します。Application.ktの適当なところ(main関数の手前あたりでいいでしょう)に、以下を追記してください。

●リスト7-20
```
object SampleTable : IntIdTable() {
  val name: Column<String> = varchar("name", 50)
  val mail: Column<String> = varchar("mail", 100)
  val age: Column<Int> = integer("age")
}
```

これがテーブルのobjectです。テーブルのobjectは、IntIdTableというobjectを継承して作成します。この中に、保管する項目をプロパティとして用意していきます。用意されるプロパティは、「Column」というクラスのインスタンスを型に指定します。このColumnは、データベースのテーブルにあるカラム(保管する値の項目)を扱うクラスです。

ここでは、name, mail, ageという3つのプロパティを用意しました。これらの項目は、テキストと整数の値を保管するものです。それぞれ以下のような形で値を用意しています。

## ╋テキストを保管するもの
```
val 名前 : Column<String> = varchar( 名前 , 文字数 )
```

## ╋ 整数を保管するもの

```
val 名前 : Column<Int> = integer( 名前 )
```

　これで、name, mail, ageという3つの項目が保管されるテーブルのobjectが用意されました。が、実はこの他にもう一つ、重要な項目が用意されます。それは「id」です。

　idは、SQLデータベースの「プライマリキー」と呼ばれるもので、個々のレコードに割り当てられるユニークな値です。すべてのレコードに異なるidが割り振られ、これによってデータベースはレコードを識別します。

　ここでは、IntTableというobjectを継承していますが、このIntTableは、「**Int型のidプライマリキーの項目を持つテーブル**」という性格を持ちます。つまり、これを継承することで、自動的に整数型のidというプライマリキー用の項目が用意されます（したがって、別途idというプロパティを用意する必要はありません）。

# データベース接続とテーブルの生成

　では、実際にデータベースにアクセスして操作を行ないましょう。といっても、「**まだデータベースなんて用意していないぞ？**」と思う人もいるかも知れませんね。が、心配はいりません。

　ここでは、「**SQLite**」というデータベースを利用します。多くのSQLデータベースは、データベースサーバーと呼ばれるプログラムを起動し、そこにアクセスしてデータを取得しますが、SQLiteは直接ファイルにアクセスしてデータを読み書きするようになっています。非常にシンプルなライブラリとして提供できるため、PCだけでなく例えばスマートフォンなどにも内蔵されてデータ管理に利用されていたりします。

　このSQLiteは、別途ソフトウェアなどをインストールすることなく利用することができます。KotlinにExposedが用意されていれば、すぐにでも利用することができます。

## ◉ main関数の差し替え

　では、データベースを利用するためのかんたんな処理を作成してみましょう。そのためには、現在Application.ktにあるmain関数をコメントアウトしておきます。以下の文ですね。

```
fun main(args: Array<String>): Unit = io.ktor.server.netty.EngineMain.main(args)
```

　これの冒頭に//をつけて、コメントに変更してください。これで、このmain関数は実行されなくなりました。

代りに、新しいmain関数を追加しましょう。以下の文を適当なところに追記してください。

**◯ リスト7-21**

```
fun main(args: Array<String>) {
  Database.connect("jdbc:sqlite:/data/sample_app_data.db", "org.sqlite.JDBC")

  transaction {
    SchemaUtils.create(SampleTable)
  }
}
```

作成できたら、このmain関数を実行してください。特にエラーなく終了したら、データベースへアクセスし、SampleTableテーブルが作成されています。これは1度正常に実行できたら、二度と実行する必要はありません。

ハードディスクを開いたところに「**data**」というフォルダが作成されているはずです。これを開くと、「**sample_app_data.db**」というファイルが見つかるじしょう。これが、作成されたデータベースファイルです。この中にデータベースのテーブルとそこに保管したレコードが記録されます。

## ◉ データベース接続

では、ここで実行していることを見てみましょう。データベースを利用するには、最初に「**データベースへの接続**」を行なう必要があります。これを行なっているのが以下の文です。

```
Database.connect("jdbc:sqlite:/data/sample_app_data.db", "org.sqlite.JDBC")
```

Database.connectというのが、データベースへの接続を行なうためのものです。これは以下のような形で実行されます。

```
Database.connect( 接続先 , ドライバ )
```

第1引数は、接続先のデータベースを示すURLのテキストです。これはSQLiteの場合、"jdbc:sqlite:ファイルパス"という形で記述されます。jdbc:sqlite:は、SQLiteを利用するということを示すものです。その後の/data/sample_app_data.dbがファイルのパスで、これにより「**data**」フォルダ内に「**sample_app_data.db**」という名前のファイルにデータベースを保存することを示します。

その後のドライバは、データベースとの接続に使用するクラスを指定するもので、ここでは

"org.sqlite.JDBC"を指定しています。これがSQLiteデータベースにアクセスするためのドライバ
です。

## ◉ テーブルの作成

次に行っているのは、データベースにテーブルを作成する作業です。これは以下のように行っ
ています。

```
SchemaUtils.create(SampleTable)
```

SchemaUtilsは、データベース利用のための各種機能をまとめたクラスです。その中の
**「create」** メソッドは、引数にテーブルのobjectを指定して呼び出すことで、そのテーブル用の
データベーステーブルを作成します。

この **「テーブル作成」** は、最初に一度だけ実行すれば、データベース内にテーブルが用意
され使えるようになります。

## ◉ トランザクションについて

このcreate関数は、よく見ると、そのまま実行されてはいませんね？ こんな形で実行されて
いるのに気がつくでしょう。

```
transaction {
    ……ここでcreateを実行……
}
```

この **「transaction」** というのは、データベースの一括処理を行なうためのものです。Webア
プリケーションというのは、多数のユーザーが同時にアクセスをします。ですから、例えばデー
タベースにデータを追加したり削除したりしたいといった要求が同時にいくつも送られてくるこ
ともあるでしょう。

そうしたとき、まだ処理が完了する前に別の要求によってデータが書き換えられてしまったり
すると致命的なエラーにつながりかねません。そこで、データベースに何らかの変更を加えるよ
うな処理は、すべてまとめて実行されるようにするのです。これが一括処理です。

この一括処理を行なうのが **「transaction」** です。このブロック内に処理を記述しておくと、
それらはすべてまとめて実行されます。

今回はcreateを一つ実行しているだけなので、transactionしなくともいいように思うかも知
れません。が、実はそうではありません。Exposedでは、データベースへの問い合わせは常に

transaction内で実行する必要があります。**「transaction内でデータベースアクセス処理を実行する」**というのは、Exposedの基本なのです。

## ダミーレコードを保存する

これでデータベースにテーブルが用意できました。次は、テーブルにダミーのレコードをいくつか追加しましょう。先ほど作成したmain関数を以下のように書き換えて実行してください。

○リスト7-22

```kotlin
fun main(args: Array<String>) {
  println("***** main start *****")
  Database.connect("jdbc:sqlite:/data/sample_server_app_data.db", "org.sqlite.JDBC")

  transaction {
    SampleTable.insert {
      it[name] = "Taro"
      it[mail] = "taro@yamada"
      it[age] = 39
    }
    SampleTable.insert {
      it[name] = "Hanako"
      it[mail] = "hanako@flower"
      it[age] = 28
    }
    SampleTable.insert {
      it[name] = "Sachiko"
      it[mail] = "sachiko@happy"
      it[age] = 17
    }
  }

  println("***** main end *****")
}
```

これで、3つのレコードをデータベーステーブルに追加します。これもエラーなく実行できたら、もう二度と実行する必要はありません。

## ◉ レコードの新規追加

　　　ここでは、transactionの中で、3つのレコード作成を行なっています。レコードの作成は、以下のように実行します。

```
SampleTable.insert {
    ……レコードの内容……
}
```

　　　SampleTableの「**insert**」メソッドで作成をします。ブロックの部分には、保存する値の内容が記述されます。ここでは、変数「**it**」にSampleTableが渡されます。このitから[項目名]という形で項目を指定して値を代入します。例えば、it[name] = "Taro"とすれば、nameの項目に"Taro"という値が設定されるわけです。

　　　ここでは、name, mail, ageの3つの項目に値を設定しています。プライマリキーであるidには値は用意しません。idはExposed側で自動処理されますから、プログラマが値を用意する必要はないのです。

## 全レコードを表示する

　　　これでデータベースにテーブルといくつかのレコードが用意されました。では、これを使って、データベース利用のさまざまな処理を作成していくことにしましょう。

　　　まずは、テーブルのレコードを表示することから行ないましょう。テーブルのレコード取得は、テーブルobjectの「**selectAll**」というメソッドで行なえます。例えば、SampleTableから全レコードを取り出すなら、以下のように実行すればいいのです。

```
変数: Query = SampleTable.selectAll()
```

　　　これで得られる「**Query**」というクラスは、多数のレコード情報を扱うことができます。「**forEach**」というメソッドを持っており、取得したレコードをこれで順に処理できます。

```
《Query》.forEach {
    ……変数itで処理する……
}
```

　　　forEachのブロック部分では、取り出されたレコード情報を変数「**it**」に渡します。これは「**ResutlRow**」という、テーブルから取得された結果を扱うクラスのインスタンスとして返されます。

## ● main関数を修正する

では、実際にレコードを取得し表示する処理を作ってみましょう。まず、Application.ktの
main関数をもとの状態に戻してください。

**● リスト7-23**

```
fun main(args: Array<String>): Unit = io.ktor.server.netty.EngineMain.main(args)
```

これで、従来の「**mainを実行するとWebサーバーが起動する**」という処理に戻りました。で
は、ルーティングのget("/")を書き換え、データベースからレコードを取得するようにしましょう。

**● リスト7-24**

```
get("/") {
  Database.connect("jdbc:sqlite:/data/sample_app_data.db", "org.sqlite.JDBC")
  var res = ""
  transaction {
    val query = SampleTable.selectAll()
    query.forEach {
      res += """
        <li class="list-group-item">
        ${it[SampleTable.id]}. ${it[SampleTable.name]}
        &lt;${it[SampleTable.mail]}&gt;
        (${it[SampleTable.age]})
        </li>
      """.trimIndent()
    }
  }
  val model = mapOf(
    "title" to "Sample Page",
    "message" to "This is sample message.",
    "data" to res
  )
  call.respond(MustacheContent("index.hbs", model))
}
```

説明は後で行なうとして、テンプレートも修正しておきます。index.hbsの<body>部分を以
下のように書き換えてください。

◉リスト7-25

```
<body>
  <h1 class="bg-primary text-white p-2">{{title}}</h1>
  <div  class="container mt-4">
    <ul class="list-group">
      {{&data}}
    </ul>
  </div>
</body>
```

◉図7-16：アクセスすると、データベースに保存してあるダミーレコードをリスト表示する。

修正できたらmainを実行し、Webブラウザでアクセスしてみましょう。すると、先にSampleTable.insertで作成したダミーレコードの内容がリストにまとめて表示されるのがわかるでしょう。

## ◉取得したレコードの処理

では、実行している処理を見てみましょう。ここではtransaction内で、まずselectAllでQueryを取得しています。

```
val query = SampleTable.selectAll()
```

今回はレコードを取り出すだけですが、transactionは必ず用意しておきます。データベースを書き換える操作を行なっていない場合も、やはりtransactionは必要です。
そして取得してQueryから順にレコードを取り出し、その内容をテキストにまとめていきます。

```
query.forEach {
  res += """
    <li class="list-group-item">
    ${it[SampleTable.id]}. ${it[SampleTable.name]}
    &lt;${it[SampleTable.mail]}&gt;
    (${it[SampleTable.age]})
    </li>
  """.trimIndent()
}
```

ここでは、query.forEachのブロック内で、itの内容をテキストにまとめています。ここでは、こんな具合にテキストをまとめていますね。

```
res += """
  ……値をまとめる……
""".trimIndent()
```

"""という**「3つのクォート」**は、改行したテキストが書けるテキストリテラルでした。長いテキストをまとめるときは、適当なところで改行して書けるので便利ですね。最後のtrimIndentというのは、インデントによって追加される半角スペースやタブ記号などを取り除いたテキストを返すものです。

このテキストリテラルの中で、変数itから値を取り出して埋め込んでいるのですね。例えば、idの値は、${it[SampleTable.id]}というようにして埋め込まれています。it[○○]という形で値を取り出しますが、この[]部分にはSampleTable.idというような形で取り出す値を指定します。it["id"]のようにテキストを指定したのではうまく取り出せないので注意してください。

> ### Column Tableの項目は「Column」
>
> ここでは、SampleTable.idというようにしてテーブルの項目を指定していました。このようにTable継承クラス（Tableは、IntTableのスーパークラスとなっている、テーブルのベースとなるクラスです）に用意されている項目は、**「Column」**というクラスのインスタンスになっています。
>
> Columnは、直接作成したりすることはありませんが、テーブルにある項目を扱う際には常に利用されることになるクラスです。今すぐ覚える必要はありませんが、**「SampleTableのnameやmailは、Columnっていうクラスとして用意されてるようだ」**ということぐらいは頭に入れておくとよいでしょう。

# Sampleクラスで使いやすくする

　これで全レコードを取り出し表示できるようになりました。が、今やった方法はあまりいいやり方には思えません。プログラム側で全レコードの内容をテキストにまとめ、テンプレート側ではただそのテキストを埋め込んで表示するだけになっていますね。プログラム側では取り出したデータを配列などにまとめておき、それをテンプレート側で受け取って処理したほうがより柔軟に表示を行なえるでしょう。なにより、表示の修正などがぐっとしやすくなります。

　そのためには、受け取ったレコードを扱えるクラスを用意する必要があります。ここでは**「Sample」**という名前でクラスを用意することにしましょう。以下をApplication.ktの適当なところ（SampleTableの下あたり）に追記してください。

**○リスト7-26**

```
class Sample(r:ResultRow) {
  var id = r[SampleTable.id].value
  var name = r[SampleTable.name]
  var mail = r[SampleTable.mail]
  var age = r[SampleTable.age]
}
```

　ここではプライマリコンストラクタでResultRowを引数に渡すようにしてあります。そしてそこからid, name, mail, ageといった値を取り出すようにしているわけです。

## ◉get("/")を修正する

　では、このSampleを利用して結果をテンプレートに渡すようにApplication.ktを書き換えましょう。get("/")の部分を以下のように修正してください。

**○リスト7-27**

```
get("/") {
  Database.connect("jdbc:sqlite:/data/sample_app_data.db", "org.sqlite.JDBC")
  val list = mutableListOf<Sample>()
  transaction {
    val query = SampleTable.selectAll()
    query.forEach {
      list.add(Sample(it))
    }
  }
  val model = mapOf(
```

```
    "title" to "Sample Page",
    "message" to "This is sample message.",
    "data" to list
  )
  call.respond(MustacheContent("index.hbs", model))
}
```

　　ここでは、受け取ったレコード情報をSampleのリストとしてまとめるようにしてあります。最初に以下のような形で変数を用意していますね。

```
val list = mutableListOf<Sample>()
```

　　そして、selectAllで得たQueryから順にResultRowを取り出し、これをもとにSampleインスタンスを作ってlistに追加していきます。

```
query.forEach {
  list.add(Sample(it))
}
```

　　これでlistにレコード情報がまとめられました。後は、これを渡したテンプレート側で処理すればいいのです。

## ◉listをリストで表示する

　　では、受け取ったリストをもとに内容を表示するようindex.hbsを書き換えましょう。<body>の部分を以下のように書き換えてください。

◉リスト7-28

```
<body>
  <h1 class="bg-primary text-white p-2">{{title}}</h1>
  <div  class="container mt-4">
    <ul class="list-group">
      {{#data}}
        <li class="list-group-item">{{id}}. Name:{{name}}, Mail:{{mail}},
          Age:{{age}}</li>
      {{/data}}
    </ul>
  </div>
</body>
```

◉図7-17：レコードをリストにまとめて表示する。

アクセスするとレコードの情報がリストにまとめて表示されます。ここでは、dataから順に値を取り出して以下のように表示を行なっています。

```
{{#data}}
  <li class="list-group-item">{{id}}. Name:{{name}}, Mail:{{mail}}, Age:{{age}}</li>
{{/data}}
```

{{#data}}で、dataから順にSampleインスタンスを取り出していきます。その値は、{{id}}や{{name}}というようにSampleのプロパティ名を指定するだけで表示することができます。

## ◉ テーブルで表示する

データ自体をテンプレートに渡すことができれば、テンプレートを少し書き換えるだけで表示を変えることもできるようになります。試しに、<body>を以下のように変更してみましょう。

◉リスト7-29

```
<body>
  <h1 class="bg-primary text-white p-2">{{title}}</h1>
  <div  class="container mt-4">
    <table class="table">
      <thead>
      <tr>
        <th>ID</th>
        <th>Name</th>
        <th>Mail</th>
        <th>Age</th>
```

```
      </tr>
    </thead>
    {{#data}}
      <tbody>
      <tr>
        <td>{{id}}</td>
        <td>{{name}}</td>
        <td>{{mail}}</td>
        <td>{{age}}</td>
      </tr>
      </tbody>
    {{/data}}
  </table>
  </div>
</body>
```

**○図7-18：レコードの情報をテーブルで一覧表示する。**

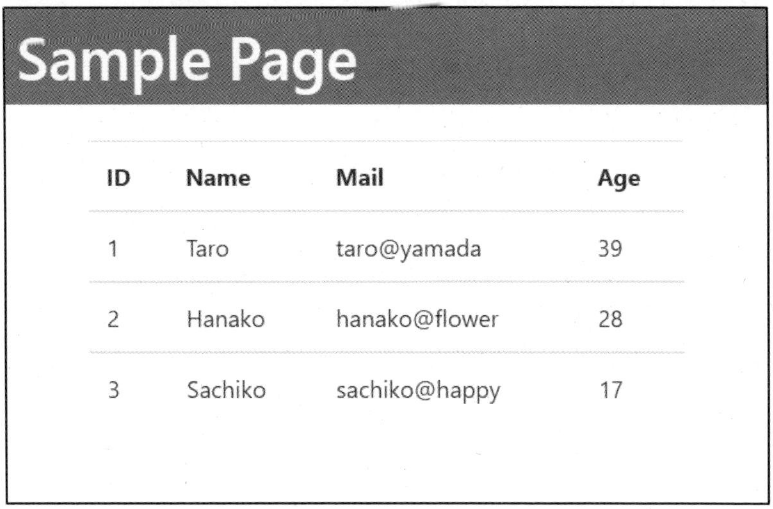

## Sample Page

| ID | Name | Mail | Age |
|----|------|------|-----|
| 1 | Taro | taro@yamada | 39 |
| 2 | Hanako | hanako@flower | 28 |
| 3 | Sachiko | sachiko@happy | 17 |

　今度は、<table>を使い、レコード情報を一覧表示してみました。やっていることは先ほどと同じですが、<li>ではなくテーブルの<td>を使って項目を出力しています。リストで結果を渡せば、こんな具合にいくらでも表示を調整できるようになります。

# 検索とCRUD

## 指定IDのレコードを表示する

データベースを活用するためには、レコードをさまざまな形で操作できるようにならなければいけません。そうした基本操作について説明していきましょう。

まずは「**レコードの検索**」からです。すべてのレコードを取り出すのはできるようになりましたが、特定のものだけを取り出すにはどうすればいいのでしょう。例として「**指定したIDのレコードを取り出す**」という方法について考えてみましょう。

特定のレコードのみを取り出すには、テーブルobjectの「**select**」を利用します。

```
《Table》.select( 条件 )
```

selectは、selectAllと同様に検索結果をQueryとして返します。違いは、引数部分に検索の条件となるものを用意する点です。これは、以下のような形で記述します。

```
《Column》《演算式 》《値》
```

テーブルにある項目を示すもの (Column)、演算の式を示すもの、値の3つを並べる形で条件が作られます。例えば、SampleTableのidの値が1であるレコードを検索するならこうなります。

```
SampleTable.id eq 1
```

「**SampleTable.id**」が項目、「**eq**」が「**等しい**」ことを示す演算、そして「**1**」が値です。こんな具合にして条件を用意していくのですね。

### ◉ パラメーターのIDのレコードを表示する

では、かんたんな例として、レコードのID値をクエリーパラメーターで渡し、それをもとにレコードを検索し表示するサンプルを作ってみましょう。

まずは、プログラムの修正です。Application.ktにあるget("/")部分を以下のように書き換えてください。

● リスト7-30

```
// import org.jetbrains.exposed.sql.SqlExpressionBuilder.eq 追記

get("/") {
  Database.connect("jdbc:sqlite:/data/sample_app_data.db", "org.sqlite.JDBC")
  val id = context.parameters["id"]?.toInt()
  var sample:Sample? = null
  transaction {
    val query = SampleTable.select { SampleTable.id eq id }
    runCatching {
      val row = query.first()
      sample = Sample(row)
    }
  }
  val model = mapOf(
    "title" to "Sample Page",
    "message" to "id = ${id} Sample Record.",
    "data" to sample
  )
  call.respond(MustacheContent("index.hbs", model))
}
```

ここで実行している処理についてかんたんに説明しましょう。まず、Database.connectでデータベースに接続をしています。それから、クエリーパラメーターからIDの値を取り出します。

```
val id = context.parameters["id"]?.toInt()
```

これは、toIntで整数値として取得しておきます。そして、transactionで指定したIDのレコードを検索します。

```
val query = SampleTable.select { SampleTable.id eq id }
```

SampleTable.id eq idとすることで、パラメーターで送ったIDのレコードを検索します。これで結果がQueryとして得られます。ここからレコードの情報を取り出し、Sampleを用意します。

```
val row = query.first()
sample = Sample(row)
```

　「**first**」というメソッドは、Queryの最初のレコードを取り出すものです。似たようなものに「**last**」というメソッドもあり、こちらは最後のレコードを取り出します。今回は指定IDのレコードを検索しているので、結果は「**一つ見つかるか、あるいはないか**」です。そこで、firstで最初のものを取り出して利用しているのですね。

　戻り値はResultRowインスタンスになります。これを使ってSampleを作成します。後は、作成したSampleをテンプレートに渡して表示すればいいだけです。

　処理はかんたんですが、注意したいのは「**first**」です。selectの検索では、Queryに「**レコードがない**」という場合もあります（検索対象となるレコードが見つからなかった）。この場合、firstを呼び出すと例外が発生してしまいエラーになります。そこで、サンプルではこれらの処理をrunCatchingのブロック内で実行するようにしています。

## ◉ Sampleを表示する

　全体の流れがわかったら、テンプレートを修正しましょう。index.hbsの<body>タグの部分を以下のように修正してください。

**◉リスト7-31**

```
<body>
  <h1 class="bg-primary text-white p-2">{{title}}</h1>
  <div  class="container mt-4">
    <p>{{message}}</p>
    <table class="table">
      <tbody>
        <tr><th>ID</th><td>{{data.id}}</td></tr>
        <tr><th>Name</th><td>{{data.name}}</td></tr>
        <tr><th>Mail</th><td>{{data.mail}}</td></tr>
        <tr><th>Age</th><td>{{data.age}}</td></tr>
      </tbody>
    </table>
  </div>
</body>
```

◑図7-19：/?id=番号 とアドレスにつけてアクセスすると、指定したIDのレコードが表示される。

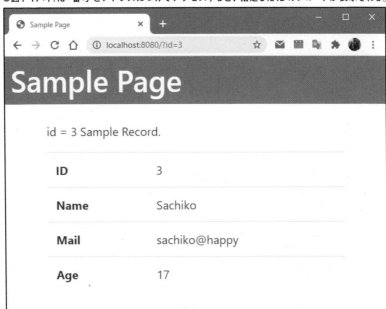

　　ここでは、dataという値にSampleインスタンスが渡されますので、そこからプロパティを指定して値を取り出し表示すればいいのです。例えば、||data.id||というようにしてidの値を表示していますね。こんな具合に、Sampleのプロパティからレコードのすべての値を取り出し表示することができます。

## 演算記号に使える値について

　　ここでは、selectの引数に「**SampleTable.id eq id**」と条件を指定しました。このeqは、値を比較する==記号と同じ働きをするものであることがわかります。

　　このeqは、実はorg.jetbrains.exposed.sqlパッケージにあるSqlExpressionBuilderというobjectのメソッドとして用意されているものです。こうした演算記号として使えるメソッドは、この他にもいろいろなものが用意されています。以下にまとめておきましょう。

| eq | ==記号 |
|---|---|
| neq | !=記号 |
| isNull() | nullである |
| isNotNull() | nullでない |

| less | <記号 |
|---|---|
| lessEq | <=記号 |
| greater | >記号 |
| greaterEq | >=記号 |
| like | =¯記号 |
| notLike | !¯記号 |
| exists | 値が存在する |
| notExists | 値が存在しない |
| regexp | 正規パターンに合致する |
| notRegexp | 正規パターンに合致しない |
| inList | リストに含まれる |
| notInList | リストに含まれない |
| between | 指定した値までの範囲内か |

　使い方は、一部メソッドを除きeqと同じで、これらの後にチェックする値を指定します。isNullとisNotNullだけは引数は不要ですが、引数の()を付ける必要があります。

## 複数条件の設定

　単純な検索ならば、これで十分ですが、より複雑な検索を行なおうとすると、複数の条件を組み合わせる必要が出てきます。こうしたときには、Exposedに用意されている論理演算のための値を利用します。

| A and B | AおよびBが成立 |
|---|---|
| A or B | AまたはBが成立 |
| not A | Aの逆値 |

　これらはInfix関数と呼ばれる**「関数」**です。andとorは、条件となる式を2つ用意し、その2つの両方あるいはどちらかが成立するものを検索します。notは指定の条件が成立しないものを検索します。
　これらを利用することで、複数の条件を一つにまとめて検索を行なえるようになります。

## ◉nameとmailから検索する

では、かんたんな例として「nameとmailの両方の項目から検索をする」というサンプルを
作ってみましょう。まず、index.hbsにテンプレートを用意します。<body>部分を以下のように
修正しましょう。

● リスト7-32

```
<body>
  <h1 class="bg-primary text-white p-2">{{title}}</h1>
  <div  class="container mt-4">
    <h4>{{message}}</h4>
    <form method="post" action="/">
      <div class="form-group">
        <label for="find">Find</label>
        <input type="text" class="form-control"
          id="find" name="find" value="{{find}}">
      </div>
      <button type="submit" class="btn btn-primary">検索</button>
    </form>
    <hr>
    <table class="table">
      <thead>
      <tr>
        <th>ID</th>
        <th>Name</th>
        <th>Mail</th>
        <th>Age</th>
      </tr>
      </thead>
      {{#data}}
        <tbody>
        <tr>
          <td>{{id}}</td>
          <td>{{name}}</td>
          <td>{{mail}}</td>
          <td>{{age}}</td>
        </tr>
        </tbody>
      {{/data}}
    </table>
```

427

```
  </div>
</body>
```

　ここでは、name="find"という項目を一つ持つフォームを用意しました。これに入力した値を
もとにレコードを検索することにしましょう。

## ◉ 検索処理を作成する

　では、Application.kt側に検索の処理を用意しましょう。今回は、トップページにGETと
POSTでアクセスした際の処理を用意します。get("/")とpost("/")をroutingのブロック内に用意
してください（同じものが複数用意されないように！）。

◉リスト7-33

```
// import org.jetbrains.exposed.sql.SqlExpressionBuilder.like 追記

get("/") {
  val model = mapOf(
    "title" to "Sample Page",
    "message" to "Find Records.",
    "find" to "",
    "data" to listOf<Sample>()
  )
  call.respond(MustacheContent("index.hbs", model))
}

post("/") {
  val params: Parameters = call.receiveParameters()
  val find = params["find"] ?: ""
  Database.connect("jdbc:sqlite:/data/sample_app_data.db", "org.sqlite.JDBC")
  val samples = mutableListOf<Sample>()
  val name_ex = SampleTable.name like "%${find}%"
  val mail_ex = SampleTable.mail like "%${find}%"
  transaction {
    val query = SampleTable.select { name_ex or mail_ex }
    query.forEach {
      samples.add(Sample(it))
    }
  }
  val model = mapOf(
    "title" to "Sample Page",
```

```
    "message" to "find: '${find}'.",
    "find" to find,
    "data" to samples
  )
  call.respond(MustacheContent("index.hbs", model))
}
```

⊕図7-20：検索テキストを入力し送信すると、nameとmailにそのテキストを含むものをすべて検索する。

## Sample Page

### find: 'ko'.

Find

```
ko
```

検索

| ID | Name | Mail | Age |
|----|------|------|-----|
| 2 | Hanako | hanako@flower | 28 |
| 3 | Sachiko | sachiko@happy | 17 |

　入力フィールドに適当にテキストを記入し送信すると、そのテキストをnameかmailに含むものをすべて検索します。
　ここでは、post("/")側に、フォームを送信した後の処理が用意されています。まず、送られてきたパラメーターを取り出します。

```
val params: Parameters = call.receiveParameters()
val find = params["find"] ?: ""
```

　データベースに接続後、検索結果を保管するリストと、2つの検索条件をそれぞれ定数に用意します。

```
val samples = mutableListOf<Sample>()
val name_ex = SampleTable.name like "%${find}%"
val mail_ex = SampleTable.mail like "%${find}%"
```

検索条件は、「like」という演算記号の値を使っていますね。これは、いわゆる**「あいまい検索」**と呼ばれるもので、%記号で不特定のテキスト内に検索テキストが含まれているものを探します。例えば、**「find%」**とすればfindで始まるものを、**「%find」**ならばfindで終わるものを探せます。**「%find%」**とすれば、findを含むものをすべて検索できるわけです。

後は、selectで検索を実行し、結果をリストにまとめていくだけです。

```
val query = SampleTable.select { name_ex or mail_ex }
```

すでに条件はname_exとmail_exにまとめてありますから、selectの引数には、name_ex or mail_exと用意すれば両条件を指定できますね。こうして取り出したQueryをforEachで処理していきます。

```
query.forEach {
    samples.add(Sample(it))
}
```

これでsamplesに検索されたSampleのリストがまとめられました。後は、これをテンプレートに渡して一覧表示するだけです。すでにレコード表示の基本はわかっていますから説明は不要でしょう。

## アクセスの基本は「CRUD」

条件を指定した検索は、このように**「selectで条件を指定する」**というやり方で行なえます。検索が行なえるようになれば、データベースの用途もぐんと広がります。

が、**「検索ができればそれで完璧か?」**というと、そういうわけでもありません。データベース利用の基本は**「CRUD」**と呼ばれています。

| Create | レコードの新規作成 |
|--------|-----------|
| Read | レコードの取得 |
| Update | レコードの更新 |
| Delete | レコードの削除 |

この4つがデータベース利用の基本といっていいでしょう。このうち、Create(新規作成)はすでに説明しましたね。またRead(取得)もselectAllとselectでだいたい行なえるようになります。

では、残りについても説明していきましょう。まず**「Update(更新)」**からです。

# 更新処理について

レコードの更新は、テーブルobjectに用意されている**「update」**というメソッドを使います。これは以下のように呼び出します。

```
《Table》.update({ レコードの検索条件 }) {
  ……itの内容を更新する……
}
```

updateメソッドは、update(○○) {××}というように引数とブロックにそれぞれ値を用意します。引数には、検索の条件を指定します。これは、selectで利用したのと同じもので、ここで検索されたレコードに対して更新処理が適用されます。

実際の値の更新は、ブロック部分に記述します。ここでは、変数**「it」**に検索されたレコードのResultSetが渡されます。このitにある値を変更することで、そのレコードの内容が書き換えられます。例えばSampleTableのnameの値を"hoge"と変更したければ、

```
it[SampleTable.name] = "hoge"
```

このようにブロック内で実行すればいいわけです。必要なだけ値を書き換える処理をブロック内に用意することで、検索されたレコードの内容すべてを書き換えることができます。

## ◉ 更新ページを作る

では、実際にサンプルを動かしてみましょう。index.hbsの<body>部分を以下のように書き換えてみてください。

◉リスト7-34
```
<body>
  <h1 class="bg-primary text-white p-2">{{title}}</h1>
  <div  class="container mt-4">
    <h4>Update {{message}}</h4>
    <form method="post" action="/">
      <input type="hidden" name="id"
        value="{{sample.id}}">
      <div class="form-group">
        <label for="name">Name</label>
        <input type="text" class="form-control"
          id="name" name="name" value="{{sample.name}}">
```

```
    </div>
    <div class="form-group">
      <label for="mail">Mail</label>
      <input type="email" class="form-control"
        id="mail" name="mail" value="{{sample.mail}}">
    </div>
    <div class="form-group">
      <label for="age">Age</label>
      <input type="number" class="form-control"
        id="age" name="age" value="{{sample.age}}">
    </div>
    <button type="submit" class="btn btn-primary">更新</button>
  </form>
  <hr>
  <table class="table">
    <thead>
    <tr>
      <th>ID</th>
      <th>Name</th>
      <th>Mail</th>
      <th>Age</th>
    </tr>
    </thead>
    {{#data}}
    <tbody>
    <tr>
      <td>{{id}}</td>
      <td><a href="/?id={{id}}">{{name}}</a></td>
      <td>{{mail}}</td>
      <td>{{age}}</td>
    </tr>
    </tbody>
    {{/data}}
  </table>
  </div>
</body>
```

　ここでは、name, mail, age（さらに非表示のid）といった入力項目を持つフォームを用意し
てあります。レコードの更新は、実際にレコードの値をフォームに表示しておき、それを書き換
える形で行ったほうがわかりやすいものです。そこで、更新するレコードを‖sample‖に入れてお

き、その値をフォームに表示するようにしておきます。

　それから、レコードの一覧を表示するテーブルでは、nameの項目に＜a href="/?id=||id||"＞||name||＜/a＞というような形でリンクを用意しておきました。これで、リンクをクリックすると/?id=番号というアドレスにジャンプするようになります。このidの値をもとに更新するレコードを取得すればいいでしょう。

## ◉ 更新プログラムの作成

　では、プログラム側を作りましょう。Application.ktにあるget("/")とpost("/")の部分を以下のように書き換えてください。

◉リスト7-35

```
get("/") {
  val id = context.parameters["id"]?.toInt()
  Database.connect("jdbc:sqlite:/data/sample_app_data.db", "org.sqlite.JDBC")
  var sample:Sample? = null
  val samples = mutableListOf<Sample>()
  transaction {
    val query = SampleTable.select { SampleTable.id eq id }
    runCatching {
      val row = query.first()
      sample = Sample(row)
    }
    val query2 = SampleTable.selectAll()
    query2.forEach {
      samples.add(Sample(it))
    }
  }
  val model = mapOf(
    "title" to "Sample Page",
    "message" to "ID=${id}.",
    "find" to "",
    "sample" to sample,
    "data" to samples
  )
  call.respond(MustacheContent("index.hbs", model))
}

post("/") {
  val params: Parameters = call.receiveParameters()
```

```
val id = params["id"]?.toInt()
val sample:Sample? = null
Database.connect("jdbc:sqlite:/data/sample_app_data.db", "org.sqlite.JDBC")
val samples = mutableListOf<Sample>()
transaction {
  val query = SampleTable.update(
    { SampleTable.id eq id }) {
    it[SampleTable.name] = params["name"] ?: "no-name"
    it[SampleTable.mail] = params["mail"] ?: "no-mail"
    it[SampleTable.age] = params["age"]?.toInt() ?: 0
  }
}
call.respondRedirect("/")
}
```

◉図7-21：レコードの一覧からリンクをクリックし、表示されたレコードの内容を書き換えて送信するとレコードが書き換わる。

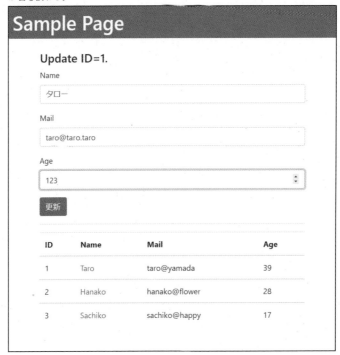

　トップページにアクセスすると、フォームとレコードの一覧が表示されます。この一覧の名前にあるリンクをクリックすると、そのレコードの内容がフォームに表示されます。これを書き換えて送信すれば、レコードの内容が変更されます。

## ◉ 更新処理の流れ

　更新処理は、GETでアクセスしたときと、フォームをPOST送信したときの2つで構成されます。
　まず、GETアクセスの処理です。ここでは、クエリーパラメーターで送られてきたIDの値をもとにレコードを検索し、それをsampleに代入してテンプレートに渡します。こうすることで、更新するレコードの内容がフォームに表示されるわけです。これを書き換えて送信すると、POST側の処理でフォームの内容をもとにレコードの更新が行なわれます。
　post("/")では、まず送られてきたフォームを取り出し、そこからIDの整数値を定数に取り出します。

```
val params: Parameters = call.receiveParameters()
val id = params["id"]?.toInt()
```

　これらの値をもとに、transaction内で更新の処理を行ないます。これは以下のようになって

います。

```
val query = SampleTable.update(
  { SampleTable.id eq id }) {
  it[SampleTable.name] = params["name"] ?: "no-name"
  it[SampleTable.mail] = params["mail"] ?: "no-mail"
  it[SampleTable.age] = params["age"]?.toInt() ?: 0
}
```

更新するレコードは、{ SampleTable.id eq id }として指定しています。そしてitの項目の値をparamsから取り出して代入していきます。注意したいのは、**「ageは値を整数に変換して設定する」**という点でしょう。paramsの値は基本的にすべてテキストですから、そのままではageに設定できません。

## ◉ リダイレクトについて

こうして更新が実行できたら、その後でトップページにリダイレクトをしています。これは、**「respondRedirect」**というメソッドを使います。

```
call.respondRedirect( パス )
```

このように呼び出します。引数には、リダイレクト先のURLのパスを指定します。処理の完了後、別のアドレスにアクセスさせたいときに利用します。

# レコードの削除

残るは**「Delete（削除）」**ですね。削除も、テーブルobjectに用意されているメソッドを使って行ないます。

```
《Table》.deleteWhere { 条件 }
```

ブロック部分には、削除する対象となるレコードの条件を指定します。これはupdateやselectなどと同じものです。

このdeleteWhereも、updateと同様に、事前に削除するレコードの内容などを表示して確認してから実行するようなやり方を考える必要があるでしょう。削除は、実行してしまうともとには戻せませんから。

## ◉ 削除のテンプレート

　では、これもサンプルを挙げておきましょう。まず、テンプレートを修正します。先ほどの updateで作成したindex.hbsの<body>を以下のように書き換えます。なお、レコードの一覧を 表示する<table>は修正の必要がないので省略しておきます。

**◉リスト7-36**

```
<body>
  <h1 class="bg-primary text-white p-2">{{title}}</h1>
  <div  class="container mt-4">
    <h4>Delete/{{message}}</h4>
    <div class="card my-4">
      <h5>{{sample.id}}. {{sample.name}}</h5>
      <p>mail: {{sample.mail}}</p>
      <p>age: {{sample.age}}
    </div>
    <form method="post" action="/">
      <input type="hidden" name="id"
         value="{{sample.id}}">
      <button type="submit" class="btn btn-primary">削除</button>
    </form>
    <hr>
    ……以降、<table>は省略……
  </div>
</body>
```

　ここでは、フォームには<input type="hidden" name="id" value="{{sample.id}}">という非 表示の項目を一つだけ用意してあります。これで削除するレコードのIDだけを送ります。フォー ムの上には、sampleの内容をまとめて表示するようにしておきます。

## ◉ 削除の処理を作成する

　では、プログラムを作成しましょう。get("/")は、updateで作成したものをそのまま使います。 post("/")部分だけを修正すればいいでしょう。

**◉リスト7-37**

```
post("/") {
  val params: Parameters = call.receiveParameters()
  val id = params["id"]?.toInt()
```

```
val sample:Sample? = null
Database.connect("jdbc:sqlite:/data/sample_app_data.db", "org.sqlite.JDBC")
transaction {
  val query = SampleTable.deleteWhere { SampleTable.id eq id }
}
call.respondRedirect("/")
}
```

◉図7-22：リンクをクリックしてレコードの内容を表示し、ボタンを押すと削除される。

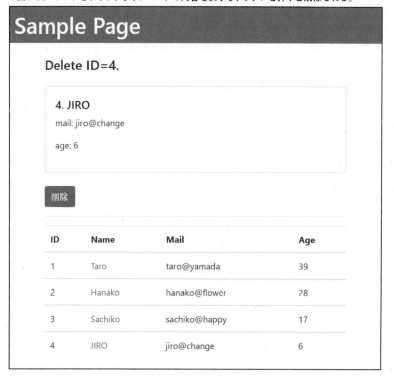

更新のときと同様に、一覧表示されるレコードのnameをクリックすると、そのレコードの内容が表示されます。そのままボタンをクリックすると、そのレコードが削除されます。

ここではフォームからIDの値を取り出し、transactionで以下のように削除を行なっています。

```
val query = SampleTable.deleteWhere { SampleTable.id eq id }
```

これで、SampleTable.id eq idの条件に合致したレコードは削除されます。非常にかんたんですね！ 条件の指定はくれぐれも間違えないようにしてください。

## レコードの並べ替え

これでCRUDの基本操作は一通り行なえるようになりました。それ以外のものとして、**「覚えておくとさらに便利」**な機能についていくつか補足しておきましょう。

レコードは通常作成した順に取り出されます。が、必要に応じて並び順を整えることはよくあります。こうした場合に用いられるのが**「orderBy」**メソッドです。これは、Queryクラスに用意されています。

```
《Query》.orderBy(《Column》,《SortOrder》)
```

第1引数には、テーブルの項目を扱うColumnを指定します。実をいえば、ABC順（小さい順）に並べるなら、これだけで済んでしまいます。では、逆順（大きい順）にしたいときは？　その場合は、第2引数にSortOrderという列挙体の値を指定します。これはASC（昇順）とDESC（降順）の2つの値が用意されています。

## ◉ 選択した項目で並べ替える

では、並べ替えのサンプルを作成してみましょう。まずはテンプレートからです。index.hbsの`<body>`を以下のように変更してください。

◉ リスト7-38

```
<body>
  <h1 class="bg-primary text-white p-2">{{title}}</h1>
  <div  class="container mt-4">
    <h4>{{message}}</h4>
    <table class="table">
      <thead>
      <tr>
        <th><a href="/?sort=id">ID</a></th>
        <th><a href="/?sort=name">Name</a></th>
        <th><a href="/?sort=mail">Mail</a></th>
        <th><a href="/?sort=age">Age</a></th>
      </tr>
      </thead>
      {{#data}}
      <tbody>
      <tr>
        <td>{{id}}</td>
        <td>{{name}}</td>
        <td>{{mail}}</td>
        <td>{{age}}</td>
      </tr>
      </tbody>
      {{/data}}
    </table>
  </div>
</body>
```

　　　ここではテーブルでレコードの一覧を表示していますが、各項目のヘッダーには以下のような形でリンクを用意してあります。

```
<a href="/?sort=項目名">
```

　　　これで、sortというパラメーターで並べ替えの項目を渡せるようになります。これをもとにしてレコードを並べ替えてテンプレートに渡すようにしましょう。

## ◉ 並べ替えの処理を作る

　　　では、Application.ktにあるget("/")の処理を修正しましょう。以下のように内容を書き換えてください。

◉ リスト7-39

```
get("/") {
  val sort = context.parameters["sort"]
  Database.connect("jdbc:sqlite:/data/sample_app_data.db", "org.sqlite.JDBC")
  val samples = mutableListOf<Sample>()
  transaction {
    var query:Query? = null
    when (sort) {
      "id" -> query = SampleTable.selectAll().orderBy(SampleTable.id)
      "name" -> query = SampleTable.selectAll().orderBy(SampleTable.name)
      "mail" -> query = SampleTable.selectAll().orderBy(SampleTable.mail)
      "age" -> query = SampleTable.selectAll().orderBy(SampleTable.age)
      else -> query = SampleTable.selectAll()
    }
    query?.forEach {
      samples.add(Sample(it))
    }
  }
  val model = mapOf(
    "title" to "Sample Page",
    "message" to "Sort records.",
    "data" to samples
  )
  call.respond(MustacheContent("index.hbs", model))
}
```

⊕図7-23：項目名のリンクをクリックすると、その項目でレコードを並べ替える。

# Sample Page

## Sort records.

| ID | Name | Mail | Age |
|---|---|---|---|
| 2 | Hanako | hanako@flower | 28 |
| 3 | Sachiko | sachiko@happy | 17 |
| 1 | Taro | taro@yamada | 39 |

　レコードを一覧表示するサンプルです。一覧の項目名のところにリンクがあり、これをクリックすることで並べ替えを変更します。例えば、「Name」のリンクをクリックすれば、nameの項目の値が小さいものから順に表示されます。

　ここでは、送られたクエリーパラメーターの値を取り出し、その値をもとにソートしてレコードを取り出しています。それを行なっているのがwhenの部分です。

```
when (sort) {
  "id" -> query = SampleTable.selectAll().orderBy(SampleTable.id, SortOrder.ASC)
  "name" -> query = SampleTable.selectAll().orderBy(SampleTable.name)
  "mail" -> query = SampleTable.selectAll().orderBy(SampleTable.mail)
  "age" -> query = SampleTable.selectAll().orderBy(SampleTable.age)
  else -> query = SampleTable.selectAll()
}
```

　sortの値に応じて異なるorderByを実行しているのがわかるでしょう。このorderByも、selectなどと同じくQueryを返します。したがって、得られる値はorderByがない場合とまったく同じやり方で処理することができます。

# 指定範囲のレコードを取り出す

レコード数が多くなると、一度にすべてを表示するのは難しくなってきます。こうしたとき、全体の中から特定の部分だけを取り出して表示する、というやり方が取られます。Amazonなどのオンラインショップでよく見られる**「ページごとの商品表示」**などはその最たるものでしょう。

こうした**「指定の範囲のレコードを取り出す」**というのに用いられるのが**「limit」**メソッドです。これもQueryに用意されています。

```
《Query》.limit( 項目数, 位置 )
```

第1引数には、取り出す項目数を指定します。そして第2引数に、何番目から取り出すかを指定します。先頭から取り出す場合は0となり、1だと1番目のレコードの次から取り出します。

注意したいのは、この第2引数の値はint値ではなくlong値で指定するという点です。

この2つを指定することで、決まった範囲のレコードだけを取り出せるようになります。

## ◉ 選択した2つだけ表示する

実際の利用例として、選択したレコードとその次のレコードだけを表示するというサンプルを作成してみます。まずはテンプレートからです。index.hbsの&lt;body&gt;を以下のように修正します。

**⊕ リスト7-40**

```
<body>
 <h1 class="bg-primary text-white p-2">{{title}}</h1>
 <div  class="container mt-4">
   <h4>{{message}}</h4>
   <table class="table">
     <thead>
     <tr>
       <th>ID</th>
       <th>Name</th>
       <th>Mail</th>
       <th>Age</th>
     </tr>
     </thead>
     {{#data}}
     <tbody>
     <tr>
       <td><a href="/?offset={{id}}">{{id}}</a></td>
```

```
              <td>{{name}}</td>
              <td>{{mail}}</td>
              <td>{{age}}</td>
          </tr>
          </tbody>
      {{/data}}
    </table>
  </div>
</body>
```

ここでは、レコードを一覧表示しているテーブルのID部分に、＜a href="/?offset=
{{id}}"＞{{id}}＜/a＞というようにしてリンクを用意しておきました。これで、offset=番号という形で
選択した項目のID番号が渡されるようになります。プログラム側で、その番号から2つだけを取
り出し表示するようにします。

## ◉ プログラムの作成

では、プログラムを用意しましょう。Application.ktの中にあるget("/")の部分を以下のように
書き換えてください。

**◑リスト7-41**

```
get("/") {
  val off = context.parameters["offset"]?.toInt()
  val st = off?.toLong() ?: 1
  Database.connect("jdbc:sqlite:/data/sample_app_data.db", "org.sqlite.JDBC")
  val samples = mutableListOf<Sample>()
  transaction {
    var query:Query? = SampleTable.selectAll().limit(2, st - 1)
    query?.forEach {
      samples.add(Sample(it))
    }
  }
  val model = mapOf(
    "title" to "Sample Page",
    "message" to "Sort records.",
    "data" to samples
  )
  call.respond(MustacheContent("index.hbs", model))
}
```

図7-24：IDのリンクをクリックすると、そのレコードとその次のレコードの2つだけを表示する。

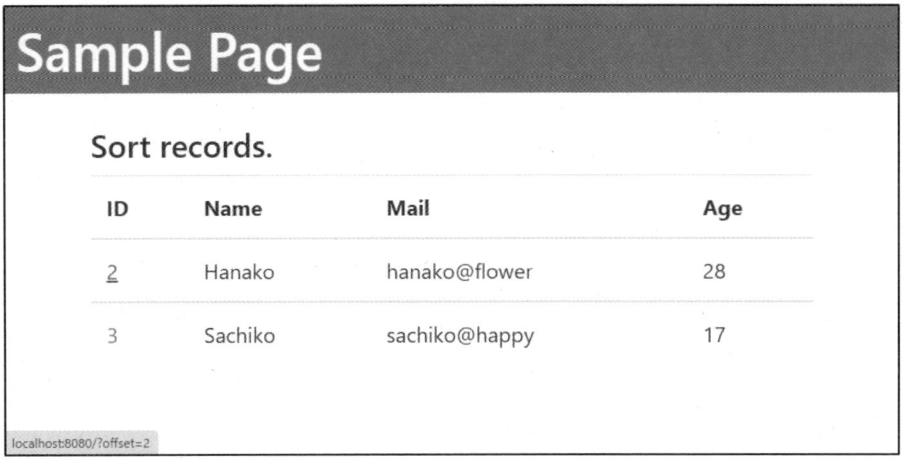

アクセスすると全レコードが表示されます。その一覧から、特定のレコードのIDをクリックしてください。そのレコードとその次のレコードの2つだけが表示されます。なお、ここではデータベースのレコードのIDが1から順に割り振られている（ID ＝ 何番目のレコードか）前提で作成してあります。ID番号が順番になっていない場合は正しい位置から取り出せないので注意ください。

## ◉ limit利用の流れ

では処理のポイントだけかんたんに解説しましょう。ここでは、まずクエリーパラメーターからIDの値を定数に取り出します。

```
val off = context.parameters["offset"]?.toInt()
val st = off?.toLong() ?: 1
```

そして、transaction内のレコードを取得する処理では、limitを使って以下のようにレコードの取得を行なっています。

```
var query:Query? = SampleTable.selectAll().limit(2, st - 1)
```

selectAllからさらにlimitを呼び出していますね。orderByを併用する場合は、selectAll().orderBy().limit()というようにメソッドを呼び出していくとよいでしょう。また、取り出す位置を示す第2引数は、stではなくst - 1になっていますね？　これは、IDが1から割り振られているからです。ID ＝ 1のレコードから取り出す場合は、取り出す位置はゼロになります（つまり、IDより1

少ない)。

　これでデータベースアクセスの基本的な部分は一通り使えるようになりました。Webページ作成の基本と、データベースの基本がわかれば、一般的なWebアプリケーションは作成できるようになるでしょう。

# Section 7-5 メッセージボードを作る

## 超簡易メッセージボード

　Webアプリケーション開発のための基本的な知識は一通り身につきました。かんたんなWebアプリケーションぐらいはこれで作れるようになったことでしょう。そこで、実際にシンプルなメッセージボードを作成してみることにします。まだ必要なものはいくつかありますが、それらは実際に作りながら補足していくことにしましょう。

　今回作成するのは、ログインしてメッセージを登録するだけの超簡易版のメッセージボードです。ここでは、現在利用しているプロジェクトの/boardにメッセージボードの機能を追加する形で作成することにします。

　/boardにアクセスすると、まずログインのためのフォームが表示されます。ここで、あらかじめ登録しておいたアカウントとパスワードを入力するとログインされます。

●図7-25：/board にアクセスすると、ログイン画面が表示される。

　ログインすると、投稿フォームと投稿メッセージが画面に表示されます。フォームにメッセー

ジを書いてボタンを押せば、それが投稿されます。メッセージは、新しいものから最大10個だけが表示されるようにしてあります。

**⊕図7-26：ログインすると、投稿フォームと最近の投稿が表示される。**

## セッションの追加

　では、作成をしていきましょう。今回は、新しい機能として**「セッション」**を使います。セッションは、サーバーとクライアントの間の連続した接続を管理する機能です。まぁ、わかりやすくいえば、**「アクセスしてきた人を識別し、それぞれ個別に値などを保管しておけるようにする機能」**です。

　このセッションを利用するためには、ktor-server-sessionsというパッケージをプロジェクトに追加する必要があります。build.gradle.ktを開き、dependenciesのブロック内に以下の文を追記してください。

**⊕リスト7-42**

```
implementation("io.ktor:ktor-server-sessions:$ktor_version")
```

　記述したら、エディタに現れるアイコンをクリックしてプロジェクトを更新しましょう。これで、セッション機能が使えるようになります。

# テーブルを作成する

　では、プログラムの作成を行なっていきましょう。最初に行なうのは、**「テーブルの用意」**です。今回は、2つのテーブルを使います。一つは、アカウントを管理するためのもの。もう一つが、投稿メッセージを管理するためのものです。

　では、テーブルのobjectを用意しましょう。Application.ktを開き、以下のソースコードを適当なところに追記してください（先に記述したSampleTableの下あたりでいいでしょう）。

**○リスト7-43**

```kotlin
object AccountTable : Table() {
  val id = integer("id").autoIncrement()
  val account: Column<String> = varchar("account", 50)
  val pass: Column<String> = varchar("pass", 50)
  val admin: Column<Boolean> = bool("admin")

  override val primaryKey = PrimaryKey(id)
}

object BoardTable : Table() {
  val id = integer("id").autoIncrement()
  val accountId = integer("account_id") references AccountTable.id
  val message: Column<String> = varchar("message", 255)
  val posted: Column<Long> = long("posted")

  override val primaryKey = PrimaryKey(id)
}
```

## ◉ Table を継承する

　今回、作成したAccountTableとBoardTableは、**「Table」** というobjectを継承しています。先にSampleTableを作ったときは、IntIdTableを使っていましたね。このTableは、IntIdTableのスーパークラスに当たるものです。IntIdTableは、Tableを継承して、整数のプライマリキーとなるID項目を自動的に組み込むようになっていたのですね。

　今回はTableを継承しているので、こうした機能はありません。したがって、idの項目と、プライマリキーの設定を用意する必要があります。

## ◉ プライマリキーの用意

まず、idの項目の用意です。idは、整数の項目として用意します。そして、自動的に値が割り振られるようにしておきます。それを設定しているのが以下の文です。

```
val id = integer("id").autoIncrement()
```

integer("id")で、整数値のid項目の値（具体的にはColumnというクラスのインスタンス）を作っています。その後のautoIncrementは、自動的に数字を増やしながら割り当てていく機能を追加するものです。これでid項目が用意されました。

続いて、このid項目をプライマリキーとして設定します。これは以下の文で行っています。

```
override val primaryKey = PrimaryKey(id)
```

primaryKeyという値をオーバーライドしています。これはPrimaryKeyクラスのインスタンスを保管するものです。PrimaryKeyは、引数にプライマリキーとして登録する項目（Columnインスタンス）を指定します。これで、id項目がプライマリキーに設定されます。

# テーブルを関連付ける

ここで、「なぜ、**IntIdTableを使わず、Tableを使うのか?**」と疑問を感じた人もいることでしょう。それは、BoardTableに用意している以下の項目のためです。

```
val accountId = integer("account_id") references AccountTable.id
```

このaccountIdという項目は、整数の値を保管するものです。integer("account_id")で、account_idという名前で整数のColumnを作成していますね。が、その後に「**references**」という見慣れないものがつけられています。

これは、他のテーブルへの関連付けを行なうためのものなのです。「**references AccountTable.id**」というのは、AccountTableのidの値を参照することを示します。つまり、関連するAccountTableのidの値がこのaccountIdに設定されるようにしていたのです。

## ◉ テーブルの関連付け

今回、2つのテーブルを作成していますが、この2つは完全に切り離されているわけではありません。メッセージを投稿するときは、それぞれのメッセージに「**誰が投稿したのか**」がわか

るような情報を付加しておく必要があります。そのために用意されているのが、accountId項目なのです。ここに、投稿者のAccountTableのidを保管しておくことで、その値をもとに投稿者のAccaountTableが得られるようにしておくのですね。

そしてExposedでは、こうした関連付けられたテーブルを利用するとき、関連するテーブルの情報まで含める形でレコードを取り出すことができます。つまり、BoardTableのレコードを取り出すとき、それぞれのレコード内に、関連するAccountTableのレコードも一緒に組み込んで取り出せるようになっているのです。

そのために必要となるのが、referencesを使った参照です。これにより、関連するテーブルが取り出せるようにしておく必要があるのです。

そして、referencesでプライマリキーであるid項目を設定するためには、id項目をテーブルに明示的に用意して追う必要があるのです。そのために、IntIdTableではなくTableを使い、id項目を定義しておいた、というわけです。

長い説明になりましたが、**「複数のテーブルを関連付けて使いたいときは、Tableを継承しid項目とプライマリキーを明示的に用意する」**ということだけ覚えておきましょう。

## テーブルとアカウントを作成する

では、用意したテーブルobjectをもとに、データベースにテーブルを作成し、いくつかのアカウントを登録しましょう。

これは、Application.ktを書き換えて……となるとまた面倒ですし、間違いのもとになるので、ここでは新しくKotlinのソースコードファイルを作ることにしましょう。Projectツールウィンドウで、Application.ktが入っている**「src」**フォルダを選択し、**「File」**メニューの**「New」**から**「File」**を選んでください。そして、**「doit.kt」**とファイル名を入力し、ファイルを作成します。

ファイルが作成されたら、以下のように記述をしましょう。

●リスト7-44

```
package com.example

import org.jetbrains.exposed.sql.*
import org.jetbrains.exposed.sql.SchemaUtils
import org.jetbrains.exposed.sql.transactions.transaction

fun main(args: Array<String>): Unit {
  Database.connect("jdbc:sqlite:/data/sample_app_data.db", "org.sqlite.JDBC")

  transaction {
```

451

```
    SchemaUtils.create(AccountTable)
    SchemaUtils.create(BoardTable)

    // ☆必要なだけアカウントを用意する
    AccountTable.insert {
        it[account] = "taro"
        it[pass] = "yamada"
    }
    AccountTable.insert {
        it[account] = "hanako"
        it[pass] = "flower"
    }
    AccountTable.insert {
        it[account] = "sachiko"
        it[pass] = "happy"
    }
}

transaction {
    val query = BoardTable.selectAll()
    query.forEach {
        println(it)
    }
}
}
```

　　ここではAccountTableとBoardTableのテーブルをSchemaUtils.createで作成し、それから
いくつかのAccountTableレコードを追加しています。☆のところに、用意するアカウントを以下
のように用意していきましょう。

```
AccountTable.insert {
    it[account] = "アカウント名"
    it[pass] = "パスワード"
}
```

　　これらを記述したら、main関数の左側にある実行アイコンをクリックし、**「Run 'doit.kt'」**
メニューでプログラムを実行します。これで、2つのテーブルとアカウントのレコードが作成され
ます。

## テーブルとセッション用のクラスを用意する

次に作成するのは、テーブルとセッションで使うクラスです。Application.ktを開き、適当なところ（先ほどのテーブルobjectの下あたり）に以下を追記してください。

**● リスト7-45——Application.kt に追記**

```
class Account(r:ResultRow) {
  val id = r[AccountTable.id]
  val account = r[AccountTable.account]
  val pass = r[AccountTable.pass]
}

class Board(r:ResultRow) {
  val id = r[BoardTable.id]
  val accountId = r[BoardTable.accountId]
  val message = r[BoardTable.message]
  val posted = r[BoardTable.posted]
  val account = r[AccountTable.account]
}

data class MySession(
  var accountId: Int?,
  var account: String?
)
```

ここでは、AccountTableのレコード内容を扱うAccountと、BoardTableのレコード内容を扱うBoardクラスを用意しました。が、よく見ると、Boardクラスには以下のような項目が用意されていますね。

```
val account = r[AccountTable.account]
```

BoardTableの内容を扱うものなのに、AccountTableの値を取り出しています。先に述べたように、今回のテーブルでは、BoardTableにaccountIdという項目を用意して、関連するAccountTableが取り出せるようにしています。このためBoardTableを取り出すときに、関連するAccountTableの値も取り出せるのです。その値も含めてBoardを作成するようにしてあります。

そして、その後にMySessionというdataクラスも用意してあります。これは、セッション用のdataクラスです。セッションでは、さまざまな値を保管しておくことができます。1つ1つ個別に値を保管することもできますが、こうして必要な値をdataクラスにまとめ、それを設定するようにし

たほうが面倒がなくていいでしょう。

　ここでは、ログインしている利用者のアカウントIDとアカウント名をプロパティとして保管してあります。これらを使って、ログイン中の利用者がわかるようになります。

# メッセージボードの処理を作成する

　では、メッセージボードの処理を作りましょう。Application.ktにメッセージボード関連のルーティング処理を用意していきます。今回は以下のものを作成します。

## ✚ GET '/board'

　GETアクセスした際の処理です。ログインしてない場合は、ログイン用のフォームを表示します。ログインしているときは、メッセージの投稿フォームと、最新の投稿メッセージを表示します。

## ✚ POST '/post'

　投稿フォームからメッセージが投稿された際の処理を用意します。メッセージをデータベースに追加し、/boardにリダイレクトします。

## ✚ POST '/login'

　ログインフォームを送信した際の処理です。

## ✚ GET '/logout'

　アクセスするとログアウトします。

　この4つの処理をルーティングとして用意します。これらが揃えば、メッセージボードの基本的な処理は完成します。

## ◉ ルーティングの処理を記述する

　では、これらの処理を作成しましょう。Application.ktのrouting内に以下のソースコードを追記してください。

**◑リスト7-46**

```
get("/board") {
  val session = call.sessions.get<MySession>() ?: MySession(null, null)
```

```
  val MAX_MESSAGES = 10 // メッセージ数
  var flag = false
  var message = "アカウントとパスワードを入力してください。"
  if (session.account != null) {
    flag = true
    message = "ようこそ、${session.account}さん！"
  }
  val data = mutableListOf<Board>()
  Database.connect("jdbc:sqlite:/data/sample_app_data.db", "org.sqlite.JDBC")
  transaction {
    val query = (BoardTable innerJoin AccountTable).selectAll().
      orderBy(BoardTable.posted, order=SortOrder.DESC).limit(MAX_MESSAGES, 0)
    query.forEach {
      data.add(Board(it))
    }
  }
  val mp = mapOf(
    "title" to "Board",
    "flag" to flag,
    "message" to message,
    "data" to data
  )
  call.respond(MustacheContent("board.hbs", mp))
}

post("/post") {
  val session = call.sessions.get<MySession>() ?: MySession(null, null)
  val accountId = session.accountId
  val account = session.account
  val params: Parameters = call.receiveParameters()
  val msg = params["message"]

  if (accountId != null && msg != null) {
    Database.connect("jdbc:sqlite:/data/sample_app_data.db", "org.sqlite.JDBC")
    transaction {
      BoardTable.insert {
        it[BoardTable.accountId] = accountId
        it[message] = msg
        it[posted] = Date().time
      }
    }
```

```
  }
  call.respondRedirect("/board")
}

post("/login") {
  val session = call.sessions.get<MySession>() ?: MySession(null, null)
  val params: Parameters = call.receiveParameters()
  val account = params["account"] ?: ""
  val pass = params["pass"] ?: ""
  Database.connect("jdbc:sqlite:/data/sample_app_data.db", "org.sqlite.JDBC")
  var flag = false
  transaction {
    val query = AccountTable.select((AccountTable.account eq account) and
      (AccountTable.pass eq pass))
    runCatching {
      if (query.count() == 1L) {
        flag = true
        val rec = query.first()
        call.sessions.set<MySession>(MySession(rec[AccountTable.id],
          rec[AccountTable.account]))
      }
    }
  }
  if (flag) {
    call.respondRedirect("/board")
  } else {
    val mp = mapOf(
      "title" to "Board",
      "flag" to false,
      "message" to "アカウントかパスワードに間違いがあります。",
      "data" to listOf<Board>()
    )
    call.respond(MustacheContent("board.hbs", mp))
  }
}

get("/logout") {
  call.sessions.set<MySession>(MySession(null, null))
  call.respondRedirect("/board")
}
```

これですべての処理が完成しました。まだテンプレートが残っていますが、ここで実行している処理について、ポイントを整理しておきましょう。

## ◉ セッションによるログインチェック

まず、get("/board")からです。ここでは最初に**「ログインしているか」**をチェックし、それによって処理を行なうようになっています。このログインチェックに使われているのがセッションです。

```
val session = call.sessions.get<MySession>() ?: MySession(null, null)
```

最初に、セッションからMySessionインスタンスを取り出しています。セッションに保管されている値は、call.sessions.getというメソッドで行ないます。ここでは、get<MySession>()というように、取り出すオブジェクトを総称型で指定していますね。こうすることで、保管されているMySessionインスタンスが取り出されます。ただし、セッションにMySessionが保管されていない場合もあります。これを考え、?. MySession(null, null)というようにMySessionがnullの場合は引数nullのMySessionインスタンスを設定するようにしてあります。

```
if (session.account != null) {
```

そして、ログインしているかどうかは、sessionのaccountの値で確認できます。accountには、ログインしている利用者のアカウントが保管されます。これがnullならば、ログインしていない（nullでなければログインしている）とわかるのです。ログインしているならば、データベースにアクセスしてBoardTableのレコードを取り出してテンプレートに渡し表示します。

## ◉ InnerJoinによるテーブルの内部結合

データベースからBoardTableのレコードを取り出す処理は、普通に考えれば単純なもののはずです。BoardTable.selectAllですべてを取り出せますから、これにorderByとlimitで並び順と取り出す範囲を指定すればいいでしょう。

ところが、実際に実行している処理は、想像したものとはだいぶ違っているでしょう。

```
val query = (BoardTable innerJoin AccountTable).selectAll().……
```

単純にBoardTableからselectAllを呼び出しているのではなく、BoardTableとAccountTableを**「innerJoin」**というもので結合し、その戻り値からselectAllを呼び出してます。

このinnerJoinというのは、2つのテーブルを結合するものです。A innerJoin Bとするこ

とで、Aテーブルに関連するBテーブルを結合します。ここでは、BoardTableに関連する AccountTableを結合しているわけです。

先にテーブルのobjectを作成した際、BoardTableにAccountTableのIDを保管する項目 （accountId）を用意しました。このとき、referencesというものを使って、AccountTableのidを BoardTableのaccountIdに関連付けています。これが、innerJoinの際に役立っています。この ようにして、他のテーブルの項目をreferencesで関連付けていれば、innerJoinでテーブルを結 合することができるのです。

取り出したレコード情報は、dataにBoardインスタンスとして追加していきます。

```
query.forEach {
    data.add(Board(it))
}
```

この部分ですね。ここでBoardインスタンスを作成するとき、itを引数に指定していました。 このitには、取り出したレコードを扱うRowインスタンスが代入されていましたね。このRowに は、BoardTableと、それに関連するAccountTableの情報が保管されています。これらから値 が取り出され、Boardが作成されるわけですね。innerJoinしていないと、Boardにあるaccount の値がAccountTableから取り出せません。

## ◉ メッセージの投稿処理

続いて、post("/post")の処理です。これは、投稿フォームから送信された内容をデータベー スに保存します。

最初に、セッションの値を取り出します。

```
val session = call.sessions.get<MySession>() ?: MySession(null, null)
val accountId = session.accountId
val account = session.account
```

call.sessions.getでセッションからMySessionを取り出し、そこにあるaccountとaccountId の値をそれぞれ定数に設定しています。これらが現在ログインしている利用者の情報になりま す。

続いて、投稿されたメッセージフォームの内容を取り出します。

```
val params: Parameters = call.receiveParameters()
val msg = params["message"]
```

call.receiveParametersで送信されたフォームデータをparamsに取得し、そこからparams["message"]の値をmsgに取り出します。これが、投稿フォームから送られてきたメッセージになります。

そして、ログインしている利用者IDと投稿メッセージがそれぞれnull出ないことを確認し、データベースへのアクセスを開始します。

```
if (accountId != null && msg != null) {
  Database.connect("jdbc:sqlite:/data/sample_app_data.db", "org.sqlite.JDBC")
```

ここで行っているのは、BoardTable.insertによるレコードの保存です。BoardTable.insertを使い、accountId, msg, postedといった値を設定して保存をします。accountIdは、

```
it[BoardTable.accountId] = accountId
```

このようにitのBoardTable.accountIdの値であると正確に記述する必要があります。後は、/boardにリダイレクトして作業完了です。

## ◉ ログインの処理

post("/login")では、ログインフォームの送信処理が用意されています。ここでは、まずセッションと送信フォームの内容をそれぞれ変数に取り出しています。

```
val session = call.sessions.get<MySession>() ?: MySession(null, null)
val params: Parameters = call.receiveParameters()
val account = params["account"] ?: ""
val pass = params["pass"] ?: ""
```

MySessionはsession定数に取り出し、送信フォームはparamsに取り出します。そこからaccountとpassの値をそれぞれ定数に取り出します。

取り出したこれらの値をもとに、データベースからAccountTableを検索します。それが以下の文です。

```
val query = AccountTable.select((AccountTable.account eq account) and
  (AccountTable.pass eq pass))
```

selectには2つの条件を用意し、それらをandでつなげています。一つはAccountTable.accountがaccountと等しいかどうか。もう一つはAccountTable.passがpassと等しいかどうかで

す。これで、accountとpassの値がフォームから送られた値と同じレコードが検索されます。

Queryが返されたら、以下のようにしてレコードが取得できたかどうかをチェックしています。

```
if (query.count() == 1L) {……
```

countは、検索されたレコード数を返すメソッドです。これが1ならば、一つだけレコードが検索されたことを示します。ゼロならば、アカウントとパスワードが合致するレコードはない（ログインできない）というわけですね。

ログインできた場合は、ログインしている利用者のアカウントとIDを保管したMySessionをセッションに設定します。

```
call.sessions.set<MySession>(MySession(rec[AccountTable.id],
  rec[AccountTable.account]))
```

call.sessions.setは、引数の値をセッションに設定するメソッドです。総称型を使い、MySessionのインスタンスを設定しています。これでセッションにMySessionが保存されました。セッションからMySessionを取り出せば、この保存したMySessionが取り出されるようになります。

## ◉ ログアウトの処理

最後にログアウトの処理です。get("/logout")に用意されていますが、これは割とかんたんなんです。セッションに保管されているMySessionの値を空にし、/boradにリダイレクトするだけです。

```
call.sessions.set<MySession>(MySession(null, null))
call.respondRedirect("/board")
```

call.sessions.setでMySession(null, null)を設定しています。これで、accountもaccountIdもnullになりました。このまま/boardにリダイレクトされれば、ログインフォームが表示されるようになります。

# テンプレートの用意

これでプログラムは完成しました。残るは、テンプレートファイルですね。これは今回、index.hbsとは別に用意することにします。

Projectツールウィンドウで、テンプレートファイルが保管されている「**templates.**

mustache」を選択し、「**File**」メニューの「**New**」内にある「**File**」メニューを選んで、
「**board.hbs**」と名前を指定し、ファイルを作成しましょう。そしてboard.hbsファイルを開き、
以下のように記述をしてください。

○リスト7-47

```html
<html>
<head>
  <meta charset='utf-8'>
  <title>{{title}}</title>
  <link rel="stylesheet"
      href="https://stackpath.bootstrapcdn.com/bootstrap/4.5.2/css/bootstrap.min.css"
      crossorigin="anonymous">
</head>
<body>
<div class="row m-0 {{#flag}}bg-primary{{/flag}}{{^flag}}bg-warning{{/flag}}">
  <div class="col-1 m-0"></div>
  <h1 class="col-8 ,-0 text-white display-4">{{title}}</h1>
  <button class="col-3 close mx-0">
    <a class="h5 text-white" href="/logout">logout</a>
  </button>
</div>
<div  class="container mt-4">
  {{#flag}}
    <h5>{{message}}</h5>
    <div class="alert alert-primary">
      <form method="post" action="/post">
          <div class="form-group">
            <label for="message">Message</label>
            <input type="text" class="form-control" name="message" >
          </div>
          <button type="submit" class="btn btn-primary">Post!</button>
      </form>
    </div>
    <ul class="list-group">
      {{#data}}
        <li class="list-group-item">{{message}} ({{account}})</li>
      {{/data}}
    </ul>
  {{/flag}}
  {{^flag}}
```

```
    <h2>Sign in</h2>
    <h5>{{message}}</h5>
    <div class="alert alert-warning">
      <form method="post" action="/login">
        <div class="form-group">
          <label for="account">account</label>
          <input type="text" class="form-control" name="account" >
        </div>
        <div class="form-group">
          <label for="pass">Password</label>
          <input type="password" class="form-control" name="pass">
        </div>
        <button type="submit" class="btn btn-warning">Sign in</button>
      </form>
    </div>
  {{/flag}}
</div>
</body>
</html>
```

　これで完成です。ここでは‖#flag‖を使い、flagがtrueならばメッセージの投稿フォームと最新の投稿メッセージを、falseならばログインフォームをそれぞれ表示するようにしてあります。このように、テンプレートを使えば、一つのファイルで必要に応じて異なる表示を行なえるようになります。

　もちろん、ログインフォーム用とメッセージ投稿用の2つのファイルを作成しても構いません。どちらが正解というものではないのですから。ただ、複数のテンプレートファイルを作るより、1枚で済めばそのほうが面倒がなくていいのは確かですね。

## さらに拡張を考えよう

　以上でメッセージボードのアプリケーションの説明は終わりです。実際に使ってみるとわかりますが、今回作成したものは必要最小限の機能しかありません。Kotlinの使い方をマスターしたら、これをもとに、いろいろと機能を強化してみましょう。

◆ アカウントの登録ページ。自分でアカウントを登録できるようになるといいですね。

◆ メッセージのページ分け表示。最新のもの10個だけでなく、その前に投稿したものもページ分けして表示できるとよいでしょう。

◆ アカウント情報の拡張。ここではアカウント名が直接表示されましたが、ニックネーム

を自分で設定して使えるようにできると便利ですね。また自分が投稿したメッセージを表示できるホームページ機能もあるとよいでしょう。

　こんな具合に、いろいろな機能を組み込んでいけば、より本格的なアプリケーションへと進化します。Webアプリケーションは、最初に考えた通りのものができたら完成！　ではありません。常に利用する側の意見に耳を傾け、より使いやすく便利にブラッシュアップし続けていきましょう。Webアプリに終わりはないのですから。

# Index 索　引

1
2
3
4
5
6
7

1
2
3
4
5
6
7

著者略歴

# 掌田 津耶乃 (しょうだ つやの)

日本初のMac専門月刊誌「Mac+」の頃から主にMac系雑誌に寄稿する。ハイパーカードの登場により「ビギナーのためのプログラミング」に開眼。以後、Mac、Windows、Web、Android、iOSとあらゆるプラットフォームのプログラミングビギナーに向けた書籍を執筆し続ける。

## 近 著

「PowerAppsではじめるローコード開発入門 PowerFX対応」（ラトルズ）

「ブラウザだけで学べるGoogleスプレッドシートプログラミング入門」（マイナビ）

「Go言語 ハンズオン」（秀和システム）

「React.js&Next.js超入門 第2版」（秀和システム）

「Vue.js3超入門」（秀和システム）

「Electronではじめるデスクトップアプリケーション開発」（ラトルズ）

「ブラウザだけで学べる シゴトで役立つやさしいPython入門」（マイナビ）

## 著書一覧

http://www.amazon.co.jp/-/e/B004L5AED8/

## ご意見・ご感想

syoda@tuyano.com

### Kotlinハンズオン

| 発行日 | 2021年 6月 5日 | 第1版第1刷 |
| --- | --- | --- |

著 者　掌田　津耶乃

発行者　斉藤　和邦

発行所　株式会社　秀和システム

　　　　〒135-0016
　　　　東京都江東区東陽2-4-2　新宮ビル2F
　　　　Tel 03-6264-3105（販売）　　Fax 03-6264-3094

印刷所　三松堂印刷株式会社

©2021 SYODA Tuyano　　　　　　　　　　Printed in Japan

ISBN978-4-7980-6467-3 C3055